U0252067

绿水青山就是金山银山
发展报告及县域实践案例分析
（2023）

张清宇　周俊玲　田伟利　蒋　凡　著

中国环境出版集团·北京

图书在版编目（CIP）数据

“绿水青山就是金山银山”发展报告及县域实践案例分析. 2023 / 张清宇等著. -- 北京 : 中国环境出版集团, 2024. 6. -- ISBN 978-7-5111-5878-9

Ⅰ. X321.2

中国国家版本馆CIP数据核字第2024HU6995号

责任编辑 周 煜
封面设计 宋 瑞

出版发行 中国环境出版集团
（100062 北京市东城区广渠门内大街 16 号）
网　　址：http://www.cesp.com.cn
电子邮箱：bjgl@cesp.com.cn
联系电话：010-67112765（编辑管理部）
发行热线：010-67125803，010-67113405（传真）

印　　刷 北京中科印刷有限公司
经　　销 各地新华书店
版　　次 2024 年 6 月第 1 版
印　　次 2024 年 6 月第 1 次印刷
开　　本 787×960 1/16
印　　张 20.75
字　　数 280 千字
定　　价 98.00 元

序

2023 年 6 月 28 日，十四届全国人大常委会第三次会议通过决定，将每年的 8 月 15 日设立为全国生态日。在首个全国生态日到来之际，习近平总书记作出重要指示，号召全社会行动起来做“绿水青山就是金山银山”理念的积极传播者和模范践行者。

“绿水青山就是金山银山”理念作为习近平生态文明思想的标志性观点和代表性论断，是落实中国特色社会主义“五位一体”总体布局的客观要求，也是推动中国在新时代实现绿色发展的重要引擎，更是指引建设美丽中国的科学方法。县域作为我国基层政权和经济社会发展的重要组成单元，生态资源丰富，区位特色明显，在贯彻落实“绿水青山就是金山银山”理念中具有不可替代的作用。

如何发挥县域作用，盘活绿水青山价值？如何贯彻“绿水青山就是金山银山”理念，做到生态保护和经济发展的优质循环？如何科学评价“绿水青山就是金山银山”理念建设成果？2005 年习近平同志提出“绿水青山就是金山银山”理念后，全国各地开展了 18 年的理念实践，形成了富有地方智慧、涵盖多元层次的县域“绿水青山就是金山银山”践行经验。2016 年，浙江大学编制了全国首个“绿水青山就是金山银山”发展指数评价体系，并逐步提升优化，最终形成了特色经济、生态环境、碳中和、民生发展、保障体系等 5 个准则层，合计 34 项指标的评价体系。浙江大学将该指标体系用于评价我国县域“绿水青山就是金山银山”实践成果，并从 2018 年开始发布“绿水青山就是金山银山”发展百强县，至今已发布了 6 年，得到了有关方面的认可。

《绿水青山就是金山银山发展报告及县域实践案例分析（2023）》是上述成果的展示和凝练。在本书中，浙江大学与浙江生态文明研究院以“绿水青山就是金山银山”发展指数为基础，分析全国百强县的区域及年度变化情况，以此评价全国县域“绿水青山就是金山银山”实践情况，并选取“绿水青山就是金山银山”理念发源地安吉县、工业发展转型县宁海县、脱贫攻坚战决胜县景东彝族自治县等 7 个具有典型性、“绿水青山就是金山银山”实践示范效果显著的县域，深入分析各地在突破发展难题、实施解决方案等方面的做法，总结了近 10 年来全国县域层面的“绿水青山就是金山银山”实践经验。本书的出版将有助于促进各地深入贯彻习近平总书记指示，深化“绿水青山就是金山银山”理念的实践。

浙江大学一直注重精研学术和科技创新，主动服务重大战略需求，拥有具备国家战略科技力量的高端学术平台，会聚了各学科的学者大师和高水平研究团队。本书主创团队张清宇研究员课题组早在 2007 年就开始了生态文明建设研究，作为全国首个发布“绿水青山就是金山银山”发展指数评价体系的研究团队，对“绿水青山就是金山银山”理念的推动和落实做了很多有益的工作。

浙江生态文明研究院依托安吉“绿水青山就是金山银山”实践和中国美丽乡村建设的先行经验优势，以及浙江大学的科技创新和人才集聚优势，重点开展生态文明创新研究与实践、生态文化理念传播与推广、绿色产业培育与发展、生态文明教育培训等方面工作，对指标体系的研究和优化也给予了全面的技术支持。

两家单位共同撰写完成的《绿水青山就是金山银山发展报告及县域实践案例分析（2023）》是充分运用科研力量和理论实践经验的一次重要尝试，也是在习近平总书记关于生态文明建设的重要论述指导下，以“绿水青山就是金山银山”理念为主线，以县域为基础，以实践为依据，以创新为动力，以共享为目标的一次有益探索。我相信本书的出版，能够为全国各地县域的“绿水青山就是金山银山”实践提供有益的启发和指导。

中国工程院院士
浙江大学“求是”讲座教授

2023年9月15日

目录

第一章

2022年『绿水青山就是金山银山』发展指数

第一节　指数构建

一、研究背景

党的十八大以来，以习近平同志为核心的党中央把生态文明建设作为关系中华民族永续发展的根本大计，大力推动生态文明理论创新、实践创新、制度创新。“绿水青山就是金山银山”理念作为习近平生态文明思想的重要组成部分，是生态文明建设工作的根本遵循与行动指南。

党的十九大将“绿水青山就是金山银山”理念提升到前所未有的高度，并将“增强绿水青山就是金山银山的意识”“实行最严格的生态环境保护制度”内容写入党章，彰显了将“绿水青山就是金山银山”作为新的发展观、历史方位的价值取向。

党的二十大提出“必须牢固树立和践行绿水青山就是金山银山的理念，站在人与自然和谐共生的高度谋划发展。”2023 年，习近平总书记在全国生态环境保护大会上强调：要深入贯彻新时代中国特色社会主义生态文明思想，坚持以人民为中心，牢固树立和践行绿水青山就是金山银山的理念，要拓宽绿水青山转化金山银山的路径，为子孙后代留下山清水秀的生态空间。

习近平总书记关于“绿水青山就是金山银山”的重要论断深刻揭示了经济发展与生态环境保护之间辩证统一、相辅相成的关系。保护生态环境就是保护生产力，改善生态环境就是发展生产力。“绿水青山就是金山银山”理念的提出有效破解了我国现阶段经济发展和生态环境保护的矛盾，是推进经济社会发展绿色转型，推进解决结构性、根源性问题，实现美丽中国的有效手段。

我国县域生态、资源、文化、经济多样全面，县域不但蕴藏着“绿水青山就是金山银山”理念实践的巨大潜能，也是推进城乡一体化进程的重要着力点。且县域作为以县城为中心、乡（镇）为纽带、农村为腹地的国家治理基本单位，其践行的“绿水青山就是金山银山”理念的经验也能为国家各类型行政主体发展提供指引和借鉴。

因此，全国各地在全方位、深层次践行“绿水青山就是金山银山”理念后，如何做到使本地自然环境资源禀赋保值增值的同时，实现生态价值的保值与增值，进而将其转化为经济效益、社会效益的统一？如何保持各地“绿水青山就是金山银山”实践特色？如何推广“绿水青山就是金山银山”实践和转化经验？如何衡量“绿水青山就是金山银山”的实践和转化成果？这些都是亟待解决的问题。

二、研究目的

为了保持各地“绿水青山就是金山银山”实践特色，科学衡量“绿水青山就是金山银山”实践和转化成果，推广“绿水青山就是金山银山”实践和转化经验，遵循动态性、可获取性、发展性、综合性原则，构建科学、高效、可行的“绿水青山就是金山银山”发展指数，科学分析“绿水青山就是金山银山”实践成效，为地区“绿水青山就是金山银山”实践指引方向，使其实现自然环境资源保值增值的同时，提升生态效益，提高生态价值，进而促进生态效益转化为经济效益和社会效益，实现可持续发展。

三、研究内容及技术路线

“绿水青山就是金山银山”发展指数技术路线见图 1-1。

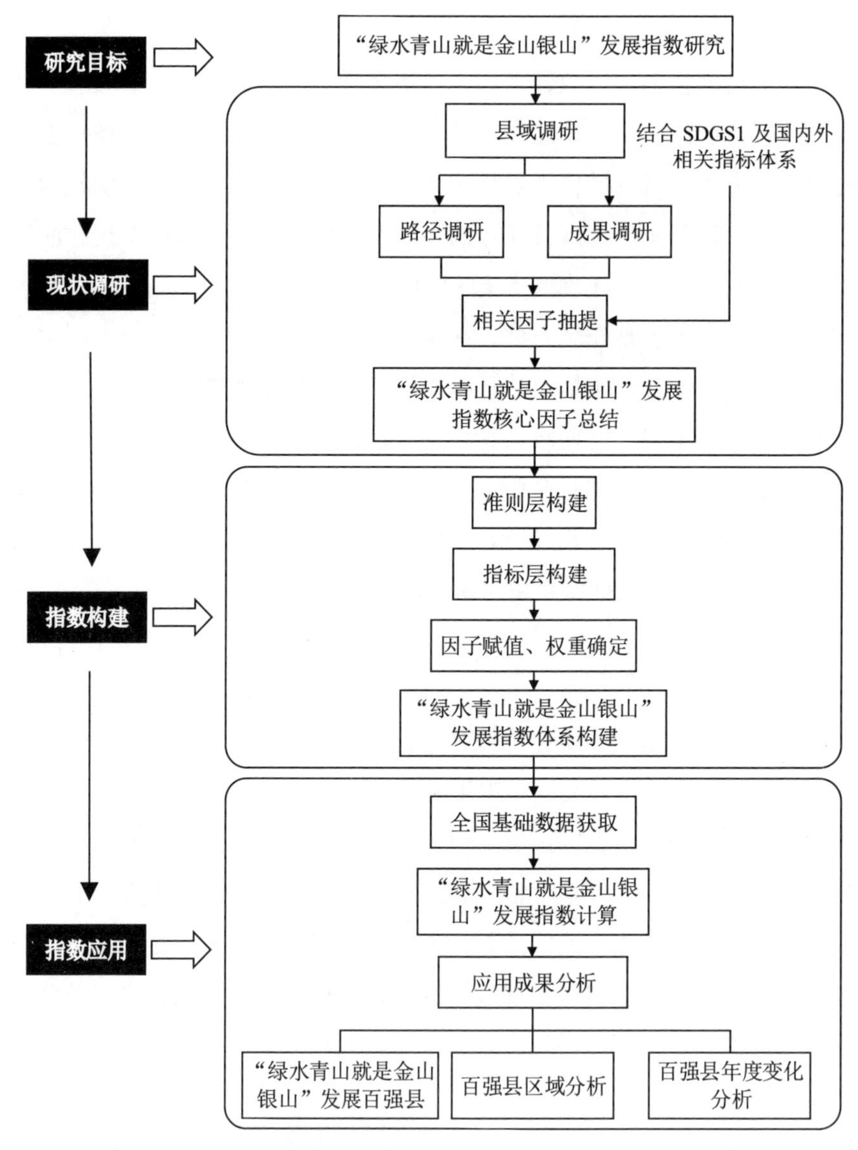

注：[1] SDGs 为联合国可持续发展目标。

图 1-1 “绿水青山就是金山银山”发展指数技术路线

（1）案例县域调研。研究团队选取所在区域、自然资源禀赋、发展基础和路径等有代表性的安吉、宁海、淳安、嵊泗、高州、武夷山、景东彝族自治县等地作为样本县，并进行了有针对性的案例调研，从发展路径和取得成果两个方面分析其“绿水青山就是金山银山”实践经验，抽提出“绿水青山就是金山银山”实践的相关因子，并结合国内外相关指标体系研究，总结出能够全面评价“绿水青山就是金山银山”实践情况的核心因子，从而指导、推动全国“绿水青山就是金山银山”实践发展。

（2）“绿水青山就是金山银山”发展指数的构建。首先基于以上“绿水青山就是金山银山”实践的核心因子，运用层次分析法构建评价指标体系框架。根据数据可得性、科学性等原则，经过多轮专家研讨筛选与确定指标，利用德尔菲法等方法确定指标权重，用相关指标体系评价方法为各指标赋值，最终构建“绿水青山就是金山银山”发展指数体系。

（3）“绿水青山就是金山银山”发展指数的应用。收集 2021 年全国县域的基础数据，按照“绿水青山就是金山银山”发展指数进行测算和评估。根据指数得分排序“绿水青山就是金山银山”发展百强县，并进一步分析“绿水青山就是金山银山”发展百强县的区域分布和年度变化情况。

四、评价指标体系构建

“绿水青山就是金山银山”发展指数分为特色经济指数、生态环境指数、碳中和指数、民生发展指数、保障体系指数五大指数（图 1-2）。

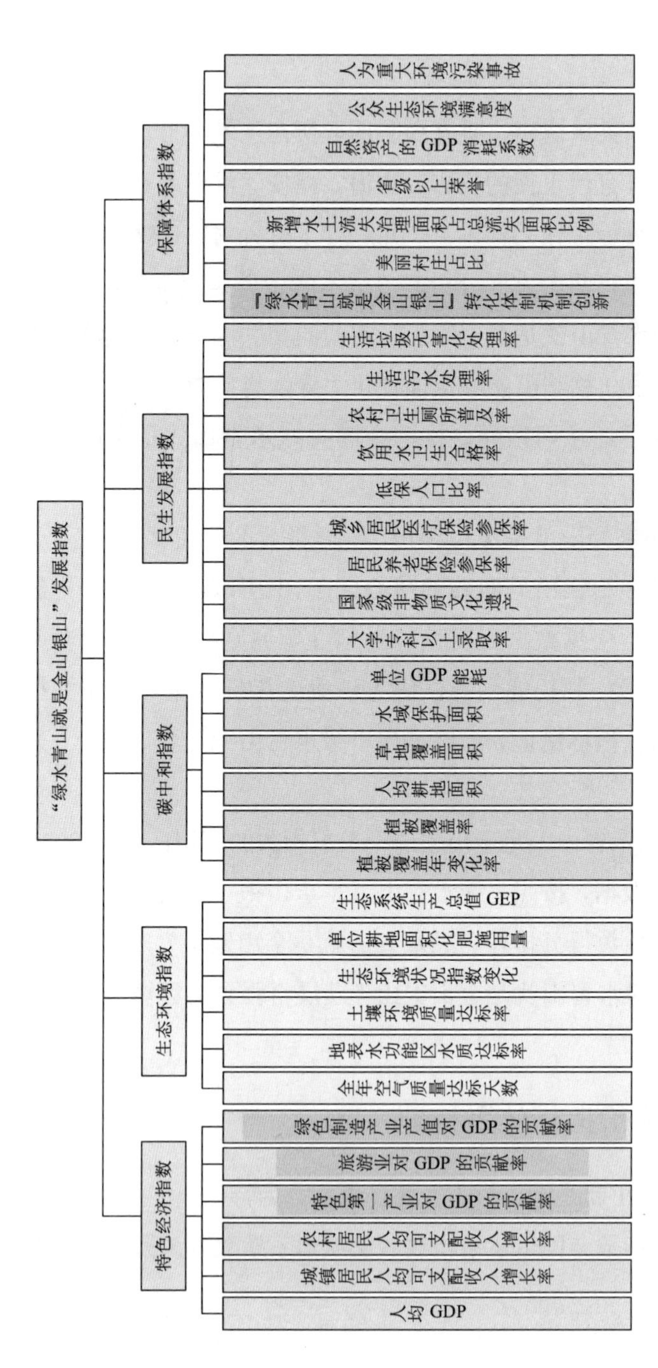

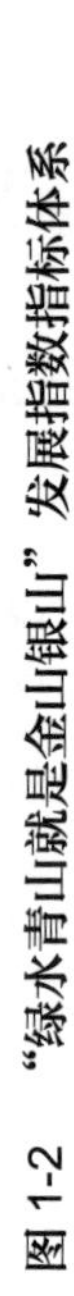
图 1-2 “绿水青山就是金山银山”发展指数指标体系

特色经济指数主要用于衡量当地特色生态经济建设情况和生态产业化、产业生态化的水平。其衡量角度有两个方面：一是人民生活发展水平，通过人均地区生产总值（GDP）和居民人均可支配收入的增长来反映；二是“绿水青山就是金山银山”转化途径的发展，主要是衡量从“绿水青山”向“金山银山”转化的过程，通过第一产业、第二产业、第三产业中的“绿水青山就是金山银山”产业发展来衡量“绿水青山就是金山银山”特色经济转化。

生态环境指数主要用于衡量当地的生态环境保护情况。其主要从水、土壤、大气、植被、生态五个方面衡量，其中生态环境状况指数变化被用来衡量当地生态环境变化情况，不仅体现了当地生态环境状况，也能更好地评估在沙漠、缺水等极端生态条件下的环境保护情况。

碳中和指数主要用于衡量当地的碳排放，以及碳中和能力情况。其主要从植被覆盖、草地、耕地和湿地等自然生态资本情况，以及以单位 GDP 能耗为代表的绿色发展情况两个角度进行考量。

民生发展指数主要用于衡量当地民众的基本生存和生活状态，以及民众的基本发展机会、基本发展能力和基本权益保护等情况。其主要从人民文化素质、地方文化建设、人民生活发展质量三方面来具体衡量。其中，非物质文化遗产的指标既是地方文化保护的体现，也是“绿水青山”向“金山银山”转化的具体途径。

保障体系指数主要用于衡量当地“绿水青山就是金山银山”制度建设情况。其主要从土壤、水、大气的环境监测，自然资产的 GDP 消耗系数，当地生态文明建设成果等方面评价。

第二节 百强县分析

通过对全国 1 821 个县 2021 年的“绿水青山就是金山银山”实践与转化指数进行排序，得到了“绿水青山就是金山银山”发展百强县（表 1-1）。

表 1-1 2022 年“绿水青山就是金山银山”发展百强县名单公布

省份	县域	特色经济	生态环境	碳中和	民生发展	保障体系	发展指数	排名
浙江省	安吉县	A+	A+	A+	A+	A+	A+	1
浙江省	宁海县	A+	A+	A+	A+	A+	A+	2
浙江省	嵊泗县	A+	A+	A+	A+	A+	A+	3
江苏省	常熟市	A+	A	A+	A+	A+	A+	4
江苏省	昆山市	A+	A+	A+	A+	A+	A+	5
浙江省	天台县	A+	A+	A+	A+	D	A+	6
浙江省	东阳市	A+	A+	A+	A+	D	A+	7
浙江省	新昌县	A+	A+	A+	A+	D	A+	8
浙江省	义乌市	A+	A+	A+	A+	D	A+	9
浙江省	淳安县	A+	A+	A+	A+	D	A+	10
浙江省	常山县	A+	A+	A+	A+	D	A+	11
浙江省	建德市	A+	A+	A+	A+	D	A+	12
浙江省	松阳县	A+	A+	A+	A+	D	A+	13
浙江省	龙泉市	A+	A+	A+	A+	D	A+	14
广东省	高州市	A+	A+	A+	A+	A+	A+	15
浙江省	临海市	A+	A+	A+	A+	D	A+	16
浙江省	青田县	A+	A+	A+	A+	D	A+	17
江苏省	宜兴市	A+	A	A	A+	A+	A+	18
浙江省	温岭市	A+	A+	A+	A+	D	A+	19
浙江省	桐庐县	A+	A	A+	A+	A+	A+	20

省份	县域	特色经济	生态环境	碳中和	民生发展	保障体系	发展指数	排名
浙江省	兰溪市	A+	A+	A+	A+	D	A+	21
浙江省	德清县	A+	A+	A+	A+	D	A+	22
浙江省	遂昌县	A+	A+	A+	A+	D	A+	23
福建省	武夷山市	A+	A+	A+	A	A+	A+	24
浙江省	岱山县	A+	A+	A+	A+	D	A+	25
浙江省	诸暨市	A+	A+	A+	A+	D	A+	26
浙江省	开化县	A+	A+	A+	A+	D	A+	27
浙江省	江山市	A+	A+	A+	A+	D	A+	28
浙江省	景宁畲族自治县	A+	A+	A+	A+	D	A+	29
江西省	靖安县	A+	A	A+	A+	A+	A+	30
浙江省	缙云县	A+	A+	A+	A+	D	A+	31
浙江省	玉环市	A+	A+	A+	A+	D	A+	32
浙江省	武义县	A+	A+	A+	A+	D	A+	33
浙江省	乐清市	A+	A+	A+	A+	D	A+	34
浙江省	象山县	A+	A	A+	A+	D	A+	35
浙江省	瑞安市	A	A+	A+	A+	D	A+	36
浙江省	长兴县	A+	A+	A+	A+	D	A+	37
浙江省	海宁市	A+	A+	A	A+	D	A+	38
浙江省	永嘉县	A+	A+	A+	A+	D	A+	39
浙江省	磐安县	A+	A	A+	A+	D	A+	40
浙江省	嵊州市	A+	A	A+	A+	D	A+	41
江西省	奉新县	A+	A	A+	A+	A+	A+	42
江西省	婺源县	A	A	A+	A+	A+	A+	43
浙江省	平阳县	A+	A	A+	A+	D	A+	44
浙江省	海盐县	A+	A+	A	A+	D	A+	45
浙江省	三门县	A+	A	A+	A+	D	A+	46
浙江省	嘉善县	A+	A+	A	A+	D	A+	47
浙江省	平湖市	A+	A+	A	A+	D	A+	48
浙江省	浦江县	A+	A	A+	A+	D	A+	49
江苏省	张家港市	A+	A	A	A+	A+	A+	50
浙江省	泰顺县	C	A+	A+	A+	D	A+	51

省份	县域	特色经济	生态环境	碳中和	民生发展	保障体系	发展指数	排名
浙江省	龙游县	A+	A	A+	A+	D	A+	52
云南省	大理市	C	A+	A+	A+	A+	A+	53
浙江省	庆元县	C	A+	A+	A+	D	A+	54
浙江省	慈溪市	A+	A+	A	A+	D	A+	55
福建省	安溪县	A+	A+	A+	A+	D	A+	56
江西省	资溪县	D	A	A+	A+	A+	A+	57
福建省	福安市	A+	A+	A+	A+	D	A+	58
江西省	铜鼓县	C	A	A+	A+	A+	A+	59
江苏省	邳州市	C	A	A+	A+	A+	A+	60
湖南省	澧县	C	A	A+	A+	A+	A+	61
江西省	贵溪市	B	A	A+	A+	A+	A	62
江苏省	句容市	A+	A	A	A+	D	A	63
湖南省	会同县	D	A	A+	A+	A+	A	64
江西省	分宜县	C	A	A+	A+	A+	A	65
山东省	乳山市	A+	A	A+	A+	D	A	66
江西省	南丰县	C	A	A+	A+	A+	A	67
浙江省	文成县	C	A+	A+	A+	D	A	68
江西省	吉安县	C	A	A+	A+	A+	A	69
江苏省	东台市	B	A	A	A+	A+	A	70
江苏省	如皋市	B	A	A	A+	A+	A	71
云南省	富民县	B	A+	A+	A+	D	A	72
江苏省	建湖县	C	A	A	A+	A+	A	73
江苏省	启东市	B	A	A	A+	A+	A	74
辽宁省	庄河市	D	A	A+	A+	A+	A	75
湖北省	恩施市	A+	A	A+	A+	D	A	76
江苏省	太仓市	A+	A	A	A+	D	A	77
云南省	楚雄市	B	A+	A+	A+	D	A	78
湖南省	永兴县	C	A	A+	A+	D	A	79
江苏省	盱眙县	A+	A	A	A+	D	A	80
云南省	峨山彝族自治县	B	A+	A+	A+	D	A	81
浙江省	苍南县	C	A	A+	A+	D	A	82

省份	县域	特色经济	生态环境	碳中和	民生发展	保障体系	发展指数	排名
云南省	景洪市	C	A+	A+	A+	D	A	83
江苏省	溧阳市	B	A	A+	A+	D	A	84
重庆市	秀山土家族苗族自治县	D	A	A+	A+	A+	A	85
云南省	香格里拉市	D	B	A+	A+	A+	A	86
江西省	横峰县	D	A	A+	A+	D	A	87
湖北省	赤壁市	A+	B	A+	A+	D	A	88
山东省	寿光市	A+	B	A+	A+	D	A	89
浙江省	龙港市	A	A	A	A+	D	A	90
江西省	石城县	D	A	A+	A+	A+	A	91
浙江省	桐乡市	A	A	A	A+	D	A	92
江西省	宜黄县	D	A	A+	A+	D	A	93
江西省	全南县	D	A	A+	B	A+	A	94
安徽省	歙县	A+	A+	A	D	A+	A	95
山东省	荣成市	D	A	A+	A+	D	A	96
湖南省	通道侗族自治县	D	A	A+	A+	A+	A	97
江苏省	兴化市	D	A	A	A+	A+	A	98
江西省	峡江县	D	A	A+	A+	D	A	99
江西省	龙南县	C	A	A+	A	D	A	100

第三节　区域分析

从区域分布来看，东部城市的“绿水青山就是金山银山”实践位于全国前列。在本次评选中，70%的“绿水青山就是金山银山”发展百强县来自东部地区（图 1-3）。中部、西部、东北部分别有 22 个、7 个、1 个县入选。

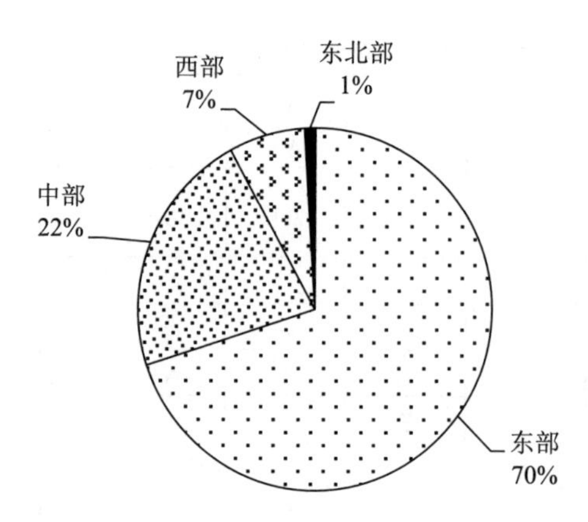

图 1-3 “绿水青山就是金山银山”发展百强县分区域分析

从省级层面来看，浙江省和江苏省“绿水青山就是金山银山”实践走在全国前列，分别有 49 个和 14 个县级行政区被评为“绿水青山就是金山银山”发展百强县。

第四节 本章小结

在“绿水青山就是金山银山”发展指数中，为了让发展基础和自然禀赋千差万别的各个区域具有可比性，发展指标设计对于发展增长数据和本底数据同样重视。指标在评价绝对值的同时，大多也通过设置增长率进行衡量评价，以此平衡经济领先与自然禀赋优良地区的绝对优势，防止产生弱化“绿水青山就是金山银山”发展属性的情形。因此，仅是 GDP 高、经济效益好或者自然禀赋好的县域，在“绿水青山就是金山银山”发展指数排名中位次不一定靠前。“绿水青山就是金山银山”发展指数是统筹考虑经济发展、生态环境、碳中和、民生发展等多方面发展的评价体系，体现了各地“绿水青山就是金山银山”实践的努力和成果。不管本区域自然资源禀赋如何，不管经济基础等如何，只要踏实推进“绿水青山就是金山银山”实践，切实提高“绿水青山就是金山银山”实践转化率，“绿水青山就是金山银山”指数的排名就会进一步提升。

2022 年安吉县、宁海县、嵊泗县分别位列“绿水青山就是金山银山”发展百强县的前 3 强。综观这 3 个县域的发展可以看出，无论是安吉县的全面均衡发展，宁海县的工业强县，还是嵊泗县的海洋经济，都是立足自身的特色禀赋，以“绿水青山就是金山银山”理念为引领，提质升级取得的丰硕成果，同时像高州市等人口众多的农业大县，医疗、教育等民生的提升也为县域破除自身发展“瓶颈”提供了坚实基础，形成了良性循环。因此，各县域应厘清自身发展禀赋，重点突破，补足短板，全面综合提升“绿水青山就是金山银山”实践水平。

第二章

安吉县篇

『绿水青山就是金山银山』发源，先试先行

入选理由

2005 年，时任浙江省委书记的习近平同志到安吉县调研，对安吉县关停矿山、水泥厂，把生态环境放在更重要位置的行为给予了充分肯定，并以此为基础，提出了“绿水青山就是金山银山”的科学论断。这为先试先行、立足“生态立县”的安吉县打了一剂强心针。自此，安吉县作为“绿水青山就是金山银山”理念的发源地，在全国如火如荼发展经济的背景下，以果敢的气魄毅然放弃能在短期内出效益、出成绩的发展方式，正视竭泽而渔式发展带来的环境影响负效应，锚定“生态立县”发展战略不动摇。

在充分领会“绿水青山就是金山银山”理念精髓思想的情况下，安吉县进一步将生态资源禀赋转变为产业发展优势，大力发展绿色经济，为社会民生发展提供支撑条件，成功扭转原有牺牲生态环境换取经济发展的方式，实现经济、生态、民生的全面优质发展。2015 年，习近平总书记再次来到安吉县，在见证了安吉县践行“绿水青山就是金山银山”理念的丰硕成果后，他再次强调，安吉县现在取得的成绩证明，绿色发展的路子是正确的，路子选对了就要坚持走下去。因此，安吉县的“绿水青山就是金山银山”发展历程重新诠释了生态与经济的关系，为我国的发展开辟了崭新的道路。

2002 年，安吉县被国家环境保护总局命名为“国家级生态示范区”。2006 年 3 月安吉县被全国绿化委员会授予“全国绿化模范县”，同年 6 月被国家环境保护总局命名为“国家生态县”，成为我国首个国家级生态县。2008 年被环境保护部列为“全国生态文明建设试点县”。2010 年，获得住房和城乡建设部颁发的“中国人居环境奖”。同年，安吉县被国家标准管理委员会授予“中国美丽乡村国家标准化示范县”称号。2012 年 9 月，安吉县作为中国首个以农村为主体的县域单位，获得联合国人居署颁发的“联合国人居奖”。2016 年，环境保护部将浙江省安吉县列为第一批“绿水青山就是金山银山”理论实践试点县。2018 年，安吉县荣获“国家生态文明建设示范县”称号。

安吉县在“绿水青山就是金山银山”实践上持之以恒的努力使它在国家生态文明领域取得了诸多的荣誉，同时在浙江大学发布的“绿水青山就是金山银山”发展指数排名中，安吉县以生态环境指数、特色经济指数、民生发展指数、保障体系指数以及碳中和指数全 5A+的成绩，连续 5 年荣登全国“绿水青山就是金山银山”发展百强县榜首。“绿水青山就是金山银山”发展指数科学、客观评价了安吉县“绿水青山就是金山银山”绿色发展水平，既反映了安吉县近年来在“绿水青山就是金山银山”实践和生态文明建设方面取得的丰硕成果，也对安吉县未来发展作出了细化与指导，是推动美丽中国建设、实现共同富裕的有效助力。

安吉县作为“绿水青山就是金山银山”理念发展的先驱和典型，具有显著的示范和辐射效应。一方面，安吉县的“七山二水一分田”的自然地理格局，是浙江省乃至全国多数地区的普遍特征。另一方面，安吉县完整经历了“绿水青山就是金山银山”理念实践的整个过程，从“拿绿水青山换取金山银山”，到“宁要绿水青山不要金山银山”“既要绿水青山又要金山银山”，再到“绿水青山就是金山银山”，安吉县的发展历程具有普适性和完整性，代表了大多数地区在发展中面临的抉择难题，而安吉县给出了最优解。从被动适应到主动创新，安吉县作为“绿水青山就是金山银山”理念发源地，用先试先行、身体力行为其他地区提供了示范和借鉴。

第一节 扎根历史，创新体制

一、体制为先

体制机制是指在一定的社会经济条件下，为了实现某种目标而建立的一套规范性的制度安排。它涵盖政治、经济、社会、文化等各个方面，通过对各种要素的配置和激励，影响着人们的行为和选择。体制机制的好坏直接关系一个国家和地区的发展水平和质量。一个科学合理的体制机制能够有效地组织和调配资源，促进部门或个体之间的紧密协作，从而提高管理效能，同时也是保障公平公正，推动改革和发展，稳定各方关系，降低各种风险和不确定性，促进长期稳定发展的重要基础。

在国际上，美国、加拿大、欧盟等国家和地区，通过将自然资源管理与行政管理相结合，以法律法规为基础，以规范为引领，深入实施管理，通过严谨的法律法规管理区域自然资源，这种以行政手段为支撑的体制机制大大提升了自然资源管理方式的合法性和有序性，为深化资源利用和加强自然保护提供了科学的方法。[1] 例如，作为资源大国的美国始终高度重视自然资源的管理工作，由联邦政府内政部负责管理全国的自然资源。目前，美国已形成了世界上最为完善的自然资源资产价值管理体系，在联邦、州和地方层面都有涉及自然保护地（区）体系的基本法。

这些国家和地区在自然资源管理方面采取了一种综合性的体制机制，将自然资源纳入国家治理体系，并通过法律法规来规范和约束各方利益主体的行为。这种机制体制不仅注重自然资源的开发利用，也注重自然资源的保护和恢复。通过行政管理手段，这些国家和地区对自然资源进行了全面的监测、评估、审批、监督等，确保自然资源的合理开发和可持续利用。这种体制机制有利于提高自然资源管理的效率和效果，同时也有利于维护自然资源的公益性和社会性。

都江堰是我国古代水利工程中最具代表性和影响力的一个典范。它留下了“深淘滩，低作堰”的治水名言，用来处理岷江地形和水质导致的洪水过境后砂石淤积的情况。都江堰以卧铁作为深淘标志，合理作业保证河床深度既符合当地灌溉水量，又不至于造成涝灾。同时提醒水利工匠，修筑堰堤时，堰顶应低作，便于排洪排沙，分洪减灾。都江堰的设计和建造体现了我国古代水利工程师的高超智慧和技艺，不仅为成都平原带来了丰沛的灌溉用水，也为西南地区的经济社会发展奠定了坚实的基础，更是向我们证明了科学管理是保障工程长久运行的关键因素。

党的二十大报告把“国家治理体系和治理能力现代化深入推进”作为我国未来五年发展的主要目标任务之一。国家治理体系和治理能力是一个国家综合实力和竞争力的重要体现。国家治理体系和治理能力现代化就是要不断完善和创新体制机制，提高应对能力，使之适应新时代的发展要求和人民的热切期待。这是深入推进体制机制保障，充分发挥顶层设计与“集中力量办大事”作用的重要表现。

安吉县作为“绿水青山就是金山银山”理念的发源地，其经济发展与生态保护方面取得的成就得益于体制机制的先试先行。从确立“生态立县”战略到成立“绿水青山就是金山银山合作社”，从依靠“矿山经济”到拥抱“竹林产业”……安吉县在探索生态文明建设的过程中，不断创新体制机制，拓宽了“绿水青山就是金山银山”实践路径，激发了社会主体的积极性和创造性，形成了一系列具有安吉特色的生态经济发展模式，也为其他地区的生态文明建设提供了可借鉴的经验。

体制机制对国家和地区发展起到关键的支撑作用，是推动各个领域发展的重要保障。通过建立合理有效的规则，深入落实体制机制，能够促进资源的科学管理并提高管理效率，保障公平公正、推动改革和发展，同时为稳定发展、保护生态环境，发展“绿水青山就是金山银山”理念提供有力支持。

二、由史而来

安吉县能先试先行落实体制机制，也源于其跌宕起伏的历史。安吉县群山环绕，绿水依依。古时便有人在此地建国立都，驯山驭水，发展自己的文化，这些人被称为越人。此时的安吉县依山傍水、静谧安适，是个宜居的好地方。而后狼烟燃起，战国时代楚越争霸，春秋时期吴越相争，后来被秦朝统一。到了汉朝，汉灵帝为了加强对这块世外桃源的管辖，单独置县，取名安吉。[2] 历史车轮滚滚向前，随着朝代的更迭，一波又一波的战乱浪潮席卷着安吉县这片土地。

近代学者一般将在清太平天国运动前迁驻于安吉县的移民后裔称为土著。而这些土著来安吉县的理由也不尽相同。如战国时期，史称“山越人”的越国贵族在越灭国后逃亡至此。西晋时期，中原百姓遭遇“永嘉之乱”，纷纷南逃，一部分人便在安吉县定居。宋朝建炎年间，不少官员南渡后定居安吉县，如云南监察御史倪政、中书侍郎马元规等。总之，或由于躲避战乱灾祸，或由于为官任职，五湖四海的人们集聚安吉县，定居安家，成为安吉县的土著居民。太平天国运动期间，清政府和太平天国军在安吉县展开了激烈的战争。兵戈之祸、饥荒、疫病肆虐，当地百姓死伤无数。随后 80 余年，为填补缺失的人口，带着实现美好生活的愿望，来自浙江温州、金华、义乌、永康等地区的移民涌入安吉县，直至中华人民共和国成立初期这一移民潮才宣告结束。[3]

如此，安吉县再一次庇护了从天南海北奔赴至此谋生的民众。温州移民擅长耕种，金华、义乌等县移民擅长手工艺，永康的畲族人“喜居山谷结茅庐”，苏北移民多倚水而居，河南移民则定居田畈。五湖四海的人们汇聚安吉，绵软和煦的吴侬软语与粗犷豪放的豫音，多地语言习俗交织在安吉县形成了丰富多元的文化，也塑造了安吉县海纳百川、劈波斩浪、一往无前的优秀品质。定居于安吉县的大部分人都是不愿屈从于现实困境的勇敢者，他们不断进取，敢于探索，寻求变革的精神代代相传，成为安吉人的骄傲。

在这样的历史背景下，安吉县积极探索先试先行，落实体制机制。经过历史的洗礼，安吉人将这种勇于创新、不断超越的精神融入自己的血脉，代代相传。这种精神不仅在安吉县勇于创新体制机制上得到体现，也成为塑造安吉县人品质的重要元素。这种历史传承和精神代代相传，将继续创造安吉县的未来。

三、发展困境

安吉县拥有丰富的矿产资源，为了追求经济发展，在发展初期，当地许多拥有矿山资源的村镇纷纷选择了开采、销售和加工矿产资源作为致富手段。其中，“绿水青山就是金山银山”理念发源地余村便是当时的典型。余村依靠 400 hm^2 富含石灰石的山林，从 20 世纪 70 年代始，便陆续开办了石灰窑、水泥厂等建筑材料厂，全村有一半以上的家庭都在这种采石开矿的产业链上务工。这种“靠山吃山”、以矿兴村的发展模式也使得余村在短时间内实现了经济的飞跃，成为周边地区有名的富裕村。据统计，2003 年，余村的村集体收入就已达到 100 多万元，人均收入也超过了全国平均水平。因此，当时的安吉县大多数有矿产资源的村镇也都“靠山吃山”，争先恐后地发展采矿和工业经济。

然而，经济的高速增长并没有给当地人民带来幸福和安宁，反而造成了严重的生态环境危机。为了开采矿产资源，原本茂密的山林被大量砍伐，土地被无节制地开垦，炸山开矿的巨大噪声影响了当地居民的生活和健康。同时，水泥厂、石灰厂等工厂不断排放大量的粉尘和废气，使得空气质量急剧下降，天空变得灰暗沉闷，不见了往日的蔚蓝清澈。村民们不得不终日忍受着飞扬的尘土和刺鼻的气味，连露天晾晒衣物都成了奢望。更糟糕的是，每逢下雨天，雨水就会冲刷矿山上的泥沙和废弃物，形成泥石流，直接污染了河流和水源。而在矿山工作的村民也落下了腰疼、尘肺病等伤病。[4] 这种对自然环境肆意破坏的发展方式不仅危及了安吉县的生态安全，也影响了当地人民的生活质量、身体健康。1998 年，国务院发起太湖治污“零点行动”，其中安吉县就被列为太湖水污染治理重点区域。

安吉县政府及时认识到了这种以牺牲生态为代价的发展方式的弊端和危害。竭泽而渔、粗放消耗式的发展模式虽然能够带来一时的经济利益，但并不能真正提高人民群众的幸福感，更不能保障安吉县的长远发展。自然资源是有限的，自然环境是脆弱的，如果不加以保护和合理利用，只会加速资源枯竭和环境恶化，导致发展陷入困境。眼前看似辉煌的经济成就只是昙花一现，难以持续。

安吉县从整治矿山和关停淘汰重污染型企业开始，逐步告别矿山经济。尽管生态环境有所提升，但是当时经济却一度衰退，这对当地以矿为生的村民造成了不小的经济负担，村民一时之间对政策充满了不理解。为此，安吉县充分研判发展趋势，坚定发展方向，2001 年安吉县政府正式提出了“生态立县”的战略目标，即基于县域“大竹海”、茶山等丰富的生态资源，逐步发展生态休闲旅游业。

2005 年，时任浙江省委书记的习近平同志到安吉县调研，对余村关停矿山的举措给予了高度评价，并提出“绿水青山就是金山银山”理念，这对正在“摸着石头过河”的安吉县而言无疑是打了一剂“安心针”，更加坚定了其“生态立县”的发展目标。

安吉县在摒弃单纯追求经济增长的旧模式后，能够积极探索绿色、可持续发展的新路径，是基于先行先试“生态立县”目标，践行“绿水青山就是金山银山”理念的结果。这一转型不仅为当地创造了显著的经济效益，还使安吉县成为“绿水青山就是金山银山”实践的先进典范。安吉县的成功经验引起了更多地区的关注，前来取经学习的地区络绎不绝，也促进了全国范围内“绿水青山就是金山银山”理念和生态文明建设的发展。

四、本节小结

在人类社会的历史进程中，体制机制的建立一直是推动社会变革和进步的重要因素。体制机制是指社会运行和管理所依据的一系列规则、制度、组织和程序，它能够规范和引导人们的行为和活动，协调和平衡社会各方面的利益和需求，促进社会资源的有效配置和利用。

在当今世界，面对日益严峻的生态环境问题，我们更应该重视体制机制的创新和完善，实现可持续发展的目标。发展始终是当今世界面临的时代主题，而解决生态保护和经济发展问题就是实现发展、实现人类文明存续的严肃问题。因此，在当前形势下，我们必须树立生态文明理念，坚持绿色发展道路，构建生态文明制度，实现人与自然的和谐共生。这就需要我们不断地创新和完善体制机制，以适应生态文明建设的要求，为可持续发展提供有力的保障和支撑。

安吉县“绿水青山就是金山银山”的实践为生态保护和经济发展问题提供了优质解答。基于历史的积淀与传承，安吉县通过体制机制的引领创新，成功地实现了从“靠山吃山”的工业县到“养山富山”生态文明示范区的转型升级。安吉县从整治矿山和关停淘汰重污染型企业开始逐步告别粗放型经济发展方式，实施“生态立县”战略，深入践行“绿水青山就是金山银山”理念，发挥先试先行优势，塑造生态文明建设地域的典型，为同类型地域发展提供了可靠经验。

第二节　有典有则，行之有道

一、体制构建

2005 年，时任浙江省委书记的习近平同志到安吉县调研，对安吉县坚持“生态立县”战略，利用竹林、茶园等生态资源大力发展生态经济给予了充分肯定。习近平同志表示：“不要以环境为代价，去推动经济增长……绿水青山就是金山银山，我们既要绿水青山，也要金山银山，其实绿水青山就是金山银山，本身，它有含金量。”在调研安吉县之后，习近平同志便在《浙江日报》头版《之江新语》栏目中以“哲欣”为笔名发表了短评《绿水青山也是金山银山》。他在文章中指出，绿水青山可带来金山银山，但金山银山却买不到绿水青山。绿水青山与金山银山既会产生矛盾，又可辩证统一。“绿水青山就是金山银山”这一科学论断的提出既是受安吉县生态文明建设之路的启发，也是对安吉县生态经济发展成果的肯定。

早年，安吉县矿石矿砂资源丰富，多地纷纷开展采掘工业。开山采矿带来可观经济效益的同时，也带来了生态破坏，产生的扬尘、污水等极大降低了当地居民的生活质量。1998 年，国务院发起太湖治污“零点行动”，安吉县被列为太湖水污染治理重点区域。为了破解生态环境制约经济发展、影响百姓生活的困局，2001 年，安吉县正式提出“生态立县”战略，出台《关于“生态立县——生态经济强县”的实施意见》，[5] 将发展定调在生态上。安吉县在全县范围内开展“五化一改”的环境整治工作，从基础设施入手，改善居住环境。2002 年，安吉县出台《关于创建最佳人居环境的实施意见》，从顶层设计上对优质人居环境的创建给予指导。

值得一提的是，2002 年安吉县由于转变发展思路导致经济增长暂时放缓的现实已摆在眼前。但在 2003 年，安吉县顶住压力，提出持续深入实施“生态立县”战略，将安吉建成生态经济强县、生态文化大县、生态人居名县，并设立全国首个“生态日”，将生态理念深植民众日常，培养生态自觉，形成生态文化。当时，浙江省开展“千村示范、万村整治”工程（以下简称“千万工程”），安吉县立足“五化一改”整治成果，持续深入推动生态环境建设，推进地区“千万工程”实施。

2005 年，这是安吉县深入实施“生态立县”、整改关停污染型企业，主动放缓经济增长速度、加大生态环境治理投入、布局生态发展的第四年。习近平同志肯定了安吉县依托竹资源优势，坚持发展生态经济的思路，提出“绿水青山就是金山银山”的科学论断。

2006 年，安吉县第十二次党代会提出，坚持科学发展，坚持“生态立县”，突出工业强县，加快开放兴县，并以生态文化为纽带，将安吉县经验推向国际。安吉县始终将生态摆在县域发展的首要位置，2008 年，安吉县提出“中国美丽乡村”建设，并出台《安吉县建设“中国美丽乡村”行动纲要》。安吉县深入发展生态环境，提质增速生态经济，融合提升生态文化。2012 年，安吉县获得“联合国人居奖”，全县共建成“中国美丽乡村”精品村 164 个、重点村 12 个、特色村 3 个。

2015 年，安吉县人民政府作为第一起草单位参与制定《美丽乡村建设指南》（GB/T 32000—2015），2016 年，安吉县被环境保护部授予“中国生态文明奖”，并被列为“绿水青山就是金山银山”理论实践试点县，2017年，安吉县被环境保护部命名为全国首批“绿水青山就是金山银山”实践创新基地；2018年，安吉县被生态环境部授予“第二批国家生态文明建设示范县”称号。

从“生态立县”战略到“美丽乡村”建设，安吉县主动思考、率先作为，其生态环境与经济发展的优质循环是先试先行创新体制机制取得的显著成果。安吉县用长远眼光判断发展的趋势，及时扭转发展方向。在面对群众质疑时，坚定高举“生态立县”旗帜，谋求人与自然和谐发展之道。在得到肯定后，做到“一张蓝图绘到底，一任接着一任干”，充分挖掘深化“绿水青山”价值，实现生态、文化、产业互动，将资源优势转变为经济优势。安吉县的生态发展之路实现了“宁要绿水青山，不要金山银山”到“既要绿水青山，也要金山银山”，再到“绿水青山就是金山银山”的转变，其完整的发展过程是我国生态文明建设历程的鲜活展示。安吉县体制机制创新遵循以下几个原则。

（一）自上而下，顶层引领。充分发挥顶层设计作用，自上而下建立体制机制，是实现“生态立县”战略目标的重要保障。顶层设计是指在全局视野和战略高度，对一个系统或领域的发展方向、目标、路径、措施等进行科学规划和统筹安排的过程。自上而下建立体制机制，是指根据顶层设计的要求，从上到下，逐级落实和完善相关的制度、规范、流程等，形成有效的协调和推动力量。有利于提高决策的科学性和权威性，避免盲目性和随意性，确保各项工作符合安吉县的发展需要。

（二）系统全面，层级分明。建立系统全面、层级分明的机制体制可以有效地协调各部门、各层级、各领域的工作，保证政策的统一性和连贯性，避免重复和冲突，提高执行力和效率。同时，也可以充分发挥各方面的优势和创新力，激发社会活力和参与度，促进社会和谐和发展。

例如，为了实现“美丽乡村”建设，安吉县先后编制出台了《安吉县建设“中国美丽乡村”行动纲要》《安吉县“美丽乡村”建设总体规划》《安吉县中国美丽乡村长效管理办法》等一系列文件，形成了横向到边、纵向到底的建设规划体系。在这一系列连续的政策“组合拳”下，安吉县正在一步一步地朝着既定的目标迈进。

（三）相兼互容，因地制宜。不同地区和村庄经济发展水平和资源禀赋条件不同，根据实际情况分类别和层级建立梯度目标机制，有助于提高各地完成目标的积极性，提高规章制度的执行率。同时，也要从县域整体角度考虑不同地区间的相互关系，尊重彼此的差异和多样性，建立相互兼容、因地制宜的体制机制，以实现共同的利益和目标。安吉县格外注重对于地方特色文化及产业的挖掘工作，形成了一批主题鲜明的区域。如果将全县看作一个大型生态博物馆，那么全县按照自然生态、历史文明、民俗文化和人地和谐等特征可以划分为“一中心、四大类、十四个展区”。此外，安吉县按山区、平原和丘陵等不同的地形地貌地理位置特征和产业资源禀赋情况，将全县 15 个乡镇和 187 个行政村按照宜工则工、宜农则农、宜游则游、宜居则居、宜文则文的发展功能，划分为“一中心、五重镇、两大特色区块”。

（四）绩效反馈，长效治理。有绩效反馈长效治理的体制机制可以帮助组织及时了解和评估自身的工作情况，发现问题和不足，提出改进措施，激励管理人员提高工作质量和效率，避免无休止地投入资金资源，杜绝效率低下的行为。并且它可以帮助组织建立稳定和规范的运行秩序，明确权责和分工，防止腐败和浪费，保障组织的合法性和公信力。自《安吉县高质量推进新时代美丽乡村人居环境整治提升行动实施方案》出台以来，安吉县认真落实文件精神，定期组成考核小组对辖区内村镇进行考核验收，并及时公开考核结果，积极落实奖补资金，保障了基层组织建立美丽乡村的积极性。

安吉县建立自上而下顶层引领体制机制，系统全面、层级分明，相兼互容、因地制宜。具备绩效反馈、长效治理的体制机制是安吉县把握先试引领机会，发挥政治先行优势，实现经济与生态双重优质发展的有力保障，为安吉县坚定落实“绿水青山就是金山银山”理念提供了制度支撑。[6]

余村与“绿水青山就是金山银山”实践

余村原本是安吉县著名的经济强村，“靠山吃山”，利用山上的石灰石资源发展水泥产业、兴办石料厂，但也因为开山炸石，扬尘、污水破坏了生态环境，直接影响了当地村民的生活。为了改变这种牺牲生态环境换取经济发展的困境，余村痛定思痛，关停了水泥厂，转换发展道路，通过“养山富山”做生态文章，发展生态经济。但断掉直接的经济来源，让余村的很多村民陷入失业的状态，生态经济效益尚未显出优势，一时之间基层质疑声音四起。

2005 年 8 月 15 日，时任浙江省委书记的习近平同志到安吉县天荒坪镇余村调研。在听取汇报后，习近平同志对安吉县制定“生态立县”战略，关停矿山，利用自身生态资源优势，建设生态经济强县的做法，给予了充分肯定，并表示，“生态资源是这里最宝贵的资源，应该说你们安吉做得很好，能感受到，你们今后要真正扎扎实实走一条‘生态立县’的道路……不要以环境为代价，去推动经济增长，因为这样的增长不是发展。反过来讲，为了使我们留下最美好的、最宝贵的，我们也要有所不为，也可能甚至会牺牲一些增长速度，这就是要在经济结构上，舍去一些严重污染环境的高能耗产业……一定不要再去想走老路，还是迷恋过去那种发展模式。所以刚才你们讲到下决心停掉一些矿山，这个就是高明之举。绿水青山就是金山银山。我们过去讲既要绿水青山，也要金山银山，其实绿水青山就是金山银山，本身，它有含金量。”

余村牢记习近平总书记的嘱托，充分领略“绿水青山就是金山银山”理念精髓，主动作为，发挥自身绿水青山优势，大力发展绿色产业，建设平坦开阔的“绿水青山就是金山银山”绿道，将矿山打造为“遗址公园”，复垦后的水泥厂旧址建设五彩田园，发展漂流、果蔬采摘、户外运动等新业态，打造“一户一品”“一院一景”特色乡村。2016 年，余村成功创建国家 3A 级景区（图 2-1）。2020 年 3 月 30 日，习近平总书记再一次来到安吉县余村考察，见到了 15 年时间变迁后“绿水青山就是金山银山”理念践行的巨大成果，再一次肯定，余村绿色发展的路子是正确的，路子选对了就要坚持走下去。

图 2-1　安吉县余村

图片来源：安吉县融媒体中心。

“绿水青山就是金山银山”理念坚定了余村走生态文明建设之路的信心和决心。余村以“绿水青山就是金山银山”理念为指导，不断创新发展思路，深入推进乡村振兴战略，打造了一批生态文明建设的示范项目，如生态农业园区、生态旅游景区、生态文化村、生态教育基地等。余村还积极探索建立了绿色发展的长效机制，进一步引领“绿水青山就是金山银山”实践。余村用实际行动证明了“绿水青山就是金山银山”理念的科学性和正确性，其绿色发展成果得到了国内外的广泛认可和赞誉，吸引了众多游客和学者前来观光和学习，为全国乃至全世界的生态文明建设树立了典范。

二、志识之士

安吉县体制机制的构建和实施充分发挥了管理对象的主体作用和创造力。因此，安吉县十分注重人才的引进和培养。

（一）拓展管理者的规模和层次。广大村民是生态文明建设的参与者、贡献者和受益者。安吉县鼓励村民从“绿水青山就是金山银山”理念的实践者、受益者的角度，以主人翁的姿态，积极参与到生态文明体制机制的构建和落实中来。这样既使生态文明体制机制更加符合人民群众的需求和期待，更加贴近人民群众的生活和工作，也使“绿水青山就是金山银山”理念在人民群众中得到了广泛的认同和支持，形成了强大的生态意识和生态行动。这些措施不仅有利于提高生态文明建设的效率和质量，也有利于减轻政府的管理负担，促进政府从单纯的管理者向服务者、引领者、协调者的角色转变。[7] 2017 年，安吉县余村编制发布了全国首个《美丽乡村民主法治建设规范》（市级地方标准），从制度层面为美丽乡村民主法治建设提供参考依据，使其有标可依、有据可考、有章可循，真正做到大家的事情大家参与、众人的事情众人商量。

（二）积极培养引进专业人才。一方面通过拓宽人才引进渠道，建立人才激励机制，提高人才待遇，为人才提供良好的工作和生活环境，吸引和留住优秀人才。另一方面加强人才培训和教育，提高人才素质和能力，为人才提供多元化的学习和发展机会，培养和储备高层次人才。为了深化“绿水青山就是金山银山”实践，扩大生态文明建设先行优势，2020年，安吉县与浙江大学联合组成浙江生态文明研究院，聚焦生态治理、生态经济、数字生态研究方向，为生态文明建设培养专业人才。2023年，安吉县出台了《关于优化安吉县支持大学生就业创业政策的意见》，从安家、租房、创业等七大方面为来安吉县就业的人才提供更加温馨、人性化的引才环境，做到“人才需要什么安吉就提供什么”。

（三）用好当地有德有才之士。安吉县积极探索“绿水青山就是金山银山”理念的实践路径，重视发现和培养当地有德有才之士，充分利用他们对本土文化、生态、经济等方面的深刻理解和独特视角，引导他们发挥示范带动作用，推动“绿水青山就是金山银山”绿色发展的资源禀赋转化为实际效益。“绿水青山就是金山银山”绿色发展的资源禀赋是基层人民群众创造和维护的，其优势的发挥也要依托基层人民群众的主体地位和积极参与。因此，安吉县注重选用德才兼备、熟悉本土情况、能够贯彻“绿水青山就是金山银山”理念的干部担任基层领导职务，使他们成为“绿水青山就是金山银山”理念深化落实的坚定执行者和有效传播者。同时，安吉县也不断加强对基层干部的培训和指导，通过考察学习、专家授课、互相交流、导师传帮带等多种形式，提升他们的政治觉悟、业务能力和治理水平，激发他们的创新精神和工作热情，发挥他们的本土优势和群众基础，为安吉县“绿水青山就是金山银山”理念的全面贯彻和有效实施作出了积极贡献。

基层管理治理人员维持了“绿水青山就是金山银山”实践的高效运

转，打开了群众与政府存在的壁垒，增强了群众和政府的合力，使公共事务运转高效、便捷。“一张蓝图绘到底，一茬接着一茬干”，村两委领导班子深刻领悟政府政策精神，调动基层力量积极参与“绿水青山就是金山银山”实践，所谓“功成不必在我、功成必定有我”。因此，安吉县拓展管理者规模和层次，可以增强安吉县的组织能力、协调能力和服务能力，优化政府治理结构，提升公共管理水平，同时激发安吉县的内生动力、活力和创造力，营造良好的发展环境，推动“绿水青山就是金山银山”理念贯彻的深入和生态文明建设的深化。

安吉县与浙江大学成立浙江生态文明研究院

为了深入推进生态文明建设，探索“绿水青山”向“金山银山”转化的路径，2020 年，浙江大学与安吉县共同筹建了浙江生态文明研究院（图 2-2）。

图 2-2 浙江生态文明研究院揭牌仪式

图片来源：浙江生态文明研究院。

浙江生态文明研究院立足浙江大学的学科人才优势和安吉县的实践经验，展开了跨学科、跨领域、跨区域的协同创新，重点开展生态文明创新研究与实践、生态文化理念传播与推广、绿色产业培育与发展、生态文明教育培训等方面的工作，为国家和地方提供科技支撑和政策咨询。浙江生态文明研究院的建设，一方面吸引和培养一批高水平的生态文明研究人才，为安吉县的经济社会发展提供智力支持；另一方面通过以安吉县为试验田，开展生态文明建设的理论探索和实践创新，也为安吉县打造国际知名的生态文明示范区提供科学保障，对安吉县的人才培养和生态文明建设推进具有重要的意义。

安吉县余村成为新的“人才聚集地”

2022 年 7 月，安吉县余村面向全球创新推出了“余村全球合伙人”计划，向全球的英才发出诚挚的邀请，希望能和全球英才一起携手共建美丽新余村。该计划推出至今，已有乡村旅游、音乐艺术和零碳科技等赛道上的 40 多个团队应邀成为合伙人，正式入驻余村。其中有“周末酒店”“原力食品”等著名团队，更有“迷笛音乐”和“上美影”两大年轻人耳熟能详的品牌 IP。如今余村的年轻人越来越多，他们的活力、创造力正在使余村的整体氛围和生活方式发生翻天覆地的变化。在这里，青年人与余村结成了奋斗共同体和命运共同体，他们在余村尽情地发挥着自己的才华，将余村打造成为年轻时尚的美丽乡村。2023 年，为了扩大品牌的影响力，余村又发布了青年共创计划和青年发展导师计划。接下来，余村还将继续整合合伙人资源，驱动余村合伙人发挥外联内拓优势，不断拓展业务半径，将“余村全球合伙人”的发展成果辐射到余村之外，带动天荒坪镇、安吉县乃至湖州市其他地区的发展。

青年在乡村被需要，青年的价值在乡村被体现。余村的例子仅仅是安吉县近年来引才计划的一部分。据统计，仅 2023 年 1 月至 7 月，安吉县便成功吸引大学生及各类人才超过 1.9 万名。在乡村振兴的大舞台上，人才是当之无愧的主角，只有吸引人才、用好人才，才能真正盘活发展资源，真正实现乡村振兴。如今安吉县已将“招引十万名青年大学生”确定为经济社会发展的第一战略目标。为了实现这一目标，安吉县先后出台《关于优化安吉县支持大学生就业创业政策的意见》《关于印发安吉县优化支持大学生就业创业政策的通知》等一系列文件，围绕住房、生活、社交和就业环境等方面，增强青年人的归属感，争取吸引和留住更多青年人扎根安吉县。

吸引人才的政策体系在不断地巩固和延续，人才发展的生态环境在不断地优化升级，在可以预见的未来，安吉县将会成为青年人发挥自身才华、实现伟大抱负的创业热土。

三、助力“绿水青山就是金山银山”实践

安吉县积极主动创新构建体制机制，以人才之力发挥体制机制效能，挣脱由生态环保观念淡漠带来的发展束缚，以生态环境保护为基础，以“美丽乡村”建设为主线，以“绿水青山就是金山银山”理念为指引，实现了人与自然和谐发展的目标。

（一）先试先行，把握优势。安吉县作为“绿水青山就是金山银山”理念的实践者和先行者，通过体制机制的创新，快速响应并适应“绿水青山就是金山银山”理念所需要的政策调整和改进。这种高效的执行力，有利于安吉县把握发展先机，发挥示范带头效应，助力地区发展。同时，

这种迅速的行动力也使得安吉县能够更早地掌握实施“绿水青山就是金山银山”理念的经验和教训，从而为其他地区提供借鉴和学习样板。安吉县的“绿水青山就是金山银山”实践，不仅体现了对生态文明建设的高度重视，也展现了对绿色发展的深刻理解和创新探索。2021 年，自然资源部正式批复了《浙江省安吉县深入践行“两山”理念推进自然资源综合改革试点方案》。自此，安吉县积极落实该方案中的各项重点任务，积极探索“绿水青山就是金山银山”转化的“安吉路径”，力争把自身打造成为全国“绿水青山就是金山银山”实践的标杆示范区，为全国的生态文明建设提供更多宝贵的实践经验。

（二）顶层引领，科学规划。体制机制的顶层引领作用确保了“绿水青山就是金山银山”理念在整个地方治理体系中的主导地位。高层领导的明确支持和科学决策使“绿水青山就是金山银山”实践成为安吉县发展的战略选择，并贯穿于各级政策制定和实施的全过程。在此基础上，安吉县根据自身的自然条件、资源特点和发展目标，科学合理地制定了一系列符合“绿水青山就是金山银山”理念的规划方案和政策措施，为“绿水青山就是金山银山”理念的落地提供了可行性和操作性。这样既保证了“绿水青山就是金山银山”理念在安吉县能够长期坚持不懈，又保证了其能够与当地实际相结合，实现经济社会发展与生态环境保护的协调统一。因此，体制机制的构建既彰显了“绿水青山就是金山银山”理念在安吉县发展中的主导作用，又体现了其在安吉县实践中的可行性和可持续性。

（三）监督落实，强化保障。体制机制能够对各级政府和相关部门的工作进行定期检查和评估，对执行情况进行激励或惩戒，从而保证“绿水青山就是金山银山”理念的各项政策措施得到切实执行；并能够在监督落实的过程中，注重遵循科学合理的标准，不断完善和优化政策内容，以适应不同地区和不同环境的特点，确保政策的可操作性和有效性。此外，体制机制还着力强化对“绿水青山就是金山银山”理念实施的保障措施。通过整合资源，确保政策执行所需的人力、物力、财力等各方面的保障，以确保政策的有效推进。因此，体制机制创新是“绿水青山就是金山银山”理念实现的关键环节，也是促进生态文明建设和社会可持续发展的必要条件。

（四）规范发展，绿色赋能。通过建立健全法规制度和政策措施，安吉县致力于将各项发展活动纳入规范化轨道。这种规范发展的方式对于保障资源的合理利用和生态环境的可持续发展至关重要，从而使“绿水青山就是金山银山”理念在稳健发展的基础上不断深化。为了进一步深化自然生态保护工作，实现绿色和谐发展，安吉县通过制定明确的法规和政策，规范了各类发展项目的审批和管理流程，确保其符合生态保护的标准和要求。从顶层设计开始，便坚决杜绝了那些可能带来严重污染的工业企业入驻。鼓励和支持绿色产业的发展，这不仅为经济结构的优化带来了新的动力，也促进了当地环境质量的改善和生态系统的恢复。

因此，安吉县体制机制的构建对于“绿水青山就是金山银山”理念的实践和深化具有重要作用。安吉县通过不断积累宝贵经验，为推动经济与生态的双重优质发展提供有力支持，也为其他地区探索可持续发展之路提供了宝贵的经验。

四、本节小结

从外在因素来看，安吉县选择走上“生态立县”道路是受到国务院太湖“零点行动”的压力，同时也是因为生态破坏对经济发展的反噬效应逐步凸显，不得不采取的被动举措。从内在因素来看，这也是实现人民群众美好生活愿景的紧迫需求。因此，安吉县当时放弃了过去注重经济效益的“采石经济”，转而投入大量财政税收用以治理县域环境，重新思考发展路径，这体现了安吉县极大的勇气和决心。

“绿水青山就是金山银山”理念提出之时，安吉县正处于生态经济发展的困难时期，“先试先行”的决策并没有立刻带来经济上的提升。从GDP的数字来看，政府大量的财政投入并没有带来预期的经济产出。这也导致人民群众不理解为什么要放弃“卖石头”这种现成的收入来源，转而重视生态保护。因此，“绿水青山就是金山银山”理念的提出肯定了安吉县转变发展道路的行为，为安吉县坚定发展生态经济提供了强有力的支持。

“绿水青山就是金山银山”理念的核心是以生态文明建设为导向，将绿水青山作为基础，以人民幸福为目标，实现经济发展和自然环境的平衡。“绿水青山就是金山银山”理念的提出将生态和经济从博弈的关系中剥离出来，跳脱旧程式，重新定义了发展模式，其发展路径必然是需要政府和群众共同发力的。

安吉县政府充分领会了“绿水青山就是金山银山”的理念，充分利用“先行先试”的优势，发挥顶层设计的作用，为“绿水青山就是金山银山”发展提供了制度保障和要素支持，统筹各类主体参与“绿水青山就是金山银山”实践，组织领导和督促考核并行，建立反馈机制，形成了促进绿色发展的良好机制。

群众作为“绿水青山就是金山银山”发展的主体和受益者发挥了不可替代的作用。群众直接参与“绿水青山就是金山银山”实践，是自然资源的直接使用者和管理者。有效保障群众的合法权益，同时也激发他们的创造力，为“绿水青山就是金山银山”实践提供了更多可能性。此外，群众也是生态文明理念的传播者和践行者。

安吉县以“绿水青山就是金山银山”理念为指导，坚持“生态立县”的发展战略，20 多年来在经济社会发展和生态文明建设方面取得了显著成效。安吉县充分发挥了体制机制的作用，形成了政府主导、群众参与、市场运作、社会监督的多元协作模式，实现了经济增长和生态保护的良性互动。安吉县的成功，是政府与群众共同努力、共同创新、共同分享的结果，生动有力地证明了“绿水青山就是金山银山”理念的科学性和先进性。

第三节　攻玉之石，如琢如磨

一、创变求新

安吉县创变求新构建体制机制充分发挥了“先试先行”的优势。安吉县首创“两山合作社”，通过对土地、林木、水源等自然资源尤其是林业资源进行科学评估，确定其价值和权属，为后续的资源收储和整合提升提供依据。通过与农户个体签订长期合作协议，将其自然资源以股份或租赁的形式纳入合作社的统一管理，形成规模效应和集约化经营。并引入专业技术人员和先进设备，对收储的自然资源进行优化配置和改良提升，提高其生态效益和经济效益。

通过建立品牌化和标准化的产品体系，制定公平合理的分配方案，将合作社的经营收益按照股份或租金的比例分配给农户、企业和政府，实现利益联结和风险共担。通过建立生态补偿机制，将合作社的部分收益用于生态保护和修复项目，如植树造林、水土保持、生物多样性保护等，实现生态与经济的良性循环。基于“两山合作社”平台，安吉县盘活了竹海资源，构建碳排放指标交易体系，利用竹林储备碳汇资源，换取经济收益，打开新思路，切实将资源优势转化为经济优势。

安吉县制定了乡镇党政领导干部自然资源资产离任审计制度，通过在乡镇党政领导干部任期内对自然资源资产的保护、开发、利用、修复等情况进行全面、客观、公正的审查评价，促进乡镇党政领导干部树立生态文明理念，增强生态环境保护意识，履行生态环境保护职责，实现自然资源资产保值增值。同时探索建立以绿色 GDP 为主导的考核体系，将环境保护和资源节约纳入政府绩效评价中，通过体制机制推动经济发展和环境保护的双循环。

安吉县充分利用顶层设计，以标准化推进县域发展目标实现，2014 年推出以安吉县为样本的全国首个美丽乡村省级地方标准。2015 年，《美丽乡村建设指南》升级为国家标准，正式发布。除此之外，安吉县还制定了国家标准《就地城镇化评价指标体系》、省级标准《城镇生活垃圾处理技术规程》等 60 余项标准，以建立标准体系为抓手，精准推进安吉县发展。[8]

为持续推进生态文明建设，2022 年 4 月，安吉县成立了生态文明总体督导推进领导小组，设置 5 个督查组，围绕“绿水青山”向“金山银山”转化等各项生态文明推进工作展开督查，全面推进“绿水青山就是金山银山”理念的落实和生态文明建设。

安吉县不惧先行一步，勇于尝试新的方法和探索新的方向，创新体制机制，为安吉县取得先发优势。同时安吉县也关注国内外发展动态，倾听民意和市场需求，与时俱进，不断推动自身发展。

安吉县与“两山合作社”

2020 年 4 月，安吉县发布了《“两山银行”试点实施方案》，在全县推行统一模式下的生态资源储蓄与交易，从而进一步提升生态资源价值。该方案的提出意味着我们可以从更规范、更多元的角度去实现“绿水青山”向“金山银山”转化。

“两山银行”本质上是一个交易生态资源的平台。安吉县将全域范围内可交易的生态资源都整合在一个平台上，发挥出集聚效应和整体优势。一直以来，作为“绿水青山就是金山银山”理念发源地的安吉县通过绿色可持续发展理念实现了生态资源的价值转化，但通过研究可以发现，这种转化多为民间单个乡村、园林，甚至是农房等生态价值“低、小、散”的资源，要实现更高质量的“绿水青山”向“金山银山”转化通道，势必要全县“一盘棋”。因此“两山银行”的成立是安吉县实现生态经济集聚发展的必要之举。

“两山银行”的目标资源资产不仅包含山、水、林、田、湖、草等自然资源，还包括与之相关的适合集中经营的农村宅基地、集体经营性用地、农房、古村、古镇、老街等，需要集中保护开发的耕地、园地、林地、湿地，以及可供集中经营的村落、集镇、闲置农村宅基地、闲置农房、集体资产等。

成立“两山银行”的目的是通过推行非生态资源交易来提升生态产品价值。为此，安吉县正在着力探索生态产品交易机制、质量监管、品牌体系等方面的创新举措，逐步将生态资源转化为生态产品。“两山银行”通过借鉴银行“存取”，特别是“零存整取”的概念，将生态资源进行分散式输入和集中式输出，试图实现生态资源规模化收储、专业化整合、市场化运作，并在实践中将其用于各类资源和资产权益。

2023 年 7 月 1 日，浙江省《关于两山合作社建设运营的指导意见》正式实施，将“两山银行”升级为“两山合作社”，让浙江省“两山合作社”的建设有了统一标尺，更从省级顶层设计的层面为安吉县进一步探索“两山合作社”保驾护航。图 2-3 为安吉县“两山合作社”数智平台。

图 2-3　安吉县“两山合作社”数智平台

图片来源：浙江生态文明研究院。

二、提质升级

安吉县体制机制的创新对产业有极强的规范作用，促使本地优势产业加速提质升级。在安吉县体制机制的保障下，产业蓬勃发展，取得了显著成效。

（一）构建现代产业园，发挥产业集成优势。安吉县体制机制的创新推动了现代产业园的建立。通过提供优质的基础设施和公共服务，企业的运营成本得以降低，同时为本地产业提供了更高效的生产环境，提升了企业竞争力。在现代产业园区内，企业之间加强了合作与交流，激发了创新活力，促进了资源共享和互补。这种集成优势的发挥，加速了产业链的延伸和优化，培育了安吉县新的增长点，推动了绿色发展、循环发展、智能发展等战略的实施，从而提高了产业的质量和水平，为安吉县可持续发展奠定了坚实的基础。2019 年，总投资约 60 亿元的“中国 •安吉白茶小镇乡村振兴综合体”开发项目正式签约。仅仅两年之后，白茶小镇就获得了“年度潜力城乡融合项目”“2021 最期待文旅项目 TOP8”等众多奖项。这彰显了安吉县体制机制的创新对现代产业园发挥集成优势的重要促进作用。

（二）出台产业意见，倒逼企业转型升级。安吉县提出竹产业振兴发展、安吉白茶“百亿产业 百年品牌”等多个主题的产业实施意见，从产业发展的目标、路径和措施，为企业提供了科学的指导和规范。通过实施“白茶+”和“竹+”战略，推动了产业链延伸和创新，提高了产业附加值和竞争力。此外，安吉县还通过加强质量监管、品牌建设、市场开拓等手段，倒逼企业提升产品质量、创新技术、拓展销路，实现了传统产业的转型升级。2021 年，安吉县制定了《安吉绿色竹产业创新服务综合体竹产业重点研发项目管理办法》；2022 年，安吉县又出台了《关于加快推动安吉县竹产业振兴发展的实施意见》。通过一系列的规范性政策文件，安吉县锚定科技创新“关键点”，构建竹产业循环经济复合产业链，打造全竹利用体系，让甘元鼎笔下“川原五十里，修竹半其间”的竹海真正成为能够助力安吉县打造美丽乡村的资源。

（三）重视亩均产值，提质增效。安吉县自 2017 年落实“亩均论英雄”改革，转换原有“规模为王”的旧方式，依据亩均税收、亩均增加值等指标对企业进行评价，并据此实施用地、政策奖补等方面的差别化配置。正向激励和反向倒逼并重，促进低效企业提质增效、低效土地有机更新，全面提升工业用地产出效益，实现“腾笼换鸟”全面升级。仅2021年，安吉县就腾出土地资源超1 500亩，降低用能1.59万t标准煤，为落实优质绿色产业奠定了基础。

（四）数字化改革，赋能生态产业高效转化。为了实现高质量建设国际化绿色山水美好城市这一宏大目标，安吉县毫不犹豫地进行县域数字化转型。为了发挥“两山银行”的生态资源交易大平台作用，形成全县资源“一盘棋”，安吉县打通全县各部门的数据信息，消除数据孤岛，叠加整合了近300个数据图层，最终形成了一张以GEP（生态系统生产总值）核算为支撑的生态资源管理应用图，用科学给绿水青山贴上“价格标签”，促进生态资源的高效转化。综上所述，安吉县体制机制的创新对产业的规范化、高效化起到了积极的推动作用，促使本地优势产业加速提质升级。通过构建现代产业园，出台产业意见和重视亩均产值，安吉县不断推进产业发展战略的实践，为经济社会发展和生态文明建设作出了重要贡献。这些成功经验不仅对安吉县自身具有重要意义，也为其他地区在产业升级转型和可持续发展方面提供了有益的借鉴。

三、多元拓展

近年来，安吉县在构建全面完善的体制机制方面取得了显著成绩。通过深入贯彻“千村示范、万村整治”工程，以推动“厕所革命”为核心抓手，着力从村庄基础设施建设和环境改善入手，不断加大投入，改善了村庄的道路、供水、供电等基础设施设备。同时，着眼于细化规划和政策措施，持续优化和升级人居环境。在加强垃圾分类、环境美化方面下足功夫，显著提升了村庄的整体形象，进而吸引了更多游客和投资者的目光。这一系列举措为打造产业+旅游的发展模式奠定了坚实的基础。

安吉县成功推动了第三产业与传统的第一产业、第二产业深度融合发展。在有效的体制机制引导下，安吉县以创新的视角，积极发展休闲养生、文化创意等新兴产业形态，满足了不断升级的市场需求。村庄特色日益凸显，乡村旅游、民宿、独具特色的竹制手工业等业态成为亮点，吸引大批游客纷至沓来，为当地经济的蓬勃发展带来了强劲动力。同时，安吉县也积极引进高端人才和企业，不断提升全域旅游的创新力和竞争力。

除此之外，安吉县充分发挥了自身得天独厚的生态资源优势，尤其是竹海和茶园。在科学的体制机制引导下，安吉县将整个县域作为一个大景区进行统筹规划和管理，巧妙地推出了“竹林+”“茶园+”的创新业态模式。通过将生态资源与影视、旅游等产业巧妙结合，打造竹博园、大竹海、白茶园、白茶博物馆等景点，深化生态资源价值，提升科普教育功能，推动艺术与文化融入乡村产业，培育出独特的乡村特色，为融合发展注入了强大动力。

这种协同的发展模式不仅使旅游业欣欣向荣，还极大地促进了服务业的蓬勃发展，这也是安吉县积极保护和合理利用宝贵的自然资源，实现生态文明建设与经济社会发展“双赢”的具体表现。如今，安吉县产业发展多元，既有代表中国传统农业的白茶享誉全国，也有注入科技力量的现代制造业（椅业）称雄世界。以白茶园、竹林为基础的生态旅游业，作为“绿水青山就是金山银山”代表性产业更是异军突起。图 2-4为安吉竹海绿道。从第一产业到第三产业，再到生态产业，在“绿水青山就是金山银山”理念指导下，安吉县的产业相辅相成，其发展融合性高、结构协同性好，产业结构科学合理，由此形成了安吉县“生态美、产业兴、百姓富”的和谐局面。

图 2-4　安吉县竹海绿道

图片来源：安吉融媒体中心。

四、本节小结

安吉县在追求绿色发展的过程中，并没有满足于现状、故步自封，而是坚持创变求新，建立了适应绿色发展方向的体制机制，为生态文明建设提供了有力保障。这些改革措施不仅优化了现有体制，更着眼于未来发展，展现了对可持续发展的高度重视。

在生态保护方面，安吉县根据不同区域、不同类型、不同功能的生态系统，采取了差别化管理措施，建立了一系列生态补偿机制、生态红线机制和生态环境责任机制等。这些措施有助于激励各方共同参与生态保护，形成多主体协同治理的工作格局。同时，他们还引入了绿色 GDP 核算机制，不再只看重经济增长，而是更注重经济发展与环境保护的协调发展。这促使安吉县由资源型经济向循环经济转变，从而更好地实现可持续发展的目标。

安吉县将生态优先、绿色发展纳入国民经济和社会发展的总体布局，充分体现了以生态优先为导向的发展理念。安吉县将生态文明建设视为最大的政绩和最大的福祉，强调了人民的中心地位，将生态文明建设与民生改善相结合，努力在保护环境的同时提升人民的生活品质和福祉。同时，安吉县以法治为基础，将生态文明建设与法治建设相融合，着力构建法治国家、法治政府和法治社会，确保生态保护有法可依，生态发展更具可持续性。

安吉县的绿色发展之路不仅对本地区的生态文明建设和经济社会发展产生了积极影响，更对全国乃至全球绿色转型和可持续发展起到了示范作用。安吉县的成功经验为全球可持续发展贡献了重要的智慧和力量。安吉县以实际行动证明了绿色发展是一条正确而可行的道路，是一种必然而理性的选择。因此，安吉县的努力和成就将激励全国更多地区和其他国家和地区践行绿色发展，积极推动生态文明建设，共同迈向更加美好的未来。在全球共同面临环境挑战的今天，安吉县所采取的创变求新之举，必将成为引领绿色发展的重要标杆，为构建人与自然和谐共生的美好明天作出更大的贡献。

第四节　此间青绿，两山相逢

一、民生发展

“日起风沙大，不敢穿白衫”曾是以采石开矿发家致富的安吉县人民最直观的感受。尽管安吉县通过开发生态资源获取了短期利益，但人民的生活并没有变美好，反而连日常生活所需的健康生态环境都无法保障。2001 年安吉县痛定思痛，提出“生态立县”战略，将生态环境置于首要位置。由于放弃直接利益，一时之间群众的质疑和不解之声四起，但安吉县顶住压力，在“绿水青山就是金山银山”理念的指导下锚定“生态立县”不动摇。2010 年，安吉县获得住房和城乡建设部颁发的“中国人居环境奖”，2012 年，安吉县捧回了“联合国人居奖”，这是安吉县深入改善人居环境，取得生态成果的最好证明。

“绿水青山就是金山银山”，安吉县不但生态环境得到了极大改善，经济发展也取得了卓越成果。2000 年，安吉县 GDP 为 48.05 亿元，其中第一产业、第二产业和第三产业增加值分别为 8.40 亿元、22.30 亿元、17.35 亿元，到 2022 年，安吉县 GDP 为 582.4 亿元，第一产业、第二产业、第三产业增加值分别实现 30.04 亿元、272.47 亿元和 279.86 亿元。可见，安吉县的 GDP 历年皆呈上升趋势，第二产业从主导位置转变为第二产业、第三产业协同发展，甚至第三产业增加值略超过第二产业的局面，由此可以看出，安吉县域产业发展多元均衡，经济水平稳定有支撑。[9, 10]

2000 年，安吉县 GDP 约占湖州市 GDP 的 14.7%。由于安吉县在 2001 年提出“生态立县”战略，使得安吉县的 GDP 增速放缓，2001 年安吉县 GDP 占湖州市 GDP 的 14.3%，在往后的 20 年中，安吉县 GDP 占湖州市 GDP 的比例呈先下降后上升的趋势，到 2022 年，安吉县 GDP 占湖州市 GDP 的 15.1%。因此可以看出，安吉县对湖州市的经济贡献在发展“生态立县”的初期呈下降趋势，但在构筑好生态基础后，安吉县对湖州市的经济贡献逐渐攀升，甚至经济贡献量超过了原来以牺牲环境为代价的发展阶段。这些数据直观体现了“绿水青山就是金山银山”理念实践初期，安吉县需要放弃部分以生态环境换取利益的经济，并投入财政进行生态环境保护与治理的情况。这在短期内会对经济发展造成一定影响，但从发展的长链条来看，在保障“绿水青山”后，依托生态优势发展绿色经济取得的成果不但弥补了之前的经济损失，而且提升了安吉县对湖州市的经济贡献度。

2001 年，安吉县城镇居民人均可支配收入为 9 529 元，农村居民人均纯收入为 4 556 元；2022 年城镇居民人均可支配收入为 68 446 元，农村居民人均可支配收入为 42 062 元。人均收入水平大大提高，生活品质显著提升，是名副其实的“生态美、产业兴、百姓富”的“绿水青山就是金山银山”生态县。

优质的生态环境和良好的经济基础也支撑了安吉县的民生发展。尤其是私立三甲医院在安吉县的入驻，有力地说明了在环境与经济双重优势发展下，群众需求提升，民生质量向好、向优发展。同时安吉县也全面提升县域医疗水平，积极引进专业医疗人才到社区卫生服务站、卫生院、医院等医疗机构。安吉县深入健全公共卫生体系，合理配置医疗资源，提升医疗服务，完善城乡居民基本医疗政策，全面提升了县域医疗水平。

安吉县的教育水平呈优质化发展趋势。其基础设施不断完善，教育基建投入超 10 亿元，完成多所中小学、幼儿园的建设，普及并完善中小学图书智能管理系统；完成教育城域网中心机房的迁建和省考核项目万兆内网改造及 IPv6 应用建设工程。除此之外，安吉县的学前教育中还有享誉世界的“安吉游戏”，通过让儿童自由、自主、自觉地开展游戏，“把游戏还给孩子”，培养孩子的认知水平，激发孩子的能动创造性。目前，教育部、联合国儿童基金会将“安吉游戏”列入学前儿童质量提升项目，并在省、国家、世界层面皆设立“安吉游戏”实践区。

安吉县“绿水青山就是金山银山”实践20年，从被动接受，到主动创新，创新体制机制，保障“绿水青山就是金山银山”实践，以自身经济发展水平证实了“绿水青山就是金山银山”理念的科学性和先进性，体现了安吉县巨大的勇气和果敢的气魄，也为践行“绿水青山就是金山银山”理念后来者作出了示范和引领。

二、生态文明

安吉县作为“绿水青山就是金山银山”理念发源地，秉承习近平生态文明思想，走在生态经济发展的前列，是中国向世界展示生态文明建设成果的重要窗口。自提出“生态立县”的战略目标以来，安吉县深入践行“绿水青山就是金山银山”理念，在2006年获得国家环保总局授予的首个“国家生态县”称号，2012年成为中国首个获得“联合国人居奖”奖项的县域，2017年，安吉县获评全国第一批“绿水青山就是金山银山”实践创新基地，2019年又以全国第一的名次成为首批国家级全域旅游示范区。在这一进程中，政府、个人和企业发挥了各自的作用，形成了一个多元协调的生态文明建设体系。

政府是生态文明建设的主导者和规范者。政府通过引导和约束各方行为，保障和促进生态文明建设的顺利推进。政府还加强生态保护与恢复工作，推动矿山开采后森林植被的恢复和生态修复，减缓了生态环境的恶化趋势。同时，依托“千万工程”，着手村容村貌整治，为产业提质，尤其为全域旅游业的发展奠定了基础。安吉县在建立体制机制方面下了很大的功夫，无论是指南指标体系的构建，还是自然资源资产离任审计等制度的设置，都展现了政府以主动作为、创新求变思维来进行生态文明建设的坚定决心。

人民是生态文明建设的积极参与者和受益者。安吉县人民积极响应政府的号召，自觉保护生态环境。他们自发在社区内组织植树活动、开展垃圾分类行动。同时，安吉县的村民还通过参与“两山合作社”，发挥生态资源的经济价值，以利益驱动机制提升村民生态环境保护意识，形成了生态自觉。安吉人民群众不仅享受到了生态文明建设带来的美好环境和高品质生活，还为生态文明建设作出了积极贡献。

企业是生态文明建设的推动者和创新者。企业立足政府创造的产业集聚优势，以“绿水青山就是金山银山”理念为指导，不断更新迭代产品与生产线。他们在提高产品质量、降低能耗排放、增加产品附加值等方面取得了显著成效。同时，安吉县企业抓住生态资源优势，对收储的自然资源进行优化配置和改良提升，参与碳排放指标交易，利用竹林储备碳汇资源，换取经济收益，将资源优势转化为经济优势，从产业的提质升级、多元扩展为生态文明建设赋能。

综上所述，安吉县在生态文明建设方面取得了显著的成效。政府、个人和企业三者紧密合作，共同推动生态文明建设。政府提供法律保障和标准引领，个人自觉保护生态环境，企业优化资源配置，三者共同构筑了生态与经济的良性循环。这一成效不仅体现在安吉县，更为其他地区推动生态文明建设提供了宝贵的经验和启示。

三、溢出效应

安吉县“绿水青山就是金山银山”理念的发展历经了产业变革全过程，从粗放式以牺牲生态环境为代价换取地方经济发展，到以生态为重，在保护生态的基础上发展经济，从而实现“生态立县”，成为浙江省乃至我国山区县经济转型的典型。因此，安吉县“绿水青山就是金山银山”理念的实施和拓展为其他同类型深陷发展困境的地域提供了有益示范。

安吉县充分发挥体制机制优势，充分发挥理念指导作用纠正经济发展方向，以“绿水青山就是金山银山”理念为指导，把生态保护和经济发展有机结合起来，实现了绿色转型和高质量发展。安吉县还积极利用“先试先行”的优势，将“绿水青山就是金山银山”理念推广到全国乃至世界，通过接待各地的领导干部、专家学者、媒体记者、社会公众等群体的到访，进行经验交流，为安吉县树立了良好的形象。

2015 年 5 月，中共中央、国务院印发《关于加快推进生态文明建设的意见》，将坚持“绿水青山就是金山银山”写入中央文件。随后，这一重要论断被纳入党的十九大报告和修订后的党章，成为党的重要政策，全党必须坚决树立和践行“绿水青山就是金山银山”的理念，增强“绿水青山就是金山银山”的意识。

这一重要政策的提出，从国家层面强调了生态文明建设与经济发展密不可分的关系，是将“绿水青山就是金山银山”理念从发展理念上升到国家战略布局的重大转变。传统观念中，人们常将经济增长和资源开发视为首要目标，而忽视了生态环境保护与可持续发展之间的紧密联系。通过将“绿水青山就是金山银山”理念写入中央文件和党章，从国家层面引导全党及全国人民形成绿色发展的理念，以实现经济繁荣与生态平衡的“双赢”。[14]

2013 年 9 月 7 日，习近平总书记在哈萨克斯坦纳扎尔巴耶夫大学发表题为“弘扬人民友谊 共创美好未来”的重要演讲，并回答学生提问，他指出：“我们既要绿水青山，也要金山银山。宁要绿水青山，不要金山银山，而且绿水青山就是金山银山。”在 2016 年 5 月 26 日举行的第二届联合国环境大会期间，联合国环境规划署发布了《绿水青山就是金山银山：中国生态文明战略与行动》报告。

“绿水青山就是金山银山”理念是中国在面临发展主题时展现出来的一种富有智慧和担当的思维方式。它体现了中国人民对自然和谐共生的深刻认识，也反映了中国对可持续发展的坚定承诺。这一理念的践行，不仅为中国自身的生态文明建设提供了指导，也为国际社会应对全球性的环境挑战提供了有益的借鉴。“绿水青山就是金山银山”理念的实施，不仅提升了中国在国际上关于生态文明建设的话语权，也为世界各国探索可持续发展之路增添了新的视角。

四、本节小结

近年来，在习近平总书记提出的“绿水青山就是金山银山”理念指引下，安吉县以“绿水青山就是金山银山”理念为引领，在全国率先探索出一条绿色发展之路。这一理念不仅使安吉县在民生福祉和生态文明建设上取得了显著成就，并且通过溢出效应，在经济发展和社会稳定方面也收获了丰硕成果。

安吉县始终把人民群众放在心中最高位置，在发展中不断增进人民福祉、促进社会公平正义、保障人民基本权利。通过贯彻落实“绿水青山就是金山银山”理念，在教育、医疗、就业、社保等方面持续加大投入，不断完善和优化社会保障体系，为广大居民提供了更加高效便捷的公共服务。同时，安吉县坚持走生态优先、绿色发展的道路，在生态文明建设方面不断创新和探索。通过大力发展绿色产业、实施节能环保项目、加强环境污染治理等一系列举措，有效地保护了山水林田湖草等生态资源，为子孙后代留下了一个绿色的家园，实现了人与自然和谐共存。

安吉县在保护生态环境的同时，也实现了经济效益的显著提升。发展绿色产业和生态旅游业成为经济增长的新动力，为当地创造了巨大的经济价值。在这样的发展环境下，安吉县的财政收入不断增加，为更多的民生项目和环境项目提供了充足资金。同时“绿水青山就是金山银山”理念的践行为生态文明建设提供了理论依据、实践范例和动力支撑。

“绿水青山就是金山银山”理念不仅在安吉本地区发挥了巨大作用，还在更广阔的范围内产生了积极影响。一方面，安吉县利用自身的生态优势，吸引了大量外来资本，促进了产业结构的升级和转型，优化了当地产业链，推动了地方经济的全面增长。另一方面，“绿水青山就是金山银山”理念在国际上也引起了强烈反响。作为一个生态文明建设的典范，许多国家和地区都积极学习和借鉴安吉县的经验，这极大促进了安吉县的国际合作和交流。同时，安吉县的绿色产业和生态旅游业也成为当地经济发展的亮点，吸引了众多中外游客前来学习和观光旅游，促进了地方经济多元化发展。

参考文献

[1] 博雅研究．国外自然资源的运行管理机制探析[EB/OL]．[2023-08-02]．https://www.sohu.com/a/ 303933035_808363.

[2] 安吉县地方志编纂委员会．安吉县志[M]．杭州：浙江人民出版社，1992.

[3] 程太平．安吉移民往事[EB/OL]．[2013-08-02]．https://k.sina.com.cn/article_1857384141_6eb56ecd00101a739.html.

[4] 焦思颖，胡盛东，陈君怡．一程山水一路歌——浙江省安吉县践行“绿水青山就是金山银山”理念见闻[N]．中国自然资源报，2020-05-15.

[5] 安吉县地方志编纂委员会．安吉县志（1989—2012）[M]．杭州：浙江人民出版社，2021.

[6] 周宇．解码新安吉 从“两山”理念诞生地、践行地走向样板地[J]．小康，2022（安吉特辑）.

[7] 任强军．探路乡村振兴解读美丽乡村的“安吉模式”[M]．杭州：浙江人民出版社，2020.

[8] 高其才．乡村治理地方标准规范的实践、意义与局限——以浙江省安吉县为对象[J]．甘肃政法学院学报，2019（3）：12-21.

[9] 安吉县统计局 国家统计局安吉调查队．安吉县国民经济和社会发展统计公报[R]. 2001.

[10] 安吉县统计局 国家统计局安吉调查队．安吉县国民经济和社会发展统计公报[R]. 2022.

[11] 湖州市统计局 国家统计局湖州调查队．湖州市国民经济和社会发展统计公报[R]. 2001.

[12] 湖州市统计局 国家统计局湖州调查队．湖州市国民经济和社会发展统计公报[R]. 2022.

[13] 孟瑶，赵华，李明．乡村振兴背景下县域美丽乡村建设路径探究——以浙江省安吉县为例[J]．建设科技，2021（427）：81-85.

[14] 杨正喜．波浪式层级吸纳扩散模式：一个政策扩散模式解释框架——以安吉美丽中国政策扩散为例[J]．中国行政管理，2019（11）：97-103.

第三章

宁海县篇

溪光山色，『蝶变』宁海

入选理由

2003 年，时任浙江省委书记的习近平同志来到宁海县进行实地调研，着重关注了“千村示范、万村整治”工程（以下简称“千万工程”）的开局工作。他指示宁海县要坚持不懈地推进该工程。2023 年是“千万工程”20 周年，宁海县牢记习近平总书记的叮嘱，从提升农村人居环境入手，通过开展美丽庭院创建和推进历史文化、艺术振兴乡村等行动，历时 15 年取得了显著成果。2018 年，宁海县作为全域实现“千万工程”的县域之一，代表浙江省领取了“地球卫士”奖。截至 2022 年，宁海县连续 6 年获得全省深化“千万工程”建设新时代美丽乡村（农村人居环境提升）工作优胜县的殊荣。

“千万工程”是以乡村为主体的绿色环境工程，是通过改善农村生产、生活、生态的“三生”环境，整治村庄、经营村庄，提高农民生活质量的民生工程，是促进“绿水青山就是金山银山”理念转化的重要举措。“千万工程”通过夯实发展基础为“绿水青山就是金山银山”实践固本强基，推动宁海县“绿水青山就是金山银山”实践。

宁海县注重生态由来已久，1999 年，宁海县被选为全国生态示范区建设试点县；2004 年获得国家级生态示范区的称号；2016 年被评为国家生态县；2019 年成为全国“绿水青山就是金山银山”实践创新基地；[1] 2021 年又被生态环境部命名为国家生态文明建设示范区。[2] 同时，宁海县还在“绿水青山就是金山银山”发展全国百强县排名中以生态环境指数、特色经济指数、民生发展指数、保障体系指数以及碳中和指数全 5A+的成绩连续 5 年取得第二名的好成绩。[3] 因此，宁海县取得了优异的“绿水青山就是金山银山”实践成绩。

宁海县水系纵横，蜿蜒曲折，奔腾的河流如同宁海县的生命线，贯穿了宁海县发展的始终，且由于县域内水系大多发源于自身，并在县域内入海，其自成体系的独特性代表着算好自身的水源账便可实现水资源良性循环，这为国家乃至世界的水环境治理与保护提供了宝贵的经验。

宁海县是我国东部地区典型的以工业产业为主导的县域，工业经济发展较早，如今县域内文具、灯具、模具、汽车及零部件、五金机械等产业已形成百亿元规模，产业一片欣欣向荣。但事实上，在发展的早期，宁海县也一度陷入发展困境，由于企业普遍缺乏生态保护意识和产业规划意识，产业分布零散，水资源利用过度，这些不注重生态环境保护的行为阻碍了企业的发展，引以为傲的水环境成为制约宁海县发展的障碍。在这种情况下，宁海县痛定思痛，进行产业转型，采取关停重污染企业、发展绿色产业和提升水环境质量等措施，成功实现了产业的转型。宁海县在“绿水青山就是金山银山”理念指导下和“千万工程”的推动下，逐步取得了生态环境保护和产业经济发展协同并进的成效。

宁海县在发展生态产业的同时，并未放弃工业发展，通过产业合理布局，全面促进经济发展，这对具有工业发展基础和工业发展遇到生态“瓶颈”的地区起到了示范作用。

宁海县的产业成功“蝶变”再次证实了生态与经济之间相辅相成的关系。宁海县通过实现经济增长和环境保护的“双赢”，成为“绿水青山就是金山银山”理念在工业发展方面的典型范例。

第一节　宁川海邦，以水为凭

一、以水为要

宁海县山多溪多，水系纵横交错，其中流域面积大于 10 km^2 的独立水系就高达 13 条，河道总长度 1 100 km，总流域面积更是占据全县总面积的 70%以上。“绿水透迤去，青山相向开。”宁海县的水贯穿了整个县域，也贯穿了宁海县的发展。

尽管宁海县水资源总量较为丰富，但因县域内多山地丘陵，水资源开发利用难度大，实际可供开发利用的水资源量有限。再加上其县域内水资源除了满足自身用水需求外，还需承担宁波市中心城区及象山县的供水任务，因此，宁海县水资源供给保障压力相对较大。

宁海县自古以来便对水资源利用较为重视。早在 500 年前，宁海县前童镇人用八卦水系引白溪水入村中。由于前童后有山靠，前有水绕，又属丘陵溪谷地带，泥土沙性多，土质疏松，聚水快、泄水也快，且地势呈村高溪低，不易储水。为了应对大旱，前童人先祖童濠号召兴修水利，他们利用中国传统文化中八卦的智慧，以童氏宗祠为中心，将村中所有房屋和农田划为 8 部分，分别对应乾、坤、震、巽、坎、离、艮、兑，水渠里的水依地势顺路沿屋流淌，卦与卦之间用水渠贯穿，形成了“家家有活水，户户有小桥”的独特风貌。

为了保护来之不易的水资源，前童人多在前门取活水用以日常浆洗，在后门排水，净污分流。[4]同时，前童人合理分配田地管理范围，主持渠、碶疏通维护工作。在此基础上，前童人还形成了独特的元宵行会来庆祝兴修水利带来的丰收，后续逐渐发展成纪念前童人先祖开渠凿砩、灌溉农田的功德而形成的一项民俗活动。活动始于明、盛于清、扬名于今，在2014年还被列入国家级非物质文化遗产名录。

八卦水系这一巧妙的水利工程不仅为当地带来了充足的水源，也为宁海县的发展注入了活力。当地特有的江南景观“小桥流水人家”不仅滋润了农田、养育了人民，形成了特有的文化，更为后来者树立了保护水源的环保观念。这种对水资源的深刻的认识和珍视，也为宁海县后来转变发展模式奠定了基础。

宁海县域内溪水多发源于本地山脉，并在本县域内入海，其他地区对宁海水环境影响较小，其水环境问题基本上是宁海县自身的问题。因此，处理好宁海县水资源问题，算好自身水资源账，从水质提升到水资源循环利用，用“绿水青山就是金山银山”理念来引领，宁海县便可突破经济发展的水资源制约的“瓶颈”，实现水资源良性循环。因此可以说，水联结了宁海县的经济与文化，是表达宁海县的重要符号。

二、山水相依

宁海县地处浙江东部沿海，为宁波市所辖。“七山二水一分田”的浙江省典型格局造就了宁海县山脉起伏，山峰峻拔。而这些山脉之间纵横交错的溪流则构成了宁海县独特的水系网络。其中最为著名的是清溪、白溪、大溪、凫溪、中堡溪，统称“五脉”。图 3-1 为宁海县饮用水水源地。

图 3-1 宁海县饮用水水源地

图片来源：宁波生态环境局宁海分局。

凫溪发源于深甽镇西北第一尖镇亭山。镇亭山位于宁海县城西北 22.4 km 的马岙北部，主峰海拔 945 m。由于该处古为镇亭属区，故称镇亭山。凫溪主流全长 28 km，流域面积达 183 km^2。凫溪蜿蜒穿越清潭、深甽、下河、洪家塔、凤潭、格水王等地，最终汇入杨梅岭水库，向东流入铁港，注入大海。凫溪两岸景点众多，包括胡三省故里、里岙古村落、九龙飞瀑、河洪长寿村等。这些地方以其独特的自然风光和历史文化景观吸引着众多游客。在凫溪畔，不但可以欣赏到壮丽的自然风光，还可领略到深厚的人文底蕴。宁波著名特产香鱼也产自该地，香鱼的生长环境对水质要求极高，由于凫溪水域清澈，香鱼质量上乘，肉质鲜美，享有盛誉。每年都有许多人慕名而来，品尝这种美味的特产。

清溪是宁海县内五大水系之一，流域面积 164 km^2，发源于台州市天台县苍山东北麓。由泳溪和大柳溪两大支流组成，在岩下方村两溪相汇为清溪，自桑洲镇入三门湾旗门港，清溪流域分属宁波、台州两市，宁海、三门、天台三县。2022 年，宁海清溪水库选定坝址于宁海县桑洲镇辽车村，投资约 53.3 亿元开始兴建。建成后会形成一座以供水、防洪为主，兼顾水环境改善、灌溉、发电等综合利用的水利工程，能坚实保障宁波南部地区高质量发展，为助推甬台一体化提供有力的水安全、水资源、水生态支撑。

白溪发源于新昌县，流域面积 627 km^2，流经岔路镇、前童镇、跃龙街道、越溪乡，最后在白桥港流入三门湾，注入东海。白溪水库位于白溪流域中游，是宁波最大的水库。它于 1998 年 9 月底兴建，并在 2000 年 10 月成功下闸蓄水。水库坝高 124.4 m，最大库容 1.684 亿 m^3，装机容量 1.8 万 kW。水库规模宏大，主要用于供水和防洪，同时还具备发电、灌溉和养殖等多种功能。白溪水库所在的天河生态风景区以其独特的自然景观和丰富的生态资源而闻名，风景区以水库为核心，融合了山水之美和水利工程的功能性，为游客提供了一个宜人的旅游目的地。游客在欣赏壮丽的山水风光的同时，也能感受到水利工程的伟大和人与自然和谐共存的美好景象，现已被水利部列为首批国家水利风景区。

洋溪流域面积 201 km^2，洋溪从黄坛镇、跃龙街道入，是白溪最大的支流。为了更好地将水环境与城市环境融合，洋溪沿岸洋溪亲水平台应运而生。这座标志性建筑起始于洋溪南门大桥，止于西环线路段，通过景观台阶的设计，实现了溪流和城市道路之间的无缝连接。同时，在水面上延伸的亲水步道、亲水平台以及供市民品茗、闲坐的亭台，为市民提供了一个现代与乡野共生、活力与生态并存的带状滨水空间，展现了城市与自然相融合的美丽景象。

中堡溪流域面积 78.2 km^2，发源于宁波、象山交界地带的大丹山、大扇山一带，它汇聚王家坪水、牛料岗水等多条支流和沟渠，随着溪面变得越来越宽阔，水量逐渐增大，河水顺流而下，经过胡陈乡和虎溪后与其汇合，最终注入胡陈港。胡陈乡充分利用其丰富的山林生态自然资源和文化资源优势，进行了全面开发，不但恢复中堡溪河湖安全保障、修复河道空间形态、提升河湖水环境质量，更以河道水系为纽带串联沿线特色村庄，打造人文湿地区、康体步道区、休闲景观区、运动主题区一带四节点的景观构造，为地方经济的发展和民生环境的改善作出了积极贡献。

除五脉外，颜公河作为宁海县城的纵轴，也具有重要作用。它横跨整个城区，总面积达到 627 km^2。这条河从南向北流淌，贯穿了跃龙、桃源、梅林和桥头胡 4 个街道，滔滔河水，一路奔向黄墩港口。据记载，颜公河是明神宗万历年间的宁海县令颜欲章为惠民而修建的。其开凿工程由颜公亲自主持，至今已有 400 多年的历史。这条河流蕴含着丰富的历史文化内涵，见证了这座城市的兴衰起伏，承载着人们的记忆和情感。宝贵的水资源，对宁海县的发展起到了重要的作用。

水对于人类生存和发展至关重要。为了获取水资源，人们往往选择在河流、湖泊或海洋附近建立居所。这种逐水而居的现象不仅满足了人们的饮水需求，还提供了灌溉农田、交通运输等功能。随着时间的推移，这些逐水而居的社区逐渐发展壮大，并形成了独特的历史人文景观。总之，水在古代人类的生存和发展中起着不可替代的作用。水成为人们生活的源泉和文化的灵感，对于塑造人类社会的发展和文化传承起到了重要的推动作用。

三、“凭水相逢”

随着工业化和城镇化的发展，宁海县传统的畜禽养殖和小规模乡镇工业等产业逐渐兴起。乡镇企业如雨后春笋般快速兴起，数量迅速增加。宁海县各地电镀、造纸、化工等重污染行业遍布，例如，深甽镇凫溪两岸的化工企业、畜牧养殖厂，黄坛地区的铸钢企业以及前童镇的压铸厂。同中国绝大部分县域一样，宁海县产业发展伊始也是从小微企业逐步发散，形成产业遍地开花、经济飞速增长的局面。然而，由于这些企业的发展模式相对粗放，投入高、消耗大、效益低。再加上企业分布分散，缺乏生态环境保护意识，各企业的污水直排，过度利用水资源，导致各水系水位急速下降，深甽溪、凫溪等多条水系的水质急剧恶化。不少水系的水质甚至从原本的二类直接下降至劣五类，给当地居民的生活造成了巨大的影响，原有的水系资源优势变成了宁海县发展的掣肘。由此，宁海县产业的发展“瓶颈”逐渐暴露。

面对水环境带来的限制和挑战，宁海县痛定思痛，采取了一系列的措施来应对。从关闭沿岸的畜牧养殖和重污染工业企业，以减少对水环境的污染和破坏；到大力提升环境基础设施，加大资金投入用于深入治理水环境污染，改善水质；再到深入挖掘“水脉”的力量，将水作为媒介，积极推动绿色农业、生态旅游和环保产业的发展。宁海县通过转变发展思路，在保护水环境的基础上，积极发展绿色产业，推动经济的可持续发展。这不仅提升了宁海县的生态环境质量，也为当地人民创造了更加富庶美好的生活，实现了生态与经济双优解。

因此，水是宁海县诠释“绿水青山就是金山银山”理念发展成果与意义的关键元素，宁海县的发展由水始、由水兴、由水变。宁海县将“绿水青山就是金山银山”理念融入实际发展中，深入挖掘水资源的价值和潜力，实现经济增长与环境保护的良性循环。这种以水为主线的发展路径，揭示了绿水青山并非只是单纯的自然景观，而是与人民的福祉紧密相连的。宁海县实现经济繁荣和环境可持续发展的事实，向我们证明了通过注重环境保护，促进了人民的福祉和社会的可持续发展是可行的。

四、本节小结

水是生命之源，也是生产的基础，与人类息息相关。水质的好坏不但影响着人民的健康，也决定着产业发展的优劣。在当今世界，我们面临一个严峻的现实就是可利用的淡水资源日益减少。

我国是一个水资源总量不足、人均占有量低、分布不均、时空变化大、供需矛盾突出的国家。我国水资源人均占有量仅为世界平均水平的1/4左右，位居世界倒数第6。我国水资源还存在南方多北方少、东部多西部少、夏季多冬季少等区域性和季节性分布不均衡问题，使得我国许多地区出现了水资源紧张的问题。

宁海县作为一个工业经济发达、工业竞争力较为突出的县域，对水资源的需求非常大。但由于过度开发、不合理利用，导致宁海地区出现了水资源枯竭、水体污染和退化的问题。宁海地区的水质状况也十分严峻，许多河流、湖泊和地下水都受到了污染，不仅影响了人民群众的饮用水安全，也威胁了生态环境的健康，还会降低水资源的利用效率，增加水处理的成本，影响工业生产的效益。

为了破解水环境制约带来的困境，宁海县树立“绿水青山就是金山银山”理念，以保护水资源为重点，采取有效措施加强水污染防治，提升水生态建设和保护能力，提高水环境承载力和恢复力，从源头上保障宁海地区的水安全，从而实现经济社会发展、人民幸福感与获得感之间的统一和协调。

第二节　规划引领，水到渠成

一、规划为先

空间规划是一种科学的管理手段，它通过对空间的分区、功能、结构、形态等要素的规划设计，实现空间的合理利用和优化配置。

空间规划对宁海县发展的作用主要体现在以下几个方面：首先，空间规划有利于宁海县实现城乡一体化和全域美丽。宁海县通过县域总体规划全面统筹布局，以更高水平推进美丽城乡建设。全面推进美丽城镇、美丽乡村协调发展。提升城市功能，突出特色风貌，深化“千村示范、万村整治”工程，形成城乡融合、全域美丽新格局。

其次，空间规划有利于宁海县实现产业转型和升级。宁海县利用空间规划统筹生态、土地、水等资源，依据各区域特色资源探索适合自身发展的产业模式，推进“一村一品”产业布局与环境承载力相容。通过环境承载力使各大产业分布相对集聚和适当分散，在有限的资源中实现经济发展，从顶层设计上做到规划与环境承载力的相容。通过设置建设开发活动的环境准入门槛，约束企业的环境行为，达到促进区域经济与生态环境协调发展的目的。这样既可以充分利用宁海县的资源禀赋和区位优势，也可以避免产业发展对环境造成破坏，实现产业与环境的共生共荣。

最后，空间规划有利于宁海县实现人民幸福和社会和谐。空间规划不仅关注经济效益，更关注社会效益。空间规划以人为本，以满足人民对美好生活的向往为目标，通过优化公共服务设施、文化教育设施、休闲娱乐设施等社会要素的空间布局，提高人民的居住舒适度和生活便利度。空间规划也以公平为原则，以促进社会公正和包容为导向，通过缩小城乡差距、平衡区域发展、保障弱势群体等措施，提高人民的参与感和获得感。空间规划以和谐为理念，以增进社会稳定和团结为任务，通过加强社区建设等工作，提高人民的认同感和归属感。

因此，空间规划是一种有效的治理手段，它能够协调宁海县的自然生态、经济社会、人文环境等多方面的关系，实现宁海县的“绿水青山就是金山银山”理念的落地。

二、方圆之间

宁海县的规划意识走在了浙江省的前列。多年来，宁海县开展多领域空间管控研究，构建科学合理的县域格局、产业发展格局、生态安全格局，促进生产空间集约高效、生活空间宜居适度、生态空间山清水秀，永葆宁海天蓝、地绿、水净的美好家园。早在 2014 年，宁海县启动了“多规融合”前期研究，在全市率先完成“多规合一”一张图，构建科学合理的县域统筹发展总体格局。2017 年，宁海县还成为首批浙江省空间规划先行试点市县。

“十三五”期间，宁海县出台《宁海县水污染防治行动计划》，开展电镀、酸洗磷化等行业污染深度治理，累计完成污染企业整治 149 家，关停 13 家。深化畜禽养殖污染防治，制定《宁海县规模畜禽养殖场污染整治提升改造实施方案》，全面退养畜禽养殖场 1 729 家，完成生猪存栏量 1 000 头以上养殖场工业化治理 21 家。水产养殖尾水治理力度不断加大，创成省级以上水产健康养殖示范场 24 个、尾水治理示范点 42 个，成功建成模式领先的蛇蟠涂北区养殖塘尾水集中治理示范基地。开展新一轮入河排污口规范化建设和调查，完成 352 家涉水工业企业入河排污口、585 个农村污水终端、19 个医疗单位的调查及资料收集工作，规范化整治排污口 37 个。

2021 年，宁海县制定了《宁海县水生态环境保护“十四五”规划》，以“十三五”期间“五水共治”的显著成果为基础，持续提升水生态环境。以优化产业布局、促进产业结构升级推动产业绿色转型升级，以全面深化城镇污染治理、持续推进工业污染防治、强化农业农村污染防治、加强近岸海域污染防治和水环境污染防治，通过加强河湖空间管控和水生态修复治理、推动“美丽河湖”迭代升级、保护水生生物多样性，推进水生态保护修复，并持续优化水资源均衡利用、保障饮用水水源地安全，提升水环境治理水平。[5]

2022 年，宁海县西岙村“多规合一”实用性村庄规划获浙江省自然资源厅联合浙江新闻客户端开展的“乡村造梦师”十佳人气案例评选第 2 名。西岙村“多规合一”实用性村庄规划立足“千年古村”的发展定位，以“生态优先，人文为根，活化产业”为发展理念，重点围绕当地“抬龙”“宋韵”“山水人文”三大文化主题，从空间治理、产业振兴、历史传承和品质提升 4 个维度全方位谋划未来村庄建设，兼具代表性精神文化内涵、优美传统人文和生态环境，为特色保护类乡村振兴提供宁海方案，[6]这是宁海县空间规划意识在基层生根发芽的表现。在村级层面以“多规合一”的方式保证了生态、文化、交通、耕地等多种因素的有效融合，具有全局性和整体性，也提高了政府的空间管控水平和治理能力。

2023 年，宁海县国土空间总体规划进一步优化，将宁海县定位为“甬南大门户、活力创新湾、山海和美城、共富标杆县”。打造“双湾双溪诗画境、四山十景自在城”，“双湾双溪诗画境”指的是沿颜公河和大溪连接象山港和三门湾打造的主要城市轴线，集山海景观通廊与城市主要功能主轴于一体，串联宁海城区主要功能及景观节点，体现宁海县双湾双溪的美丽画境。“四山十景自在城”指的是以城区内海湾及水库生态本底，打造特色各异的3个滨水景观节点。[7] 无论是由颜公河和大溪组成的城市发展轴线，还是滨水景观节点都可以看出，宁海县的水元素贯穿了其发展的整个布局，是宁海县发展的基底。宁海县以水定城、以水定地，通过优化生产、生活、生态用水的空间布局，为“绿水青山就是金山银山”理念的实践拓展了路径。

同时，宁海县通过优化工业空间布局，加快工业结构调整。以创建国家级各类先进制造业产业基地为导向，以产业集聚区为载体，提供产业集聚发展配套服务，加快推进块状经济向现代产业集群转变。以宁海湾和三门湾开发建设为契机，进一步推进宁海经济开发区和宁海科技工业园区建设，重点建设 8 个特色产业园中园。目前已形成文具、汽车零部件、模具、灯具和五金机械五大百亿元产业，布局了生物健康、新能源两个百亿元战略性新兴产业，拥有“中国模具产业基地”“中国文具产业基地”“中国汽车零部件制造基地”等“国字号”基地。同时，宁海县为茶产业、物流业、香榧产业等多个产业制定了产业发展规划，与国土空间规划相结合，为充分发展上述产业集聚潜能与优势。

为构建生态安全格局，统筹推进生态资源系统治理与环境承载力相容，宁海县早期通过制定生态、水、大气、噪声等专项环境功能区划，统筹考虑海陆空间资源的保护和利用，划定以自然生态红线区等 6 类环境主导功能的环境空间管制区划-环境功能区划，科学划定陆域三类空间和海洋三类空间，发挥顶层设计作用，建设和谐发展格局。2020 年，宁海县印发《宁海县“三线一单”生态环境分区管控方案》，陆域共划分优先保护单元 14 个，重点管控单元 21 个，一般管控单元 1 个，海域划分 2 个优先保护单元，1 个重点管控单元，[8] 分别从资源利用、环境质量本底和生态保护要求出发，制定不同区域的生态环境管控标准。

生态环境空间规划的划分坚持规划与保护相统一，不断健全节能减排、环境保护、生态补偿等相关机制，提高项目准入门槛，规范项目准入流程，切实强化能耗源头控制。同时针对区域的环境承载力，使企业分布相对集聚和适当分散，推动小微企业（作坊）通过联合抱团、兼并重组等方式整合入园，引导有条件的企业向产业集聚区、开发区（工业园区）集聚和易地改造，推动经济绿色发展。宁海县从发展与保护两方面入手，打造生产空间集约高效、生活空间宜居适度、生态空间山清水秀的“三生空间”。

宁海县“三线一单”生态环境分区管控方案[8]

以改善生态环境质量为核心，明确生态保护红线、环境质量底线、资源利用上线，划定生态环境管控单元，在一张图上落实“三线”的管控要求，编制生态环境准入清单，构建环境分区管控体系。

全县划定陆域综合管控单元 36 个，其中优先保护单元 14 个，占县域总面积的 38.34%；主要包含宁海县白溪水库、西林水库、黄坛（西溪）水库等水源涵养保护区域及力洋镇、黄坛镇等水土保持区域等区块，主要用以保护饮用水水源保护区、森林公园等生态系统复杂，需要优先保护的地区。

重点管控单元 21 个，占县域总面积的 18.66%，其中产业集聚区 8 个，城镇生活类重点管控单元 13 个，主要为工业区、产业集聚区和城市集中生活区等重点集中发展的区域；一般管控单元 1 个，占县域总面积的 43.00%，一般管控单元介于保护与发展之间。

全县划定海域综合管控单元 3 个，其中优先保护单元 2 个，为强蛟镇滨海旅游区和蛇蟠岛滩涂湿地优先保护单元；重点管控单元 1 个，为宁波市南部海洋重点管控单元。

对不同类别的生态环境管控单元，制定相应的生态环境准入要求，主要包括空间布局引导、污染物排放管控、环境风险防控、资源开发效率要求等方面。其中，优先保护单元以生态环境保护为主，依法禁止或限制工业化和城镇化，确保生态保护红线内“生态功能不降低，面积不减少，性质不改变”；重点管控单元应优化空间布局，加强污染物排放控制和环境风险防控，不断提升资源利用效率，以达到区域内产业集中发展的目的。

三、规划支撑

空间规划旨在合理地安排人类活动和自然资源的空间分布，以实现社会、经济和生态的协调发展。宁海县充分发挥空间规划作用得益于以下三个方面：

一是全面统筹，科学划分。充分考虑国家战略、区域协调、资源环境、社会经济等多方面因素，综合平衡各类空间的需求和供给，合理确定空间开发强度和保护程度，科学划分城乡建设用地、生态保护用地、农林牧渔用地等空间类型，形成高效有序、功能完善、结构优化的空间格局。

二是以人为本，生态优先。坚持以人民为中心的发展思想，满足人民对美好生活的向往，保障人民群众的基本权益和福祉，提高人居环境质量和公共服务水平，促进社会公平正义和文化繁荣。同时，坚持生态文明建设的基本要求，尊重自然规律，保护生态系统完整性和多样性，维护生态安全底线和红线，实现人与自然和谐共生。

三是深化监管、推动落实。强化法治思维和法治方式，完善空间规划法规制度和标准体系，建立健全空间规划实施监督机制和责任追究制度，加强空间规划与土地利用、城乡建设、生态保护等相关领域的协同配合，形成有效的空间管控和服务保障体系，确保空间规划的目标任务得到有效执行。

空间规划以科学的方式充分发挥管理部门的顶层设计优势，从制度体系、政策措施、规划编制、实施监督等方面有效保障人与自然和谐共处。空间规划不仅有利于促进经济增长和社会进步，也有利于保护生态环境和文化遗产，实现可持续发展的目标。

四、本节小结

空间规划是构筑和谐“三生空间”的基本手段。宁海县具有独特的地理环境和历史文化，为了激发宁海县发展潜力，实现国土空间的优化利用和可持续发展，宁海县从顶层设计出发，充分考虑全局性和特色性，精准定位自身在区域发展中的角色，科学划分国土空间功能区域，构建“一核、两轴、五区”的县域空间总体结构，优化包括跃龙街道、桃源街道、梅林街道、桥头胡街道 4 个街道在内的中心城区和其他区域布设。这样既保证了区域之间的协调统一，又体现了区域之间的差异化特征，有力地推进宁海县域现代化进程。

同时，宁海县通过制定一系列生态环境规划，科学衡量环境容量，在此基础上合理划分生态空间，统筹陆域系统，分类别、有针对性地管控海域单元，形成环境分区管控体系，通过制定相应的空间布局，引导污染物排放和环境风险管控等政策的制定，发展该发展的，保护该保护的，实现空间的优化利用。

在制定空间规划时，宁海县坚持以人为本和生态优先的原则，将人民群众的幸福感和获得感作为出发点和落脚点，将生态环境保护作为底线和红线。宁海县通过完善城镇基础设施建设，提升公共服务水平，优化城市功能结构，打造宜居、宜业、宜游的城市环境；通过加强农村人居环境整治，推进美丽乡村建设，促进农业产业结构调整，提高农民收入水平；通过严格执行生态保护红线制度，加强自然资源监管和执法力度，实施生态修复和治理工程，保障生态安全和生物多样性。宁海县通过这些措施，确保了人们生活环境的舒适和生态系统的健康。

从“绿水青山就是金山银山”实践上讲，空间规划与“绿水青山就是金山银山”理念是相辅相成的，一方面，空间规划通过对国土空间的功能定位、开发强度、生态保护等方面的规定，为“绿水青山就是金山银山”实践提供了空间支撑和制度保障，确保了国土资源的合理配置和高效利用，促进了经济社会与自然环境的协调发展。另一方面，“绿水青山就是金山银山”理念为提升改善空间规划提供了指导，为县域发展提供了方向引领和路径选择。宁海县将以“绿水青山就是金山银山”理念为指导，以空间规划为抓手，推动宁海县高质量发展，打造美丽宁海。

第三节　“千万工程”，美丽乡村

一、美丽之路

农村是我国社会进步的基本盘，也是我国经济发展的压舱石。我国自古以来便是农业大国，农村地区占据我国大部分国土面积，农民也是我国人口组成的中坚力量。在新时代的背景下，加快农村现代化建设，提高农民生活水平和幸福感，是我党的一项重大战略任务。“千万工程”作为一项全面推进农村基础设施建设、改善农村生产生活条件、促进农村经济社会发展的综合性工程，对我国农村发展具有重要意义。它既是缩小城乡差距、实现城乡一体化发展的重要手段，也是以人民为中心、增进人民福祉的重要体现。“千万工程”的深入实施，不仅有效提高了基础设施建设水平，提升了农村乡风乡貌，激发了农民创新创业的积极性，增强了农村发展的内生动力，更是直接推动了乡村振兴战略的全面实施。

2003 年 6 月，时任浙江省委书记的习近平同志出席“千万工程”启动会，并指出：“要把‘千村示范、万村整治’工程作为推动农村全面小康建设的基础工程、统筹城乡发展的龙头工程、优化农村环境的生态工程、造福农民群众的民心工程”。同年 9 月，习近平同志来到宁海县进行实地调研，着重关注了宁海县“千万工程”的开局工作。

宁海县牢记习近平同志叮嘱，深化“千万工程”落实，2018 年，宁海县作为全域实现“千万工程”的县域之一，代表浙江省领取了“地球卫士”奖。还先后被评为省美丽乡村先进县、省美丽乡村示范县，并成功举办全省深化“千万工程”推进乡村振兴现场会，为宁海县环境质量的提升和产业的升级作出了重要贡献。

“十三五”期间，宁海县投资 2 000 余万元完成车岙港、白溪、西溪（黄坛）水库的水源保护工程。积极推进镇村水环境治理，完成力洋镇等 17 个乡镇水环境生态整治工程；实施河道生态提升工程，完成凫溪、清溪等 23 条河道绿化建设，河道水环境质量显著提升；并以截污纳管为工作重点，深入开展乡镇（街道）、工业集聚区和生活小区“污水零直排区”建设，全域成功创建市级“污水零直排区”。21 个生活小区完成“污水零直排区”建设，18 个乡镇（街道）全部完成市级创建，8 个乡镇（街道）完成省级创建，宁波南部滨海经济开发区完成省级创建，黄坛工业区、大佳何工业区、深甽工业区、西店工业区完成市级创建。这些成绩的取得都得益于以下工作：

（一）整治村容村貌，建设美丽乡村。宁海县以治理“脏、乱、差、散”为契机，重点实施“村道硬化、垃圾处理、污水治理、卫生改厕、村庄绿化”等工程，宁海县把“干净、整洁、有序”作为底线，按照全省部署，深入开展“五水共治”（治污水、防洪水、排涝水、保供水、抓节水）、“三改一拆”（住宅区、旧厂区、城中村改造和拆除违法建筑）、“四边三化”[在公路边、铁路边、河边、山边等区域（以下简称“四边区域”）开展洁化、绿化、美化行动]等重大行动，全面开展农村包围城市的垃圾、厕所、管线、边角“四大革命”，并先后制定城乡环境卫生保洁一体化管理、农村环境卫生长效管理等“一揽子”制度，大力推进农村垃圾分类处理，实现了行政村全覆盖。同时宁海县结合全面小康村、中心村、特色村、精品示范村、精品线等创建，推动农村人居环境质量全面提升，打造了一批科学规划布局美、村容整洁环境美、创业增收生活美、乡风文明身心美的宜居、宜业、宜游的美丽乡村。[9]

（二）专项污染防治，实现绿色发展。宁海县落实“碧水攻坚战”“蓝天保卫战”“净土保卫战”，打好污染防治战役。提升重点污染行业及重点工业区污水治理水平，实现工业废水零排放或达标排放。积极推进能源结构优化，发展清洁能源，控制煤炭消费总量和比重。优化交通结构，发展公共交通和绿色出行方式，减少机动车尾气排放。要全面强化农业面源污染整治，推广节水灌溉和有机肥料施用，控制农药施用量和种类。巩固提升空气质量和水环境质量，确保人民群众呼吸到清新空气和饮用到安全水，保障产业发展和人民生活质量。

（三）提高资源占有，放大生态优势。宁海县以“森林宁海”建设为抓手，在乡村实施“一村万树”百村示范村推进行动，以村庄为载体，融入林木品种特色，营造村庄森林景观，形成规模化树林种植；在城市推进国家森林城市创建，提高森林蓄积量，提升森林覆盖率。同时实施珍贵树种基地营造行动，种植珍贵树种，并辅以林下经济作物，提高土地利用率，提升生态效益和经济效益。

（四）创新补偿机制，给予可靠保障。宁海县建立生态资源损害补偿机制和产业准入生态环境影响负面清单。对造成生态资源损害的行为，依法追究责任并进行相应赔偿。严格执行准入项目，高标准审查和评估对生态环境影响较大的行业和项目，并制定相应的限制或禁止措施。建立健全生态补偿机制，通过法律监督，以经济补偿为手段，整治恢复原有生态。运用生态技术将丰富的生态资源转化为高附加值的生态产品，并形成可持续发展的循环经济模式。将生态优势转化为经济优势，并实现人与自然的和谐共生。

宁海县“五水共治”推动“绿水青山就是金山银山”理念实践[11]

“五水工程”是“千万工程”的重要组成部分。浙江省委十三届四次全会提出了“五水共治”的重大战略部署，要求各地全面推进治污水、防洪水、排涝水、保供水、抓节水等工作，实现天蓝水碧的生态目标。2014 年，宁海县委、县政府高度重视这一决策，在县政府报告中明确了“构筑治污水、防洪水、排涝水、保供水、抓节水‘天蓝水碧　五水共治’新体系”的工作思路，并将其作为全县经济社会发展的重要内容和重点任务。

宁海县坚持以问题为导向，以项目为载体，以监管为保障，以效果为评价，主要从三个方面开展了“五水共治”工作：一是加强水环境综合治理。宁海县紧紧围绕城乡生活污水处理设施建设和运行管理，加大工业企业污染源整治力度，推进农村人畜粪便无害化处理和资源化利用，实施农业面源污染防控措施，有效减少了城乡生活污染物和农业面源污染物的排放。二是加强河道清淤疏浚。宁海县充分利用中央财政专项资金和省市补助资金，对全县主要河道进行了清淤疏浚和生态修复工程，改善了河道过水的流量和流速，提高了河道的自净能力和防洪排涝能力。三是加强水土保持工程。宁海县积极改善排水基础设施，增加了森林覆盖率和植被覆盖度，减少了水土流失和泥沙入河，改善了水源涵养能力。

通过以上三方面的努力，宁海县的水环境质量得到了显著提升，全县7条河流被评为省级“美丽河湖”，水质达标率达100%。图3-2、3-3为凫溪新旧面貌对比照片。在“五水共治”工作的同时，宁海县还因地制宜，以水为媒，推动了农特产业和休闲产业的发展。宁海县利用河道治理后的灌溉功能，扩大了农业种植面积和种类，培育了一批特色农产品，如东山水蜜桃、白溪鱼虾等，增加了农民收入。同时，宁海县利用河道治理后的生态优势，发展了一批休闲旅游项目，如天河村乡村旅游、深甽温泉风情小镇等，丰富了城乡居民的文化生活。通过“五水共治”工作的实施，宁海县成功践行了“绿色青山就是金山银山”理念，为全县经济社会发展注入了新的活力。

图3-2　凫溪旧貌

图3-3　凫溪新颜

图片来源：宁波生态环境局宁海分局。

二、文明风尚

“千万工程”不但从村容村貌上提升美丽乡村建设，更从村风村俗上改善了乡村精神风貌。

一方面，宁海县积极投入文化礼堂建设，为村风村俗向善向美搭建交流平台。2020 年 9 月，宁海县新建的 72 家农村文化礼堂通过验收，至此全县已建成 335 家文化礼堂，实现了行政村文化礼堂全覆盖。宁海县构建特色文化礼堂，使宁海县当地人重拾宗亲观念，树立文化标识，移风易俗。一村一品、一堂一韵……各街道乡镇因地制宜，结合村史村情，挖掘各村本土文化，做到“村村有特色，家家有内涵”。以茶闻名的望府村积极打造茶文化特色文化礼堂，通过举办“望府茶飨”文化节等活动积极宣传本地茗茶特色。深甽镇龙宫村宣传“义”文化，项家村文化礼堂设立非遗传承基地，梅林街道河洪村宣传“长寿”文化等，各村镇因地制宜，各具特色。

宁海县文化礼堂成为传播理论的平台、学习知识的场地、培训技能的基地，以“礼堂+服务”的模式为广大群众提供接地气的便民服务，联合公益组织、医疗机构以及各类志愿者，将义诊、免费理发、文艺演出、图板展示以及反诈骗、禁毒、消防、计生、食品安全、老龄宣传等内容融为一体，积极开展电影下乡、送戏下乡、百姓大舞台、文化走亲等活动，并举办富有地域特色的民俗文化活动。通过打造便民服务综合体，不断提升老百姓的获得感和幸福感。

另一方面，宁海县注重保护当地历史文化，截至 2023 年，宁海县 10 年间成功创建省历史文化村落保护利用村 27 个，创成村数位居宁波市前列。宁海县以保护为主、修复为辅，保存较为完整、具有丰富的历史文化价值和保护利用价值的历史文化村落。深甽镇龙宫村有青瓦白墙、飞檐翘角、古朴苍劲的建筑群，茶院乡许家山村有石屋和 500 年以上树龄的古树，有“里岙八景”之胜，深甽镇清潭村有 3 处保存完好的古戏台。宁海县历史文化底蕴积淀深厚，在“千万工程”的推进中，文化被放在越来越重要的位置，为宁海县的发展作出贡献。

三、绿色产业

我国各地县域特色禀赋不一，发展内容形式多样。宁海县作为以工业发展为主的县域典型，曾经的粗放型发展方式，对生产、生活、生态都形成制约，后通过“绿水青山就是金山银山”实践，实现生态文明建设与经济发展的良性循环。在产业上，宁海县形成了以文具、灯具、模具、汽车及零部件、五金机械为主导的百亿元级产业集群；在生态上，宁海县取得了“全国生态示范区”“国家生态县”“绿水青山就是金山银山”实践创新基地和“国家生态文明建设示范区”4 项国家级荣誉的成绩，实现了国家级生态环境创建荣誉的“大满贯”，实现了经济与生态的双优解。宁海县的发展历程为以工业发展为主导的地区提供了优秀案例。

宁海县的“绿水青山就是金山银山”实践是充分发挥顶层作用，合理布局产业发展空间，推动工业绿色转型，丰富产业门类，发展生态精品农业，打造全域旅游而形成的科学发展局面。

（一）推动工业绿色转型

宁海县确定绿色发展路径后，并未“一刀切”停止工业发展，而是转变发展思路，从优化产业结构、构筑循环产业链、整合产业空间入手，推动绿色制造业发展。

1．优化产业结构，提升产业质量。宁海县淘汰了铝氧化、铸钢、造纸、印染等高污染、高耗能的落后产业，转而发展智能文具、生命健康、新能源、新材料等环境友好型新兴产业。通过产业创新，推动六大特色产业加速调整转型，加快培育新能源、新材料等六大新兴产业。并通过出台产业相关实施方案调整产业结构，加快产业提质增效。例如，黄坛镇以得力集团为龙头，打造了现代精品文具基地，成为全国文具生产和出口的重要基地之一；地处凫溪中下游的梅林街道与西店镇，以治水倒逼工业经济转型，大力发展光伏、汽车及零部件、电子等特色产业，成为工业规模达百亿元的强镇。

2．构建循环产业链，提升资源利用效率。宁海县横向形成产业群，纵向深化产业链，实现了企业内部和企业之间资源的循环利用和再生利用，产业发展资源化。例如，宁海县以国华电厂为依托，配套引进北新建材、海螺水泥等新型环保建材企业，将粉煤灰、脱硫石膏等废弃物综合利用，形成了上下游产业资源综合利用的循环产业链。

3．整合产业空间，促进产业集聚。宁海县发挥顶层设计优势，开启空间布局规划。根据发展要求，以县域为整体，科学合理划分空间，形成产业集聚、生态绿色、县域分布科学的格局。2017 年，宁海县开展空间规划编制，划分生态环境区，划定生态红线，统筹规划发展与保护区域。同时以此为抓手，整治“低散乱”企业，集中治理废气、废水、废渣等污染物，实现了低排放、零排放的目标。宁海县在宁海湾和三门湾开发建设科技工业园区，加强了园区内运输、供电、供水等基础设施的绿色循环改造，实现了各类设施的共建、共享和集成优化。以上这些措施是宁海县以产业集聚区为载体，提供完善的基础设施和配套服务，加快块状经济向现代产业集群的转型。[12]

（二）发展现代生态精品农业

宁海县是国家级制种大县、全国重点产茶县、浙江省海水养殖第一大县、水果种植大县。宁海县致力于建设现代生态农业，为经济发展增添新动力。

1. 科学制定农业规划，强化政策扶持。宁海县从战略高度出发，制定农业发展规划和现代种业、茶叶、香榧等专项规划，合理划分产业发展空间，发挥产业发展优势，通过推进主要任务与重点工程，有重点、有节奏地完成发展目标。在《宁海县农业农村现代化发展“十四五”规划》中，共设置了涉及乡村宜居宜业、现代乡村产业和农民富裕富足等农业农村现代化的主要目标共 36 项，力求到 2025 年实现农业空间布局显著优化、现代化乡村产业体系更加健全、农业质量效益和竞争力显著提升的目标。

2. 引进技术人才，深化科研合作。宁海县求贤若渴，为人才提供多项福利保障，吸引人才，留住人才。宁海县加强与科研院所、高校、种业企业等多方合作，打造制种大县。2022 年，宁海县面向全国发布种业领域“招贤令”，以优厚的待遇面向全国招聘种业领域的专业人才，邀请各地人才在宁海县尽情释放自己的才华。同时加大涉农资金投入，引进先进的技术设备，提升农产品科技含量，攻克技术难关，不断提升自主创新能力和市场竞争力，推进农业现代化发展。宁海县的青蟹、南美白对虾、蛏子等产品正是在现代科技的加持下，形成亮眼的品牌。

3. 完善基础设施，提升装备保障。农业要出效益，需要提升基础设备，机械赋能，提高农业生产效率。宁海县深入推进农业机械化，以设备取代人工，提升劳作效率，突破天气、地块、季节限制，发展现代农业。

4．塑造品牌形象，发展特色农业。宁海县吸取以往农业发展同质产品恶性竞争的教训，引导基层立足自身资源优势，发展特色产业，打造农业领域的“一镇一品”。同时培育区域品牌，以产业聚合为优势打造品牌形象。做到发展一个产业，形成一个品牌，解决一帮人的就业，带动一方经济发展。

香鱼养殖业

宁海县水环境改善后，生态养殖业得到了发展，香鱼养殖为其中最典型的代表。凫溪香鱼身体狭长而侧扁，吻小嘴尖，鳞片细腻滑溜，鳍状呈放射状。它是洄游性鱼类，在大海中生长发育，每年暑起至 8 月间洄游至咸淡交融的溪涧入海口进行繁育。它以食用水中的苔藓为生，因背脊上生有一条腔道，充满浓郁的香脂，因此得名。早在清代光绪年间的《宁海县志》中就有记载:“香鱼产溪中，又名细鳞鱼，无腥而香，其长随月，至 7—8 月，长 7～8 寸，过此则生子而味不美，出凫溪者佳。”民间传说，乾隆皇帝在江南微服出行时偶然尝到了宁海凫溪香鱼，被鱼肉散发的清雅宜人的香气所吸引，从此将凫溪香鱼视为珍贵的贡品，因此香鱼声名远播，价格也大幅提高。

优质的香鱼对于生态环境，特别是水环境的要求非常高。然而，遗憾的是在 20 世纪 60 年代后期，凫溪河上游兴建了水库，沿河一带陆续兴建了众多工业企业，导致水质遭受污染。这些人为因素严重破坏了凫溪香鱼的生态环境和洄游路线，使它们无法正常繁殖和生存。凫溪香鱼逐渐难觅踪迹，濒临灭绝。

从 2010 年开始，宁海县政府对受污染的溪流进行整治，实施了“五水共治”工程，迁移了河岸边的涉水企业，加强了污水处理和河道清淤工作，使凫溪水域重新恢复了清澈透明、富含氧气、适宜鱼类生存的环境。同时，为了稳定香鱼养殖环境，扩大产业规模，提高经济效益，宁海县还积极加强了基础设施建设，并与电网单位合作，铺设增氧泵供电电缆，确保养殖的香鱼能够获得充足的氧气供应。此外，宁海县还成立了宁海县西店镇农民合作经济组织联合会和凫溪香鱼养殖合作社，推动当地以凫溪香鱼为重点发展水产养殖，从而以宁海香鱼生态养殖带动当地群众致富。

水环境的改善不仅改善了当地群众的生活环境，还推动了香鱼养殖业的蓬勃发展，增加了农民的收入，提高了群众自觉维护生态环境的意识。宁海县的做法体现了“绿水青山就是金山银山”的理念，展示了生态文明建设和经济社会发展之间的内在联系和互动关系。宁海县以水环境治理为契机，推动了香鱼养殖业的转型升级，实现了生态效益和经济效益的“双赢”。这为其他地区探索生态优先、绿色发展的路径提供了有益的借鉴。

（三）打造全域旅游产业

全域旅游产业是宁海县落实“绿水青山就是金山银山”理念的有效路径。2016 年，宁海县被列入“国家全域旅游示范区”首批创建名单，宁海县以保护水环境，深化水资源利用为引导，以全域规划为路径，深度融合各产业，着手发展全域旅游业。宁海县在谋划全域旅游时着重强调“全县一盘棋”，打造形成了各美其美、错位发展的乡村旅游发展格局。截至 2023 年，宁海县共建成全国乡村旅游重点村 3 个、省级景区镇 18 个、景区村 222 个，立足地域特色形成温泉、古镇、滨海和乡村等四大旅游板块，以满足游客的不同旅游喜好。

1．发挥区域优势，奠定旅游基础。宁海县发展全域旅游生态优势显著。宁海县拥有丰富的自然资源，温泉、溪水、山地、森林、湿地等多样的旅游景观为宁海县全域旅游奠定了基础。宁海县充分利用这些生态优势，保护和恢复生态系统，提高生态服务功能，为旅游业提供良好的自然条件和环境支撑。同时，宁海县以“《徐霞客游记》开篇地”为名打开旅游缺口，推动“中国旅游日”设立，承办庆典旅游日活动，形成品牌效应，吸引游客。

2．健全产业规划，绘制旅游蓝图。作为全国首批“国家全域旅游示范区”，宁海县合理规划县域空间布局，明确旅游业的发展目标、方向和路径，形成多中心、多层次、多元化的旅游网络，实现旅游资源的合理开发和利用。同时宁海县根据自身水脉纵横的资源特点和市场需求，确定旅游业的主导产品和特色项目，打造一批具有代表性和吸引力的旅游品牌。此外，宁海县基于旅游业的政策支持和监管保障，营造一个良好的法治环境和市场环境，促进旅游业的健康发展。

3．推进产业互动，打造全域旅游。宁海县深度嵌入“跨界融合”理念，充分融合旅游业与其他产业发展，形成良性互动。充分发挥旅游业的带动作用，推动农业、工业、服务业等相关产业的转型升级，形成一系列与旅游相结合的特色产业链和价值链。同时，宁海县加强旅游业与文化、教育、科技、体育等领域的交流和合作，丰富旅游产品的内涵和外延，提高旅游服务的质量和水平。通过产业互动，宁海县打造了一个综合性、多功能性、高品质的全域旅游体系。

4．以人为本，打造人性化居住旅游环境。一方面，宁海县围绕推动基础设施、生产生活服务设施和服务体系开展“找短板、补弱项”工作，潜心尽力地一步步提升城镇化质量，为打造便民、乐民、亲民和富民的生活环境而不懈努力。提升景区设施服务短板，补充和完善菜店、便利店、餐饮店等便民服务设施，同时加大对老旧文体、商贸、医疗教育等设施的改造升级力度，保障公共服务的普惠性和便利性。另一方面，宁海县还在本地特色文化的挖掘上下苦功夫，挖掘提炼最能代表宁海特色的文化旅游标志符号，将其运用在民宿、特色小镇、街区的建设中。让本地人能够在日常生活中感受家乡传统文化，增强认同感和归宿感，更能让外来游客在游览的过程中耳濡目染地接受宁海县优秀文化的熏陶。

由一颗桃子开辟的致富之路

每年 7 月，在宁海县胡陈乡的桃园中，一颗颗鲜嫩欲滴的桃子挂满枝头，香气四溢，在绿叶的衬托之下，显得格外诱人。而此时园中的果农们正在有条不紊地进行采摘、分拣、装运等工作。新鲜的桃子即将上市，让广大水蜜桃爱好者们一饱口福。果农们虽然忙碌，但是每个人脸上都洋溢着幸福的笑容，因为他们手中的桃子是连接他们与幸福生活的桥梁，他们正在用自己的双手为创造美好的生活而努力。

宁海县胡陈乡是远近闻名的水蜜桃之乡，据统计，整个乡镇拥有桃园约 1 万亩，种植 11 个优质品种，年产量达到 1 500 万斤（图 3-4）。胡陈水蜜桃已经获得了国家级绿色食品认证，荣获全国水蜜桃金质奖，更拥有“中华名果”“宁波市十大名果”等称号。可以说，胡陈水蜜桃已经成为一张亮丽的地域名片了。

图 3-4　胡陈东山桃园

图片来源：宁波市生态环境局宁海分局。

别看胡陈水蜜桃今天的名声响亮，可是又有谁能想到，胡陈乡曾经是宁波市 16 个相对欠发达的地区之一。胡陈乡中堡溪村是胡陈乡依靠水蜜桃发家致富的典型。中堡溪村曾经是偏僻落后的“空心村”，以水稻种植为主，并不产桃，但是在“千万工程”的推动之下，先后实施河道改直、堤防加固、挖渠引水等中堡溪整治工程，彻底改变了村庄的生产和生活环境。在村党员干部的带领下，村民开始种植水蜜桃，甚至很多离乡的村民听到这一消息之后，也纷纷回到家乡投入水蜜桃种植事业中。功夫不负有心人，如今的中堡溪村桃树铺展，到了春天，整个村子里都是“满树和娇烂漫红，万枝丹彩灼春融”的美丽景象；到了夏天，更是满树硕果低垂，让人垂涎欲滴。

如今，中堡溪村已连续举办了多年的桃花节和水蜜桃文化节，彻底打开了桃子的销路，打响了桃乡的品牌。随着“千万工程”的不断深化，中堡溪村的硬件设施、生活旅游服务设施等得到不断完善，正在吸引全国各地的人们前来品桃、赏景、放松身心。2020 年，中堡溪村获得“全国文明村镇”荣誉称号，其“十里桃源”的名气也响彻国内外。这水蜜桃，带领当地村民从过去的困顿中走出来，向着未来富裕富足的生活走去。

四、本节小结

自 2003 年习近平总书记亲自调研谋划，部署“千万工程”实施，至今已过去 20 年。“千万工程”推动浙江农村完成了由 20 年前的“脏乱差”到今天“强富美”的华丽转身，从“千村示范、万村整治”示范引领阶段到“千村精品、万村美丽”深化提升阶段，再到“千村未来、万村共富”迭代升级阶段，不断深化“千万”内涵，拓宽“绿水青山”转化为“金山银山”通道，引领美丽乡村建设从“环境美”迈向“发展美”。

宁海县始终坚持深入推进“千万工程”，对农村和城区同时发力，以“村道硬化、垃圾处理、污水治理、卫生改厕、村庄绿化”等工程为重点，显著改善农村村容村貌，实施污染防治攻坚战，从源头控制工业污染，强化农业面源污染整治，升级交通结构，推行绿色出行，再到打造文明新风，形成生态自觉。

从夯实基础设施建设到重点行业的污染整治，再到“无废”城市建立，宁海县以“千万工程”为纽带，不断推进各项工作，取得了卓越的成就。2018 年，宁海县作为全域实现“千万工程”的县域之一，代表浙江省领取了“地球卫士”奖。还先后被评为省美丽乡村先进县、省美丽乡村示范县，并成功举办全省深化“千万工程”推进乡村振兴现场会。截至 2022 年，宁海县连续 6 年被评为全省深化“千万工程”建设新时代美丽乡村（农村人居环境提升）工作优胜县，累计建成新时代美丽乡村达标村 332 个、省级特色精品村 32 个、省级示范乡镇 11 个、美丽乡村风景线 6 个、创建未来乡村 5 个、美丽庭院 73 728 户。[13] 这都是宁海县秉承“绿水青山就是金山银山”理念、成功打造 “千万工程”升级版的成果。

“千万工程”对农村的垃圾、污水、厕所等进行了全面整治，实现了农村生活污水零排放、垃圾分类收集处理、“厕所革命”等目标，有效改善了农村环境卫生状况，提高了农民的生活品质，同时也为农村生态系统的保护和修复提供了有力支撑，提高了农村生态环境质量，保护了绿水青山。深化了文明意识教化作用，形成了生态自觉，提高了生态环境保护意识。

此外，“千万工程”促进了农村经济发展，增加了“金山银山”。通过“千万工程”，农村的基础设施、公共服务、文化旅游得到全面提升，打造了一批具有特色和吸引力的美丽乡村，激发了农民的创业创新活力，培育了一批新型农业经营主体和新兴产业，推动了农村产业结构的优化和升级，增加了农民的收入，也为城乡融合发展和区域协调发展创造了有利条件。同时倒逼产业升级转型，推进产业绿色化，绿色产业化发展，为产业提质升级赋能。

第四节　产业“蝶变”，物阜民丰

一、水清景明

1. 水环境质量

宁海县的发展是以水资源为基底的，保护水资源就是维护宁海县美丽县域建设。根据历年水环境指标变化趋势（图 3-5），宁海县地表水质量大体呈向好趋势，较为显著的变化有两段，其中地表水水质优良率 2008—2012 年略有下降，2013 年开始快速回升。2017—2021 年水环境功能区达标率达 100%，彻底消灭劣Ⅴ类水体，地表水水质优良率稳居 90%以上。

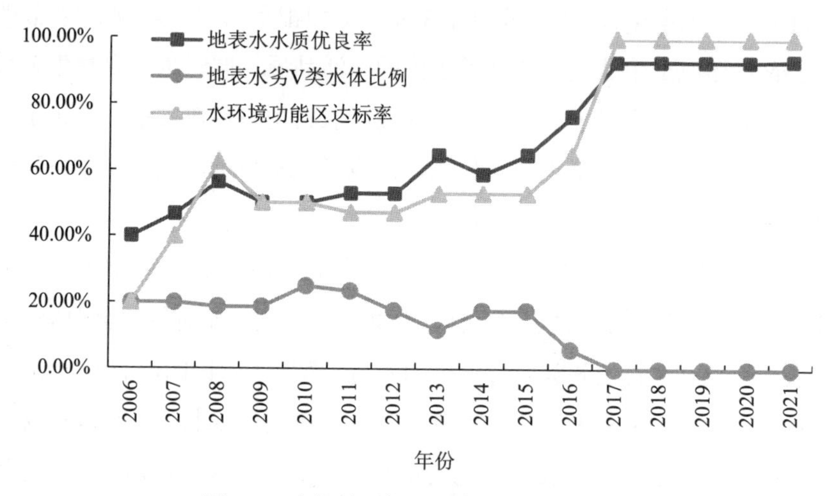

图 3-5　宁海县历年水环境指标变化趋势

2．大气环境质量

从宁海县空气质量状况变化（表 3-1）可以看出，宁海 2003—2006 年各污染因子浓度基本持平，2007—2012 年污染情况显著增强，到 2013 年前后，大气污染现象开始好转。具体来看，宁海在 2009 年开始计算空气质量优良率，2009 年为 95.9%，优良率最低年份为 2014 年，空气质量优良率为 83.1%。从具体污染因子来看，SO_2、NO_2、PM_{10}、$PM_{2.5}$、降尘等因子的浓度总体呈先上升而后下降的趋势，上升拐点出现在 2007 年，下降转折出现在 2013—2016 年。

SO_2浓度从 2006 年的 6 μg/m^{3}跃升至 2007 年的 36 μg/m^3，后续时间在高浓度区间上下浮动，到 2012 年 SO_2浓度为 40 μg/m^3，在 2013 年下降至 17 μg/m^3，且后续时间 SO_2浓度逐步下降，到 2021 年 SO_2年均浓度为 8 μg/m^3；

NO_2浓度从 2006 年的 9 μg/m^{3}跃升至 2007 年的 34 μg/m^3，后续时间在高浓度区间上下浮动，年均浓度 2012 年最高，为 45 μg/m^3，到了 2013 年下降至 28 μg/m^3，到 2021 年 NO_2年均浓度为 22 μg/m^3；

PM_{10}浓度在从 2006 年便维持较高浓度，2006 年最高，为 91 μg/m^3，2006—2013 年在高浓度水平下呈现小幅度波动，2013 年后浓度逐年下降，到 2021 年浓度为 45 μg/m^3。$PM_{2.5}$浓度 2014 年为 46 μg/m^3，到 2021 年浓度为 23 μg/m^3。

宁海县空气质量优良率 2009 年为 95.9%，优良率最低年份为 2014 年，为 83.1%。后空气质量优良率逐年好转，到 2021 年为 98.6%。

从宁海县的空气质量状况可知，宁海县作为以工业为主导的典型县域，早期发展粗放型工业经济，环境质量呈恶化趋势。在树立生态观念，经过环境治理后，宁海县把生态环境放在更为重要的位置，深入贯彻“绿水青山就是金山银山”理念，取得了环境质量和经济发展双重提升的丰硕成果。

表 3-1　宁海县空气质量状况

年份	SO_2/(μg/m^3)	NO_2/(μg/m^3)	CO/(mg/m^3)	O_3/(mg/m^3)	PM_{10}/(μg/m^3)	$PM_{2.5}$/(μg/m^3)	降尘/[t/(km^2·月)]	空气质量优良率/%
2003	5	11	—	—	—	—	8.87	—
2004	4	14	—	—	—	—	8.47	—
2005	5	10	—	—	—	—	7.37	—
2006	6	9	—	—	91	—	7.57	—

年份	SO_2/（μg/m³）	NO_2/（μg/m³）	CO/（mg/m³）	O_3/（mg/m³）	PM_{10}/（μg/m³）	$PM_{2.5}$/（μg/m³）	降尘/［t/（km²·月）］	空气质量优良率/%
2007	36	34	—	—	83	—	10.3	—
2008	31	37	—	—	74	—	8.06	—
2009	24	37	—	—	70	—	6.48	95.90
2010	23	32	—	—	74	—	6.89	96.20
2011	26	37	—	—	77	—	8.53	95.10
2012	40	45	—	—	68	—	9.2	94.80
2013	17	28	—	—	77	—	7.51	93.10
2014	14	26	0.8	—	64	46	8.74	83.10
2015	14	29	0.8	0.146	58	41	8.27	88.40
2016	16	28	0.8	0.096	57	39	6.77	89.90
2017	14	27	0.7	0.101	51	33	7.50	90.10
2018	12	22	0.7	0.093	47	28	6.80	92.30
2019	11	23	0.6	0.097	43	27	2.2	91.8
2020	8	22	0.6	0.097	43	23	2.0	93.7
2021	8	22	0.5	0.091	45	23	2.2	98.6

注：“—”表示该年宁海县数据未测定或还未有此监测项目。

3．生态质量状况

自2009年宁海县测算生态环境状况指数开始，宁海县的生态质量状况指数略有起伏，但等级皆为优等（EI≥75），表明宁海县植被覆盖度高，生物多样性丰富，生态系统稳定（表3-2）。同时，宁海县森林覆盖率逐年走高，其中在2015年森林覆盖率飞速增长，增长高达10.66%，主要得益于宁海县统筹安排“森林宁海”建设任务，完成人工造林6 306亩，建设森林村庄、森林城镇，提高森林覆盖率，优化生态环境。直至2021年，宁海县森林覆盖率高达64.14%，全国平均森林覆盖率为24.02%，宁海县森林覆盖率约是全国平均水平的2.67倍。

表 3-2　宁海县生态质量状况

年份*	生态环境状况指数/EI	森林覆盖率/%
2009	87.7	51.82
2010	87.3	51.82
2011	87.0	51.83
2012	90.9	51.83
2013	88.4	51.84
2014	87.0	51.84
2015	87.7	62.50
2016	86.8	63.00
2017	85.1	63.10
2018	85.1	63.99
2019	84.5	63.99
2020	84.7	64.10
2021	84.9	64.14

注：* 因生态环境状况指数这一指标提出较晚，以宁海县 2009 年后的数据为始。

4．工业污染物

宁海县经济主要以工业为主导，其产生的工业污染物如表 3-3 所示。从大趋势来看，污染物排放量呈先升后降的趋势。具体从工业废气排放量来看，宁海县工业废气排放量从 2005 年的 38.15 亿 m^3 提升至 2006 年的 296.86 亿 m^3，呈现数量级的增长，持续增长至 2013 年的 1 117.8 亿 m^3，而后呈稳步下降的趋势，2021 年工业废气排放量为 951.23 亿 m^3。工业废水排放量与工业废气排放量趋势基本一致，也在 2006 年开始上涨，达到 562.43 万 t，2014 年工业废水排放量最高，为 624.50 万 t，后呈下降趋势，在 2021 年废水排放量为 391.16 万 t。工业固体废物综合利用率、污水集中处理率持续上升，是宁海县环保设施基础日益完备，生态理念日益深入的具体体现。结合宁海县经济发展水平，更可以看出这是宁海县秉持“绿水青山就是金山银山”理念，挣脱经济发展导致环境污染这一窠臼的直观表现。

表 3-3 宁海县工业污染物排放与处理情况

年份	工业废水排放量/万 t	工业废气排放量/亿 m³	工业烟（粉）尘排放量/万 t	工业固体废物产生量/万 t	工业固体废物处置量/万 t	工业固体废物综合利用率/%	污水集中处理率/%
2003	499.23	14.53	0.03	5.56	0.15	96.49	48.53
2004	485.49	16.34	0.05	6.22	0.20	96.65	50.36
2005	421.85	38.15	0.08	6.02	0.19	96.70	52.61
2006	562.43	296.86	0.12	37.83	0.44	98.83	54.33
2007	583.69	642.59	0.14	94.23	0.76	99.05	62.51
2008	626.43	651.49	0.20	101.21	2.06	97.94	67.18
2009	613.99	651.06	0.36	122.50	1.50	98.76	70.99
2010	614.00	950.88	0.38	182.80	2.26	98.74	76.33
2011	746.24	1 186.14	0.49	215.29	1.84	99.15	77.68
2012	620.20	1 050.00	0.20	187.93	1.79	98.96	80.65
2013	620.00	1 117.80	0.20	188.50	1.01	99.38	87.01
2014	624.50	890.65	0.23	158.26	2.06	98.56	88.15
2015	581.76	767.10	0.24	132.36	1.33	98.82	88.48
2016	591.76	778.77	0.19	129.81	1.68	98.40	89.37
2017	596.76	810.30	0.18	140.00	0.61	99.56	92.35
2018	598.32	812.31	0.17	142.32	0.58	99.40	93.60
2019	552.03	864.60	0.17	131.41	0.72	99.45	94.02
2020	299.66	877.88	0.085	117.89	0.33	99.72	96.0
2021	391.16	951.23	0.078	192.98	0.77	99.55	96.0

二、景明业兴

根据宁海县经济水平与水环境质量协调关系（图 3-6）可知，宁海县地表水水质优良率总体呈上升趋势，但在 2009 年及 2011 年有小幅降低，而人均 GDP 持续走高，由此可以看出，宁海县的发展经历了先污染后治理的道路，但是在改善水环境后，并未影响 GDP 的增长趋势，宁海县走出了一条经济与水环境稳步变好的特色道路。

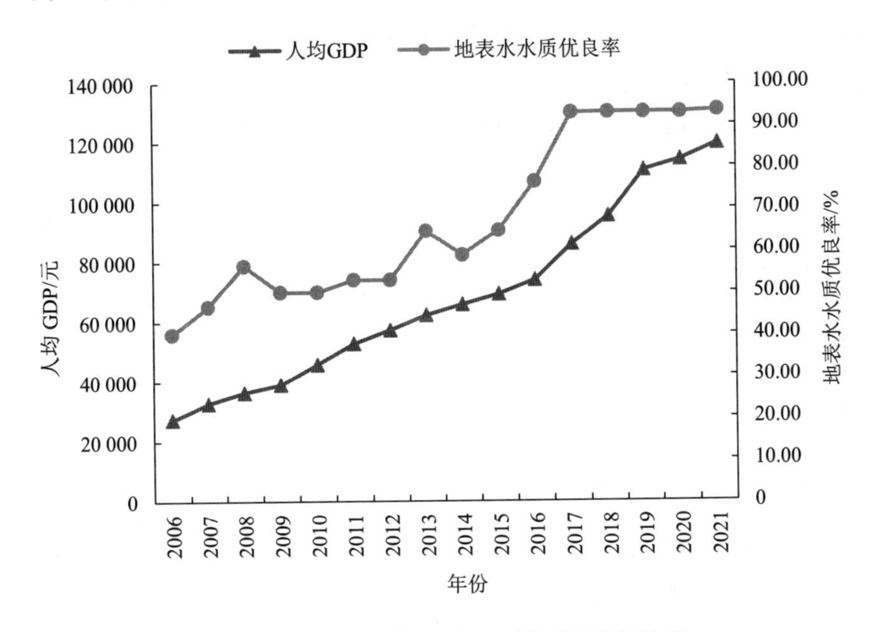

图 3-6　宁海县经济水平与水环境质量协调关系

为了进一步说明宁海县历年经济发展情况，查阅宁海县历年国民经济和社会发展统计公报可知，宁海全县经济总量逐年递增，生产总值从 2003 年的 100.2 亿元跃升至 2022 年的 900.72 亿元，增长了 8 倍多。从对宁波市生产总值贡献来看，2003 年宁波市全年生产总值为 1 769.9 亿元，宁海县占宁波市生产总值约为 5.67%。2022 年，宁波市全年生产总值为 15 704.3 亿元，宁海县占宁波市生产总值约为 5.74%，对宁波市发展贡献呈上升态势。

宁海县的产业发展迅速，除了发展以水为特色的产业，根据宁海县国民经济和社会发展统计公报，宁海县第一产业、第二产业、第三产业（以下简称“三产”）增加值均有增长（表 3-7）。其中，第一产业增加值从 2003 年的 14.06 亿元增加到 2022 年的 54.52 亿元；第二产业增加值从 2003 年的 58.57 亿元增加到 2022 年的 436.49 亿元；第三产业增加值从 2003 年的 27.53 亿元增加至 2022 年的 309.72 亿元；其中，工业增加值从 2003 年的 50.49 亿元增加到 2022 年的 386.56 亿元。

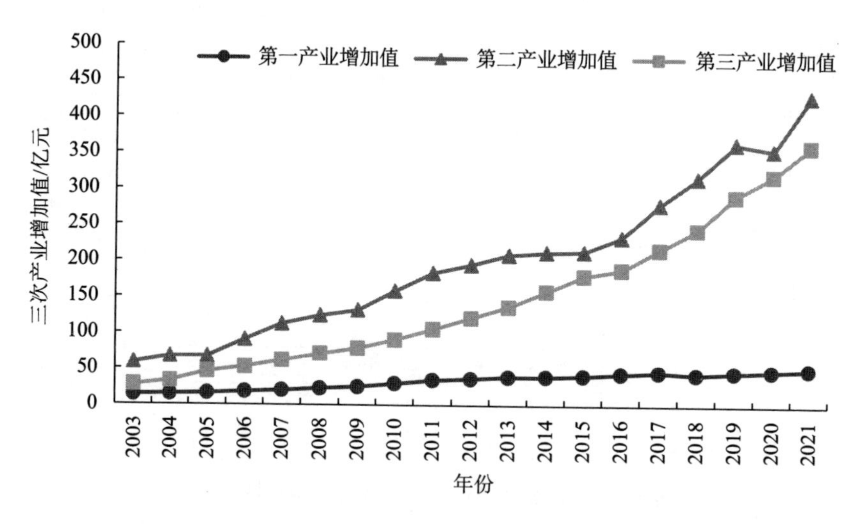

图 3-7　宁海县 2003—2021 年第一产业、第二产业、第三产业增加值变化情况

从第一产业、第二产业、第三产业比例来看（图 3-8），宁海县 2003 年“三产”比例为 6.3∶56.0∶37.7；2022 年第一产业、第二产业、第三产业比例为 6.0∶48.5∶45.5；第二产业的占比有所下降，第一产业和第三产业占比上升。尤其是第三产业，占比提升了 5.2%。宁海产业结构趋于第一产业、第二产业、第三产业相融业态，尤其是第三产业占比提升，对于宁海县发展贡献日渐重要，但宁海县主导产业仍为第二产业。

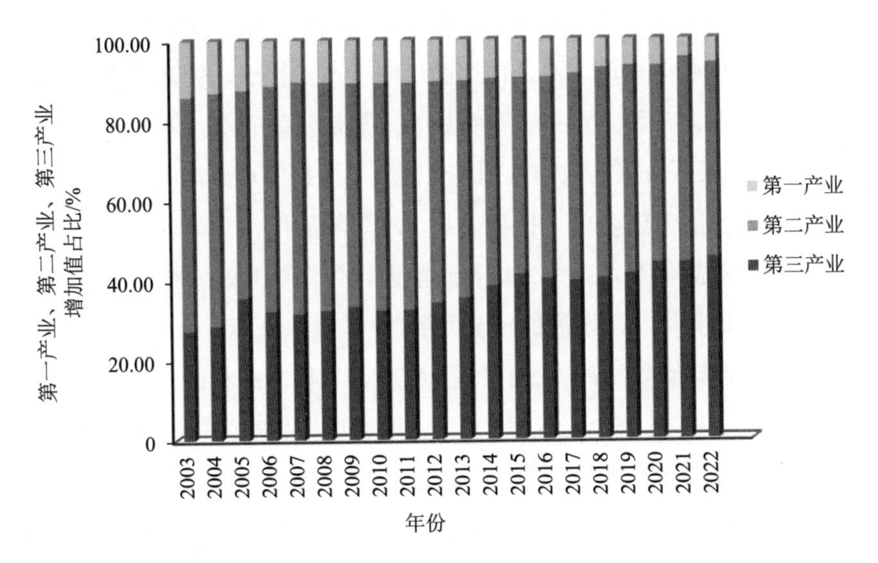

图 3-8 宁海县 2003—2022 年第一产业、第二产业、第三产业增加值占比情况

宁海县在“十三五”时期跻身全国综合实力百强县第 48 位，在全省所有县中位列第一，工业总产值突破千亿元，农业现代化水平跃升至全省第 13 位。2022 年地区生产总值达到 900.72 亿元，三产比例调整为 6.0∶48.5∶45.5，产业结构优化，产业发展迅速，成果喜人。

2022 年，宁海县农林牧渔业总产值达到 56.76 亿元。宁海县尤其注重地域品牌的建立，扩大地域优势，“宁海白枇杷”“长街蛏子”获得国家农产品地理标志登记保护；“宁海梅林鸡”“望海茶”“双峰香榧”“岔路黑猪”“长街蛏子”都获得地理标志证明商标注册。宁海县将不断拓展现代农业平台建设，如花果渔乡农村产业融合发展示范园、三门湾现代农业开发区搭载现代技术，为农业的产业升级不断赋能。

宁海县作为以工业为主导的县域，工业经济提档升级明显。2022 年宁海县规模以上工业增加值达到 279.24 亿元。为进一步提质制造业，发展绿色产业，宁海县从能源入手，布局光储制造产业，实现环三门湾清洁能源产业核心区建设。深入挖掘循环制造产业特点，创新培育废弃物循环利用产业。传统工业搭载数智技术，加快转型升级，实现产业“蝶变”。宁海经济开发区还成功入围“十四五”国家重点支持的县城产业转型升级示范园区创建名单。拟在模具、汽车零部件、文具等传统产业建立现代化产业新体系，并大力培育新能源、生命健康、新材料等新兴产业，构成支撑县域经济发展的重要力量。

自 2016 年始，宁海县大力发展全域旅游，以宁海县山光水色、文化底蕴为基础，构建“东美丽、南文化、西通达、北时尚”的城区空间新格局，开启红墙黛瓦之旅、静养温泉之旅、静城游学之旅、海誓山盟之旅、霞影西游之旅 5 条特色旅游线路。同时，宁海县整合乡村资源，改造农村特色建筑，对传统建筑修旧如旧，开展户外营地，旅客们或意气风发登山骑行，或闲步文化场馆，或徜徉花园绿林，宁海县全域旅游已在这片生态沃土上拉开帷幕，大放异彩。

三、业兴民安

2003—2022 年宁海县人均 GDP、农村居民人均可支配收入、城镇居民人均可支配收入皆呈上升趋势，宁海县人民生活水平显著提高（表 3-4）。其中，人均 GDP 从 2003 年的 17 205 元增长至 2022 年的 127 100 元；农村居民人均可支配收入从 2003 年的 5 446 元增长至 2022 年的 42 165 元；城镇居民人均可支配收入从 2003 年的 12 561 元增长至 2022 年的 72 549 元。

表 3-4　宁海县人均经济发展状况

年份	人均 GDP/元	农村居民人均可支配收入/元	城镇居民人均可支配收入/元
2003	17 205	5 446	12 561
2004	19 774	6 104	14 379
2005	22 104	6 919	16 440
2006	27 396	7 842	18 437
2007	32 793	9 097	21 115
2008	36 447	10 332	23 481
2009	39 075	11 367	25 946
2010	45 825	12 744	28 940
2011	52 735	14 757	33 045
2012	57 279	16 547	36 496
2013	62 262	18 431	39 942
2014	65 797	22 209	40 664
2015	69 218	24 319	44 324
2016	73 997	26 233	47 702
2017	85 895	28 410	51 804
2018	95 380	31 069	56 186
2019	110 652	33 864	61 016
2020	114 147	36 166	64 188
2021	119 587	39 836	69 995
2022	127 100	42 165	72 549

相较于 2003 年，宁海县社会人居保障的各项指标都呈大幅向好的趋势（表 3-5），但 2020 年后受新冠肺炎疫情影响，部分指标有所回落，但总体仍远优于 2003 年水平。从民生发展来看，在常住人口上升 5 万余人的基础上，低保人口比率自 2003 年的 2.60%下降至 1.52%，城乡居民养老保险参保率和医疗保险参保率均为 99%以上，对全县人民有极大的保障。从居住生态来看，宁海县的建成区绿化覆盖率自 2003 年的 33.99%上升至 2022 年的 42.5%，发挥了生态安全屏障作用，改善了城乡居住环

境。宁海县坚持“绿水青山就是金山银山”理念，从民生发展和居住保障入手提升宁海县人民幸福感。

表 3-5　宁海县社会人居保障情况

年份	人口/万人	人口自然增长率/‰	建成区绿化覆盖率/%	低保人口比率/%	城乡居民养老保险参保率/%	城乡居民医疗保险参保率/%	城镇登记失业率/%
2003	58.24	3.60	33.99	2.60	17.63	6.28	3.49
2004	58.31	5.80	33.31	2.59	18.06	7.24	3.20
2005	58.55	4.80	32.91	2.62	19.08	7.86	3.32
2006	58.98	5.02	36.60	2.24	19.90	8.94	3.33
2007	59.52	5.11	37.60	2.02	19.42	10.44	3.37
2008	60.07	4.63	38.06	2.06	24.16	15.13	3.39
2009	60.50	4.86	39.78	2.16	24.93	17.46	3.26
2010	61.09	3.70	39.51	2.10	38.88	19.54	3.07
2011	61.49	5.52	40.09	1.73	42.30	21.47	3.01
2012	61.57	4.67	40.18	1.53	45.79	27.63	2.75
2013	61.93	2.35	40.27	1.54	66.90	32.47	2.10
2014	62.64	3.62	40.30	1.34	73.97	99.02	2.00
2015	62.78	2.58	40.50	1.44	85.98	38.05	2.10
2016	63.00	4.45	40.61	1.95	87.20	95.00	1.75
2017	63.25	4.78	40.75	1.96	89.00	98.00	1.10
2018	63.33	3.12	40.81	1.47	90.40	99.40	1.03
2019	63.39	2.75	—	1.50	97.8	99.60	0.71
2020	63.33	1.3	—	1.52	98.0	99.9	1.29
2021	63.15	−0.37	42.5	1.52	99	99.5	1.19
2022	62.98	−1.6%	42.5	1.42	99.7	＞99.5	1.31

注：城乡居民医疗保险参保率 2003—2021 年统计口径不一，主要反映医疗保险参保率的变化趋势。

由表 3-4、3-5 可以看出，空间规划优势和“千万工程”的落实使宁海的“绿水青山就是金山银山”实践取得了优异的成绩，城乡居民的人均可支配收入不断提高，低保人口比率下降趋势明显，并且城乡居民参保率不断攀升，这说明宁海县自身发展和社会福利兜底制度落实都取得了较好的成果。

四、本节小结

（1）现阶段分析

宁海县全县经济总量逐年递增，结合宁海县生态环境质量状况，可以将宁海县经济发展分为 4 个时期。

2003—2005 年：起步发展期。这一时期，宁海县经济总量不高，但环境质量相对较好。大气污染物和水质状况良好，工业环境污染物排放量较小。这一时期是宁海县寻找路径谋求发展的过程，生态环境保持良好。

2005—2012 年：快速发展期。这一时期，宁海县经济发展速度明显加快，但同时也带来了一些环境问题。以 SO_2、NO_2 为代表的大气污染物浓度显著增加，水质状况变差，部分河流受到工业废水和生活污水的影响，工业污染物排放量明显增大。这一时期的特点是以工业产业发展为主导，注重经济效益和产业发展，但忽视了生态环境保护。

2012—2016 年：转型发展期。这一时期，宁海县开始实施生态文明建设和绿色发展战略，加强环境治理和保护。污染物排放量逐渐减少，但同时经济发展速度相对放缓。大气污染物浓度下降，水质状况改善，工业污染物排放量趋于稳定。这一时期的特点是以产业转型升级为主导，注重产业结构调整和生态环境质量提升。

2016—2022 年：协调发展期。这一时期，宁海县经济开始提质增效，环境污染呈减轻趋势。大气污染物浓度和水质状况优良，且日趋稳定。工业污染物排放量控制在合理范围内。这一时期的特点是以协调为主导，注重平衡发展和可持续发展。[14]

宁海县的发展经历了多个阶段，保护自然资源，改善生态环境，促进生态文明建设，推动产业结构优化和经济转型升级，为地方经济的可持续发展奠定了坚实基础。宁海县的发展是“绿水青山就是金山银山”理念的重要实践，也是重新统筹经济与生态两者关系的有效验证，其发展经验和模式对我国产业发展及县域建设有重要的借鉴意义。

在过去的几年里，宁海县的人均GDP不断增长，达到了国内领先的水平，显示了宁海县的经济实力和发展潜力。同时，宁海县农村和城镇居民的收入水平显著提高，是人民享受到经济发展成果的体现。宁海县重视社会保障体系的完善，保障了城乡居民的基本生活。宁海县实施了全民参保的政策，使得城乡居民养老保险和医疗保险的参保率日趋提高，使居民的养老和医疗有了一定的保障。此外，宁海县以加强生态保护水平，提高制度建设能力，提升宣传教育水平为抓手，深入践行“绿水青山就是金山银山”理念，积极推进生态文明建设。

宁海县以人民的关切为发展的方向，以“绿水青山就是金山银山”理念为指导，坚持生态优先，发展绿色产业，保护自然环境，提升生态文明意识，为民生发展提供了物质条件和精神动力，推动民生发展和生态文明建设。

（2）SD模型仿真预测[14]

本案例是课题组继《工业主导型县域“两山”发展路径研究——以宁海县为例》研究成果后的持续探究，为进一步说明宁海县在现有发展模式下后续“绿水青山就是金山银山”的发展态势，验证宁海县现有发展模式在未来的可持续性优化的合理性，本书引用《工业主导型县域“两山”发展路径研究——以宁海县为例》一文中宁海县“绿水青山就是金山银山”发展系统动力学模型分析结果，从资源环境、社会经济、民生发展等方面，预测宁海县在现有发展模式下的后续绿色发展态势，为该县未来发展模式作出预测。

综合“绿水青山就是金山银山”理念内涵及其发展评价，精简了系统内要素间的因果关系，将宁海县“绿水青山就是金山银山”绿色发展系统动力学模型分为 3 个子系统：社会经济子系统、资源环境子系统及民生保障子系统，以此确立宁海县“绿水青山就是金山银山”实践的仿真系统。采用 Vensim PLE 软件进行建模，根据建模目的确定模型的边界为宁海县县域范围，模型时间范围界定为 2003—2025 年。根据宁海县近几年的经济环境、社会发展现状，建立了宁海县“绿水青山就是金山银山”发展系统动力学模型，在模型中建立了 16 个状态变量，包含 GDP、总人口、能源消耗总量、水资源占有量、空气环境质量、水环境质量、生态质量、林地面积、耕地面积、废水排放总量、工业废气排放量、工业固体产生总量、环境治理情况、生态环境、资源利用情况、民生发展情况，由这些变量辐射出了整个系统中其余 80 多个相关的变量，并建立了 146 个方程式，组成了一个相互制约与联系的系统。宁海县“绿水青山就是金山银山”发展系统动力学模型如图 3-9 所示。

根据预测结果可知，宁海县在现有发展模式情景下，秉持“绿水青山就是金山银山”理念，规划好县域“三生”空间、“三线”划定，制定各类生态补偿保障政策等，在环境承载力内合理利用资源发展县域第一产业、第二产业和第三产业，其后续发展趋势仍能继续保持高质量绿色发展，预计“绿水青山就是金山银山”发展指数在 2025 年达 0.847（以“绿水青山就是金山银山”指数衡量，满分值为 1），这也进一步验证了宁海县现有发展模式的可持续性。而如果将水质监测站点、低保人口比例两项指标优化，宁海县“绿水青山就是金山银山”发展指数比原情景高，预计到 2025 年，宁海县“绿水青山就是金山银山”发展指数提升为 0.869。同时，也具象化验证了“绿水青山就是金山银山”发展指数这一指标体系对于县域发展的指导意义。

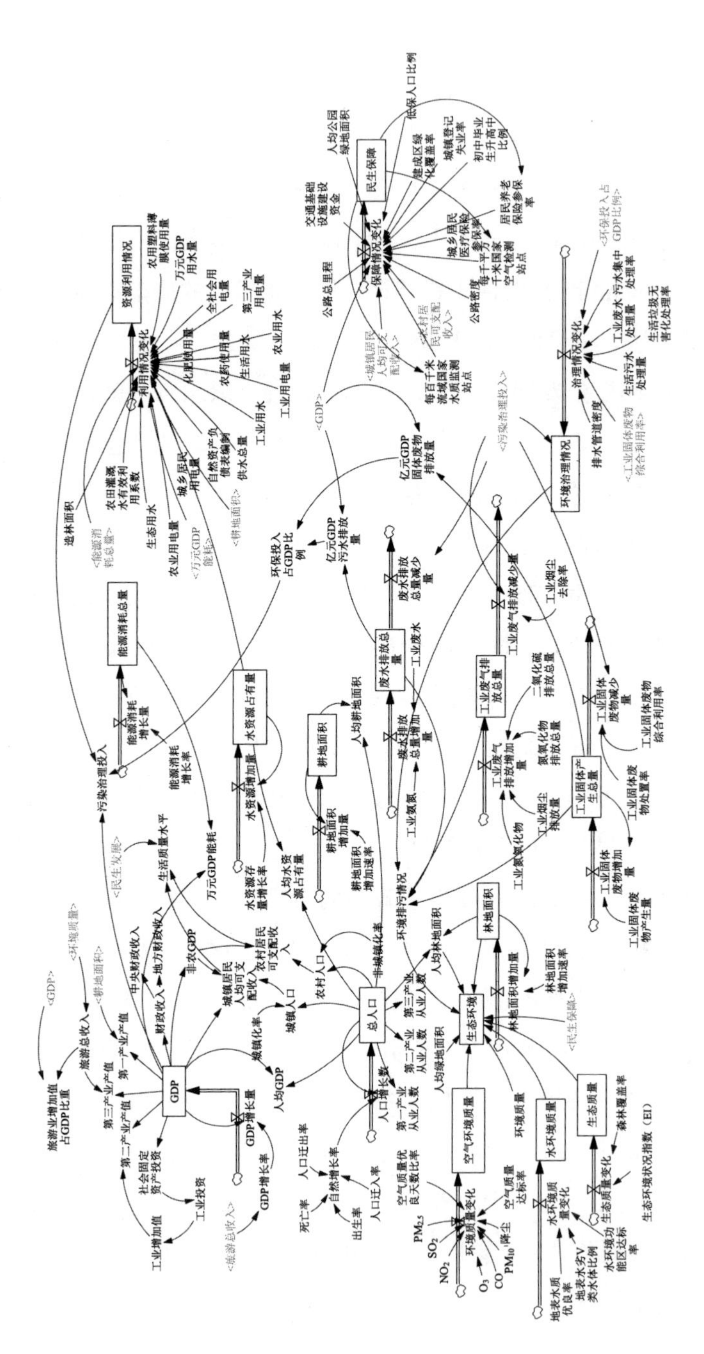

图 3-9 宁海县“绿水青山就是金山银山”绿色发展系统动力学模型

图片来源：《工业主导型县域“绿水青山就是金山银山”发展路径研究——以宁海县为例》，制作者：高才慧。

参考文献

[1] 生态环境部．关于命名第三批“绿水青山就是金山银山”实践创新基地的公告[R]．北京：生态环境部，2019.

[2] 生态环境部．关于第五批国家生态文明建设示范区和“绿水青山就是金山银山”实践创新基地拟命名名单的公示[R]．北京：生态环境部，2021.

[3] 宁波市生态环境局宁海分局．全境“山水画”，全域“绿富美”，宁海连续三年蝉联“两山”发展百强县第二[EB/OL]. [2023-07-20]. http://sthjj.ningbo.gov.cn/art/2020/10/19/art_1229051372_58907823.html.

[4] 宁波水利．水利遗产说 | 探索前童八卦水系[EB/OL]. [2023-07-20]. https://www.thepaper.cn/newsDetail_forward_18078286.

[5] 宁波生态环境局宁海分局．宁海县生态环境保护“十四五”规划[EB/OL]. [2023-06-11]. http://zjjcmspublic.oss-cn-hangzhou-zwynet-d01-a.internet.cloud.zj.gov.cn/jcms_files/jcms1/web3575/site/attach/0/a68e36a5543c41f6b2a4e4d489692dc5.pdf.

[6] 宁海县农业农村局．宁海县西岙村“多规合一”实用性村庄规划获第二名[EB/OL]. [2023-07-19]. http://nyncj.ningbo.gov.cn/art/2022/8/16/art_1229058289_58983372.html.

[7] 周科娜．宁海绘就“甬南大门户”发展蓝图 分这三个步骤实现目标[EB/OL]. [2023-08-16]. http://news.cnnb.com.cn/system/2023/05/16/030485648.shtml.

[8] 宁海县人民政府．宁海县“三线一单”生态环境分区管控方案[EB/OL]. [2023-08-07]. http://www.ninghai.gov.cn/art/2020/12/17/art_1229559024_1628270.html.

[9] 宁海县农业农村局．“千万工程”引领宁海乡村巨变[EB/OL]. [2023-08-18]. http://nynct.zj.gov.cn/art/2023/7/4/art_1630295_58951818.html.

[10] 顾嘉懿．宁海实现农村文化礼堂全覆盖[EB/OL]. [2023-07-18]. http://news.cnnb.com.cn/system/2020/10/02/030193406.shtml.

[11] 宁海县治水办．宁海：“以水为媒”探索共富新途径[EB/OL]. [2023-08-13]. http://zt.cnnb.com.cn/system/2022/08/03/030376091.shtml.

[12] 中共宁海县委 宁海县人民政府．绿色产业化 产业绿色化——宁海“两山”转化路径[R]．2019.

[13] 宁海县农业农村局．宁海县连续 6 年获全省深化“千万工程”建设新时代美丽乡村（农村人居环境提升）工作优胜县[EB/OL]. [2023-08-19]. http://nyncj.ningbo.gov.cn/art/2022/12/20/art_1229058289_58985278.html.

[14] 高才慧．工业主导型县域“两山”发展路径研究——以宁海县为例[D]．杭州：浙江大学，2020.

第四章

嵊泗县篇

蓝湾嵊泗擘画海岛共富新画卷

入选理由

党的十九大报告指出："实施乡村振兴战略，要坚持农业农村优先发展，按照产业兴旺、生态宜居、乡风文明、治理有效、生活富裕的总要求，建立健全城乡融合发展体制机制和政策体系，加快推进农业农村现代化。"党的二十大报告指出："为了加快构建新发展格局，着力推动高质量发展，要发展海洋经济，保护海洋生态环境，加快建设海洋强国"。

嵊泗县在浙江大学发布的"绿水青山就是金山银山"发展指数排名中，从 2018 年的排名第 42 位，到 2019 年升至第 22 位，2020 年排名第 12 位，2021 年进入六强，在 2022 年获得全国第 3 名，5 年时间取得了跃升 39 位的夺目成就。"绿水青山就是金山银山"发展指数从特色经济指数、民生发展指数、保障体系指数、生态环境指数、碳中和指数分别评价了嵊泗县"绿水青山就是金山银山"理念的实践成效，短短 5 年各指数得分从 3A+、A、B 的层级跨越至 5A+，这体现的不仅仅是数字上的上升，更是嵊泗县以"绿水青山就是金山银山"理念为指引，在乡村振兴和海洋强国发展上取得的实实在在的成就。

嵊泗县地处浙江省东部边缘，北接舟山群岛最北端，是浙江省内陆地面积最小、海洋面积最大、海陆比例最高的一个海岛县。由于其独特的地理位置和自然条件，嵊泗县拥有丰富多样的海洋生物资源和优美宜人的海岛风光。但与此同时，嵊泗县也面临一系列发展难题。其陆域面积仅有 86 km^2，占全县总面积的 0.97%，极大地限制了农业、渔业、制造业等传统产业的发展空间。产业结构单一且过度依赖旅游业，导致就业机会不足、收入水平低下、季节性波动大等问题。同时，由于嵊泗县海岛环境相对封闭孤立、交通运输不便利、基础设施建设滞后、公共服务水平不高等客观存在的因素导致嵊泗县人口持续流失，尤其是青壮年人口外出务工或求学，留下老弱病残等弱势群体。根据2020年第七次全国人口普查主要数据，嵊泗县常住人口从2000年的7.6万下降到2019年的6.7万。而且不论是户籍人口还是常住人口，在全省排名中都居于末位。甚至在全国范围内，嵊泗县也是人口最少的县区之一。总之，嵊泗县人口老龄化和“空心化”现象严重。

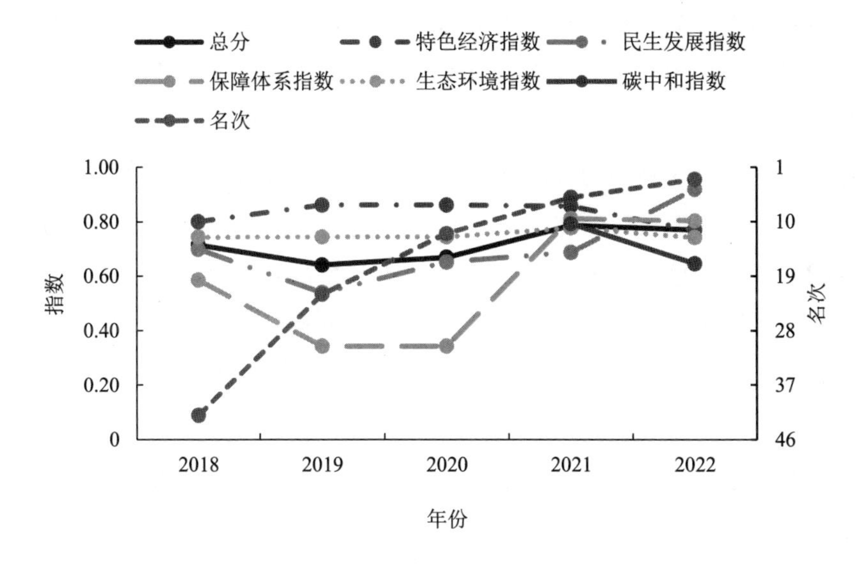

图 4-1　嵊泗县历年“绿水青山就是金山银山”指数指标变化

针对这些问题，嵊泗县紧紧围绕国家和省市的发展战略，以解决人口流失为突破口，全面推进乡村振兴战略的实施。一方面，嵊泗县大力实施“千万工程”，改善海岛基础设施和公共服务，提升海岛宜居水平。这些工程包括加强海岛供水、供电、通信等能力建设，完善海岛道路、桥梁、码头等交通设施，建设海岛医院、学校、文化馆等公共服务设施，改造海岛住房、村庄、景区等环境卫生。另一方面，嵊泗县优化人才引进政策，吸引和留住各类人才，为海岛发展提供人才支撑。这些政策包括提高人才待遇、完善激励机制和保障措施，建立人才库、人才公寓等平台载体，开展人才培训、交流、评价等活动机制。通过这些举措，嵊泗县有效地改善了海岛居民的生活条件，增强了他们的归属感和认同感，促进了人口稳定和回流。

同时，嵊泗县充分发挥自身的资源优势，深化产业转型升级，打造特色品牌形象，提高产业发展的质量和效益，实现全方位、多角度的乡村振兴，为海岛共富奠定坚实基础。一方面，嵊泗县加强旅游业的规划建设和管理运营，打造国家级 5A 级景区和国际知名旅游目的地。嵊泗县以花鸟岛为核心，构建了一个集生态保护、旅游观光、文化体验、休闲度假于一体的综合性旅游项目。该项目带动了当地居民的就业创业和收入增长。另一方面，嵊泗县培育壮大特色优势产业，形成了以海洋生物资源开发利用为主导的产业体系。嵊泗县利用其丰富的海洋生物资源，开发了一系列具有地方特色和市场竞争力的产品，如贻贝、海参等。同时，嵊泗县加强科技创新和品牌建设，提升了产品的附加值和知名度。通过这些举措，嵊泗县有效地促进了产业结构的优化调整和经济、社会的协调发展。

作为一个典型的海岛县，嵊泗县在面对陆地面积小、环境承载力低以及老龄化、空心化等发展困境时，展现出了积极主动的精神和创新务实的作风，为全国处于同类型困境的地域提供了一个成功的范例，成功践行了“绿水青山就是金山银山”理念，也为海洋强国和海岛共富作出了贡献。

第一节　蓝色海湾，渔岛困境

一、渔岛之困

随着城乡发展失衡，以工业化和城镇化发展为目标的国家逐渐面临农村“空心化”的问题，特别是日本、韩国，“空心化”现象尤为严重。早在 20 世纪 60—70 年代，日本大量年轻人前往城市务工，农村人口逐渐减少，有的地方甚至出现了村落消失的现象，这对农村占总国土面积 70%的日本发展极为不利，严重制约了国家经济发展。同时期的韩国也由于工业化进程的推进，农村人口流失严重，人烟稀少。

根据《2019 世界人口展望》（修订版），2019 年，全世界每 11 人中，就有 1 人年龄在 65 岁（9%）以上，而 2018 年，全球 65 岁或以上人口史无前例地超过了 5 岁以下人口数量。全球人口正步入老龄化阶段。世界上几乎每个国家的老龄人口数量和占比都在增加。[1]

人口老龄化和“空心化”成为多数国家城镇化发展进程中遇到的大难题。我国自 2001 年加入世界贸易组织后，城镇化、工业化发展迅速，大量的资金和青壮年劳动力涌向城市，农村地区基础设施建设、教育医疗水平落后，农村“空心化”、老龄化问题逐渐凸显。[2, 3]

嵊泗县是浙江省唯一的全域海岛县，多年来一直面临着严重的人口流失问题。无论是户籍人口还是常住人口，在全省排名中都居于末位。甚至在全国范围内，嵊泗县也是人口最少的县区之一。迁出的人口主要是学龄儿童、高学历人才和青壮年劳动力，这也导致了其经济发展和文化传承方面的困境。人口流失的原因主要为以下几点：

一是交通不便。嵊泗县与内陆地区的联系主要依赖轮渡，但轮渡班次少、票价高、航程长。从嵊泗本岛出发，乘坐快艇到舟山市定海区需要2.5小时左右，如果坐的是普通客轮花费的时间则更长，给岛民的出行带来了很大的不便。尤其在恶劣的天气条件下，轮渡可能停运，导致岛民与外界隔绝。这种交通不便的情况限制了嵊泗县的经济往来和人员流动，也影响了岛民的生活质量，就业机会也比较少。

二是教育落后。嵊泗县的教育资源相对匮乏，学校数量少、师资条件差、设施陈旧。尤其是高中教育，嵊泗县只有一所高中，且教学水平低于内陆地区。这使得许多有抱负的学生选择离开嵊泗县去内陆地区就读，很少回来。教育落后造成了人才流失和知识断层，也影响了嵊泗县的文化发展和创新能力。

三是产业单一。嵊泗县的传统产业主要是渔业，产业结构单一，容易受到季节和市场波动的影响，无法提供稳定和高收入的就业机会。根据公开的数据，自2009年起，嵊泗县的渔业产值贡献了1/4以上的GDP。岛上又缺乏其他产业的发展，这种单一产业导致嵊泗县的经济增长缓慢和收入水平低下。尽管旅游业有所发展，但其受季节影响较大，也使得岛民缺乏多元化的就业选择和发展空间。

在共同富裕目标和海洋强国建设中，人才是推动发展的核心驱动力。他们以创新能力、专业知识和实践经验，为乡村共富和海洋强国目标的推进注入了新的活力。然而，嵊泗县长期以来人口流失严重，导致人才资源的流失，限制了其发展潜力的释放。因此，如何破除人口“空心化”、老龄化困境是嵊泗县实现海洋强国、共同富裕目标的关键。

二、海湾风光

（一）地理区位

嵊泗县位于杭州湾以东、长江口东南，是浙江省最东部、舟山群岛最北部的海岛县，由 630 个大小岛屿组成，其中有人居住的岛屿 28 个。县境西至滩浒黄盘山，与上海金山卫相望；东临童岛（海礁）的泰礁；北迄花鸟岛，连接佘山洋；南面浪岗的南北澎礁、马鞍山—白节山一线，与岱山县大衢岛隔水为邻。[4]

嵊泗县是典型的海湾乡村，有“一分岛礁九九海”之说。这指的是嵊泗县的陆域面积和海域面积之间的比例。嵊泗县的海陆总面积为 8 824 km^2，其中陆域面积为 86 km^2，海域面积为 8 738 km^2，分别占总面积的 0.97%和 99.03%。这也可以直观看出嵊泗县在海洋发展方面具有得天独厚的优势，而同时陆域土地匮乏也成为嵊泗县发展受限的首要原因。如何利用海洋赋能发展？如何提高土地资源利用效率？这些都是嵊泗县作为“县域综合类”共同富裕试点谋发展的必答题。

嵊泗县位于我国 1.8 万 km 海岸线的中心位置，是上海市、杭州市、宁波市 3 个城市的东大门和天然屏障。历史上，嵊泗县一直是军事要塞，还是国际海轮进出长江口的必经之地。距离上海市 146.31 km，与长江三角洲，特别是上海市有着紧密的联系。嵊泗县是我国贸易和运输最繁忙的南北海运以及长江水运的“T”形枢纽点，位于长江和钱塘江出海口的要冲地带。作为国内外海轮进出长江口的必经之地，嵊泗县是连接长江和外海的唯一通道，同时也是配套上海国际航运中心的核心港区。这里集合了“黄金海岸”和“黄金水道”的区位优势，成为长江黄金水道与外界相通的重要通道。嵊泗县坐拥上海市、杭州市、宁波市等大中城市群以及长三角广阔的内陆区域。它距离上海芦潮港 31 海里*，距离宁波 75 海里，距离舟山 74 海里。[5] 随着东海大桥的建成和沈家湾客运中心的成功投入使用，嵊泗县已经融入上海市、杭州市两小时经济圈，这进一步促进了与长三角周边经济发达地区的互动与合作。这种独特的地理位置优势是嵊泗县经济和社会发展的重要条件，为深化嵊泗县海洋产业的发展奠定了坚实的基础。

（二）滨海风光

嵊泗县滨海，辽阔的海域赋予了其多姿多彩的自然风光，成为远近驰名的旅游胜地。嵊泗列岛风景名胜区由嵊山、泗礁、花鸟、洋山 4 个主要岛屿和数百个小岛组成。作为中国唯一的国家级列岛风景名胜区，嵊泗县以其美丽壮观的自然景观和原生态旅游特色而闻名于世。

泗礁景区是嵊泗县的核心景区，拥有泗礁本岛、大小黄龙岛、马迹山等岛屿，以及白节山和半边山两处独特的“飞地”。这里以碧海金沙、渔家休闲和海鲜美食为主要特色，尤其是泗礁的连绵金色沙滩，其中有 14 处优质沙滩，包括基湖沙滩和南长涂沙滩，是国内少有的大型海浴、沙浴、日光浴场所，也是海上运动的理想场所。“碧海奇礁、金沙渔火”的美景令人陶醉。

花鸟景区位于嵊泗列岛的最高点，被誉为“中国的圣托里尼”（图 4-2）。这里是观赏日出和日落的绝佳地点，而花鸟岛上的花鸟灯塔更是中国最早建造的西式灯塔之一，建于 1871 年，是亚洲最高的灯塔之一，高达 72 m，从灯塔顶部可以俯瞰整个嵊泗列岛。由于常年笼罩在浓雾之中，花鸟岛也被称为雾岛。在朦胧迷雾中，灯塔的光线穿透层层黑暗，照亮

注：* 1 海里=1.852 km。

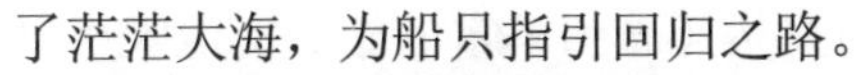
了茫茫大海，为船只指引回归之路。

图 4-2　嵊泗县花鸟岛

图片来源：鲍子文。

枸杞景区是嵊泗列岛的最大岛屿，也是嵊泗县的政治、经济和文化中心。这里以渔港、海崖和渔俗为特色，展示了海岛生活的魅力，吸引了众多游客。游客们可以在渔港购买新鲜的海鲜和土特产，探索海崖上奇形怪状的礁石和洞穴，体验独特的渔俗文化，枸杞景区为游客带来难忘的体验。

为了加强嵊泗县与外界的联系，提升交通基础设施，洋山景区应运而生。洋山景区以幻石灵礁和现代港桥为特色，幻石灵礁是由数百个大小不一的礁石组成的奇观，因光线和角度的变化而呈现不同的形态和色彩，令人惊叹。现代港桥则是嵊泗县最新建成的跨海大桥，连接了洋山岛和花鸟岛，展示了海岛的变化和发展，成为嵊泗县的新地标，也为嵊泗县的未来发展带来新的亮点。

嵊泗列岛风景名胜区以其独特的自然风光和丰富的旅游资源吸引着众多游客。无论是沉浸在碧海金沙的海滩上，还是登上灯塔俯瞰大海，抑或是探索海岛上的文化和渔村风情，都能感受到嵊泗县这个海洋天堂的神秘和魅力。嵊泗列岛风景名胜区的风景点丰富多样，每个景区都有各自的特色，为游客们提供了难以忘怀的旅行体验。

三、渔舟唱晚

除了优美的自然风光，大海赋予嵊泗县这片土地的还有丰富的渔业资源。嵊泗县是全国十大渔业县之一，盛产带鱼、大黄鱼、小黄鱼、墨鱼、鳗鱼和蟹、虾、贝、藻等 500 多种海洋生物。水产资源丰富，被称为“东海鱼仓”和“海上牧场”。

嵊泗县渔业的发展是从海洋捕捞开始的，早在公元前便有记载。南北朝时期，有文献记载“望海而田，捕鱼为生”。明朝时期，嵊山渔场非常繁荣，著名的抗倭儒将郑若曾在其著的《酬海图编》之“御海洋”一节文中有如下描述：“曾尝亲至海上而知之。向来定海、奉象一带，贫民以海为生，荡小舟至陈钱、下巴山取壳肉、紫菜者，不啻万计。”由此可见，当时嵊山诸岛上采获“壳肉”即壳菜——贻贝的规模之盛大。晚清时期，大陆沿海地区到嵊泗列岛定居捕鱼的就更多了。民国时期江苏省在嵊山岛成立水产试验场，渔业捕捞技术逐渐普及，海洋捕捞业发展迅速。而后嵊泗县海洋捕捞几经沉浮，20 世纪 60 年代嵊泗县大力改进捕捞工具，逐步实现渔船机动化、联络电信化。80 年代引入卫星导航、雷达、彩色探鱼仪等先进设备，大大提升了渔业科技含量。90 年代开始发展境外渔业、远洋渔业。随着国家实现“捕捞零增长”政策，嵊泗县渔业逐渐实现从猎捕型向耕海牧渔型的转变。[6]

早年嵊泗县多从海洋直接获取水产资源，并无人工养殖。嵊泗县的海洋养殖是从 20 世纪 50 年代中期开始的，由于嵊山海藻资源丰富，最早嵊泗县热衷于养殖海带。随着浅海养殖发展迅速，嵊泗县的养殖品种开始扩展，活梭子蟹、活鳗、活石斑鱼等多个养殖品种也为嵊泗县海洋养殖带来了较好的收益。2000 年，嵊泗县凭借其优越的地理环境，实现了鱼虾蟹贝藻和海珍品多种养殖的特色化发展，其中贻贝养殖最为出彩。随着枸杞乡开发岛南、西、北三大区域“海上牧场”，嵊泗县东部清水区贻贝养殖发展迅速，其产量占全县养殖产量的 95%以上，这也进一步推动了嵊泗县海洋产业链的形成。从苗种生产到海区养殖，从产品加工到市场配送，嵊泗县以海洋养殖为出发点，形成了完整产业链，推动了经济的发展。

如今，嵊泗县马鞍列岛现代渔业综合区被列入第二批 50 个省级现代农业综合区，成为浙江省首个省级现代渔业综合区；嵊泗县的贻贝产品曾荣获国际农业博览会金奖、浙江省渔业博览会金奖，并被认定为省级绿色食品、优质无公害产品和省级名牌产品，我国海洋产品类首个地理标志集体商标产品。嵊泗县还被中国渔业协会授予“中国贻贝之乡”称号，拥有全省最大的贻贝产业化基地和深水网箱养殖基地，是宁波市、上海市及长三角地区鲜活水产品供应基地，2022 年实现水产品总产量 43 万 t，渔业总产值 60.37 亿元。渔业已成为嵊泗县的经济支柱和文化符号，给社会带来了繁荣，给人民带来了福祉。[5] 图 4-3 为嵊泗县枸杞岛渔舟唱晚的景象。

图 4-3 枸杞岛渔舟唱晚

图片来源：陆佳敏。

四、本节小结

嵊泗县作为一个发展海洋经济的地区，依靠其独特的地理位置、丰富的旅游资源和富饶的渔业资源，形成了一个相互辅助、相互促进的海洋产业体系。

地理位置是嵊泗县发展海洋经济的重要优势之一。嵊泗县位于浙江沿海，拥有得天独厚的海岛环境和海洋资源。其丰富的海岛和海岸线为海洋经济发展提供了广阔的空间，同时也为海洋旅游和渔业发展提供了优越的条件。地理位置的独特性为嵊泗县发展海洋经济奠定了坚实的基础。

嵊泗县拥有丰富的旅游资源。美丽的海滩、清澈的海水、独特的海岛景观和丰富的海洋生态系统吸引了大量的游客。旅游业是嵊泗县的支柱产业之一，为当地经济增长和就业创造了机会。

渔业资源也是嵊泗县海洋产业的重要组成部分。嵊泗县水域拥有丰富多样的渔业资源，包括各类鱼类、贝类和海产品。渔业是嵊泗县的支柱产业之一，为当地居民提供了丰富的食物和经济收入。人口在渔业生产、养殖和加工方面发挥着重要的作用，通过劳动力和技术的投入，使渔业资源得以有效利用和可持续发展。

人才是海洋经济发展的重要支撑。因此，应重视人才的培育，引进并留住人才。故应改善嵊泗县的发展环境和公共服务设施，提升海岛生活居民满意度，加强产业发展，发展多元经济，创造就业岗位，提升海岛就业认同感，在各要素互促互进中实现乡村振兴。

第二节　劈波斩浪，向海图强

一、贻贝之乡

产业发展对嵊泗县的经济起到了推动作用，不仅创造了就业机会，也为民生发展提供了经济保障，同时促进了人口的回流。为了实现产业发展，我们需要重点发展当地的特色产业，并将其打造成具有品牌效应的产业。

嵊泗县枸杞乡由 33 个大小岛屿组成，岸线长达 22.1 km。它是嵊泗县第二大岛，拥有丰富的海洋资源，是我国东部渔业的重要产区。枸杞乡被称为舟山渔场的中心，素有“天然鱼库”和“海上牧场”的美誉。其中，贻贝是该地区最著名的养殖品种。嵊泗县海域的优良水质使得当地的贻贝成为继甲鱼和南美对虾之后，浙江省养殖程度最高、产业链最完整的品种之一。早在 2001 年，枸杞乡就被省海洋渔业局授予了“浙江省贻贝之乡”的称号。随后，2002 年，该地还通过了“省级万亩贻贝养殖示范园区”的评审。目前，枸杞乡的贻贝养殖面积达到 1.53 万亩，贻贝加工产品不仅畅销国内市场，还远销至日本、韩国、南非、马来西亚、印度等 26 个国家。

枸杞乡由一个无人问津的偏远小岛逐渐发展成为远近闻名的“蓝海牧场”。它也从一个贫困封闭的小渔村转变为富裕开放的“东方小希腊”。这是基于该地区的海岛实际情况、产业特色和资源优势，发展贻贝养殖走出的一条致富道路。

贻贝养殖在枸杞乡始于 1958 年，其海深浪急的地理生态造就了优越的贻贝养殖环境。枸杞乡的村民率先做起了个体养殖。从观察养殖环境和条件，到筛选养殖品种，贻贝养殖户逐步总结出贻贝养殖规律，取得了巨大的成功。为了推广养殖业，枸杞乡的村民成立了贻贝养殖合作社。合作社通过协作共赢，扩大了养殖规模，降低了人力成本，并形成了产业优势。这也为枸杞乡正式打造贻贝产业奠定了基础。[7]

为了进一步提升贻贝产业的技术水平，嵊泗县贻贝行业协会与浙江大学等高校展开合作，研发了速冻贻贝加工技术。这项技术大大提高了贻贝的保鲜度，并使速冻贻贝系列产品能够远销外省和国外，扩大了贻贝的销售范围。同时，枸杞乡还采用科学技术，引入自动化机器，实现了贻贝剥壳生产的全自动化，提高了贻贝生产的效率。这进一步促进了贻贝产业的发展，让枸杞乡的人民富了起来。

为了实现贻贝养殖可持续发展，嵊泗县全面打造贻贝“无废”产业链。枸杞乡贻贝产业的发展虽然加快了经济的发展，但由于其养殖过程中泡沫浮球的使用，产生了大量的塑料废物，浮球一旦解体后容易造成海洋环境污染。为了破解产业发展困境，嵊泗县加大新型浮球研发推广，出台浮球替换财政补贴政策，制定了《嵊泗县海水养殖泡沫浮球整治工作方案》《嵊泗县海水养殖泡沫浮球整治工作补充意见》，有规划地落实塑料污染治理方案。

同时，嵊泗县一改原先粗犷无序的贻贝清洗方式，出台《嵊泗县贻贝养殖行业清洗水生态循环利用方案》，落实海滩保洁制度，对贻贝清洗加工区遗漏入海的贻贝壳，进行集中收集和清理，改善海域水质，还蓝色海湾清洁水质。除了有效治理水污染，嵊泗县积极探索贻贝壳综合利用技术，以废弃贻贝壳为原料探索开发微纳米果蔬净、纳米防冻剂、土壤改良剂、饲料添加剂等生物制品，解决贻贝壳处置利用问题。

嵊泗县聚焦贻贝养殖、生产加工、废物利用，多环节提升贻贝产业绿色化水平，为实现产业可持续发展作出积极贡献。

嵊泗县贻贝助力乡村振兴

贻贝作为我国重要的海水养殖经济贝类之一，其养殖周期短且环境适应力强，很受渔民们的青睐。贻贝不仅有经济价值，还能过滤水体，避免海水富营养化，具有较高的生态价值。

近年来，嵊泗县贻贝养殖产业蓬勃发展，在全国贻贝养殖业中都占有极其重要的地位。2020 年，嵊泗县贻贝的产量为 20.94 万 t，占全国贻贝养殖产量的近 1/4。嵊泗县贻贝的鲜品、干品及半壳产品等畅销国内外，其已然成为嵊泗县的一个拳头产品（图 4-4）。

嵊泗县贻贝之所以能形成今天的规模，主要得益于：①嵊泗县的区位优势。嵊泗县所处的海域水质良好、温度适中，且亚热带季风性气候使得养殖区域光照充足，为贻贝生长提供了良好的自然环境；②科技支撑，科学养殖。嵊泗县的贻贝养殖获得了浙江大学、浙江省海洋水产研究所等多家高校院所的大力支持。科研人员的介入，使嵊泗县贻贝养殖业更加科学化、智能化、数字化。

近年来，舟山市政府对于嵊泗县的贻贝产业十分重视，使得嵊泗县发展贻贝养殖业的决心异常坚定。在如今市场需求旺盛、蓝碳经济如火如荼的利好局面下，贻贝产业将会成为嵊泗县实现乡村振兴的重要推手。

图 4-4 贻贝养殖基地

图片来源：嵊泗县文旅局。

二、特色岛屿

海岛地区由于地理原因，大多封闭，而旅游业的快速发展打破了海岛封闭的局面，促进了人口的流动，这为海岛地区带来了新的发展机遇。大量游客的涌入，不仅为当地经济注入了活力，也带来了人才的流动和交流，进一步促进了海岛地区的经济发展，推动了文化、人才等资源的交融与共享。

（一）花鸟岛

嵊泗县花鸟岛坐落于浙江省东部，是舟山群岛中最北端的一个离岛，其地理位置偏远，交通基础设施不发达。花鸟岛也曾面临海岛生存困境，例如，淡水供应不足、生态脆弱，环境承载力低等。正是因为这样薄弱的发展基础，导致岛上产业发展困难。于是，花鸟岛人口逐渐流失，青壮年劳动力纷纷出走，远走他乡谋得一份养家糊口的工作，花鸟岛就这样逐渐演变成了一座“空心岛”。老龄化问题日益突出，传统产业逐渐衰退，花鸟岛的生机逐渐被侵蚀。

而事实上，花鸟岛的离岛困境也正是其优势所在。花鸟岛远离尘世喧嚣，依山傍海，一望无际的蓝海与绿意盎然的山丘在湛蓝天空下相映成趣。岛上，百余年前的灯塔伫立在悬崖边上，寂静无声，沉稳坚守。这独特的自然风光对深处内陆都市的人们而言，就如同一座避世之所，具有抚慰人心的作用。2013 年，花鸟岛逐步实施产业转型，充分挖掘并放大自身“绿水青山”的优势，将其转化为“金山银山”的产业优势，以乡村旅游发展为抓手，探索生态、产业、民生三者融合发展模式。

为了充分发挥花鸟岛特色，融合生产、生活、生态、文化发展，花鸟岛提前做好顶层设计，编制总体规划、实施规划，为经济建设保驾护航，并且从筹备开始就委托专业人士进行整体规划运作，以整体性思维推进花鸟岛旅游建设。通过全域景区的理念，开发花之语民宿区、慢生活街区、艺术家工作室、露天酒吧、印象馆、陈列馆等一系列项目，构筑和谐景色，发展旅游经济（图 4-5）。

图 4-5　花鸟岛

图片来源：包仁泉。

乡村旅游的开展为花鸟岛的发展提供了方向，但针对仍然存在的生态基础薄弱、环境承载力低下等制约因素，花鸟岛坚持问题导向，实施特色定制旅游，实现发展可持续。一方面，利用提前预约的方式控制上岛人数，严格控制单日进岛游客人数和多日游岛人数，防止岛屿人数过载造成环境恶化与游览品质下降。同时岛屿上的基础设施也根据进岛人数予以设计扩容，实现资源优化配置。另一方面，花鸟岛推行私人定制项目，提供专属服务和私人管家，还可以根据游客需求，提供个性化定制服务，提升旅游体验。花鸟岛将旅游做精、做深，充分挖掘纵向资源价值，实现了生态保护和经济崛起的良性循环。[8]

花鸟岛的开发建设始终坚持不破坏环境，这一理念贯穿了这座岛屿的整个开发过程。花鸟岛没有任何工业，岛上的开发建设始终坚持生态优先，通过就地取材、废物利用提高资源利用率。采取适度改造，保留岛屿原生态，推行垃圾分类“绿色账户”诚信档案制度、低碳交通系统，将环保理念深入生活全领域。2016年，浙江省环保组织绿色科技文化促进会在花鸟岛建设了低碳示范点。花鸟岛用实际行动践行低碳理念，坚持低碳发展。

花鸟岛的产业转型是贯彻“绿水青山就是金山银山”理念的结果。通过专业化、定制化和低碳化成功实施了全面的海洋产业发展战略。这一转变摆脱了过去仅依靠海洋渔业的单一生存发展模式，显著改善了居民的生活环境，同时也为当地经济注入了新的活力。如今花鸟岛上的民宿发展得如火如荼，民宿老板有本地村民，还有很多来自上海市、浙江省等地的年轻人。可见，花鸟岛的产业转型吸引了大量劳动力和人才的回流，进一步推动了该地区的发展。

花鸟岛成功解决了由于产业匮乏、精神文化贫瘠导致的“空心化”现象，为改善乡村发展中存在的“空心村”和“空心岛”等现象提供了有益的借鉴，在深入践行“绿水青山就是金山银山”理念的道路上取得了显著的成果，为乡村振兴事业作出了重要贡献。

（二）后头湾村

2015年，一张嵊泗县后头湾村的照片在微博上被大量转载，一度冲上热搜。只见照片中曲径通幽，满目苍翠，错落有致的楼群掩映在绿色中，然而，这里却没有被人类造访的痕迹，郁郁葱葱的植被覆盖了山、遮蔽了路、隐藏了房子，仿佛童话故事进入现实生活。英国《每日邮报》还将它评为全球28处被遗弃的绝美景点之一。

1950年，后头湾村正式建制。在舟山渔场中心——嵊山渔场的带动下，后头湾村自然而然成为远近闻名的渔业村，一代又一代的渔民在此地安居乐业、繁衍生息，一幢幢楼房拔地而起，鼎盛时期，小小的后头湾村容纳了 3 000 余人，是嵊山镇主要的居住区域之一，岛上还有 3 个渔业生产大队，3 座渔用码头。直到 20 世纪 80 年代，后头湾村仍是嵊山镇首屈一指的富裕村，其繁华景象号称嵊山镇的“小台湾”。改革开放后，后头湾村的生产方式也由集体生产变为包产到户，由于虾资源丰富，又离嵊山镇较近，村民就发展单拖的铁壳机帆船捕虾，村民收入快速提高，那时“万元户”成为后头湾村民中常见的头衔，富裕的村民修建了二层、三层小楼。

20 世纪 70 年代以后，后头湾村附近的渔业资源慢慢衰退，渔业生产收获也有较强季节性，后头湾渔村的地理位置弊端开始显现，海货售卖不方便，已有一定经济基础的渔民开始外迁以寻求更好的生活。到了 90 年代，房屋买卖开始变得自由，随着“大岛建小岛迁”工程的推进，2002 年，人去楼空的后头湾正式撤村。

人类的痕迹就这样在后头湾村渐渐消失，大自然又重新主宰了这片曾经辉煌的土地，在山坡上、在小道上、在楼房上留下了绿色的印记，整个村子被绿色的爬山虎和藤蔓缠绕，与蔚蓝的海洋相映成趣。

2015 年，旅行者的偶然闯入让这大自然的杰作得以被重新发现，后头湾的旅游业就这样在机缘巧合下逐渐兴起。景区基础设施逐步改善，村庄的道路被重新翻修，建设了 270°玻璃幕墙的观景台、路口的休憩小厅等旅游基础设施，还配备了专门的工作人员。后头湾村以保护为开发，保留了“无人村”的精髓。如今后头湾村已成为网红打卡地，景点客流量达到 10 万人次，门票收入高达 350 万元/年，为当地带来了极大的旅游经济收益。

后头湾村景区的成功开发看似是无心插柳柳成荫的意外收获，但事实上，这也揭示了“绿水青山就是金山银山”理念的科学性和先进性。

由于人类活动的减少，后头湾村遗留的人类印记慢慢被自然力量覆盖，形成了独特的自然风光。游客们纷纷涌入这片被自然之手精心雕刻的土地，体验着大自然的鬼斧神工。后头湾的自然之美成为经济增长的强大推动力，向我们直接揭示了“绿水青山就是金山银山”理念的意义，启示我们更应重视绿水青山的价值。[9]

后头湾村景区的成功再一次揭示了自然资源的合理利用和生态环境的保护并不矛盾，相反，它们是相互依存、相辅相成的关系。当我们珍视并保护绿水青山时，我们不仅保护了自然生态系统的稳定，也为子孙后代留下了丰富的自然遗产。这使我们意识到，保护环境是经济发展的前提和基石，而非可有可无的附属品。

因此，我们要在发展经济的同时，始终保持对自然环境的敬畏。只有坚持绿色发展理念，注重生态保护，我们才能实现经济的可持续增长，人与自然的和谐共存。

图 4-6　后头湾村“绿野仙踪”

图片来源：嵊泗县文旅局。

三、蓝碳经济

嵊泗县作为典型的海岛县，面临着土地资源短缺的挑战，但同时也拥有丰富的海洋资源优势。为了推动经济的高质量发展，嵊泗县勇当先锋，将这一优势进一步转化为发展动力，积极探索蓝碳经济的新模式。通过发展碳汇渔业，在实现海洋生态系统保护和修复的同时，提高渔业产业的经济效益和社会效益，为碳达峰和碳中和目标作出贡献。

嵊泗县建设了一批“海洋牧场”，利用贻贝等滤食性贝类吸收海水中的有机物和无机物，从而固定大气中的二氧化碳，形成了海洋碳汇，起到净化海水、缓解全球变暖的作用。嵊泗县每年通过贻贝养殖可固定大量的二氧化碳，经中国船级社质量认证有限公司核查，2020 年度嵊泗县以贻贝为代表的碳汇养殖固碳总量达 11 934.32 t，平均每公顷每年固碳量为 8.18 t，有良好的碳减排成效。同时，“海洋牧场”养殖业也增加了渔民的收入，提高了渔业产品的品质和价值，促进了渔业转型升级和可持续发展。

此外，嵊泗县还积极响应国家碳中和目标，开展了海洋碳汇交易试点，探索将海洋碳汇资源转化为经济价值。嵊泗县印发了《嵊泗县生态产业高质量发展三年行动计划（2022—2024 年）》，深入探索海洋碳汇交易推进方式，通过开展“两山银行”平台，收储并确权登记了海洋碳汇资源，为减少温室气体排放作出了积极贡献。关注并开展海洋碳汇机理研究，持续推进嵊泗县海洋碳汇计量、监测和核算体系并完成核算和确权登记。创新贻贝养殖碳汇交易模式，为建设海洋零碳示范基地作贡献。[10]

为了推动渔业产业的生态化、低碳化和高效化发展，嵊泗县实施了为期 3 年的绿色渔业实验基地行动计划。通过加强海洋保护区的建设与管理，采取人工增殖放流和生物群体控制等技术手段，保护了海洋生物多样性。嵊泗县还加强了近海海域的污染整治工作，并建立了全民参与、全民监督、全民管理的新型生态护渔机制。此外，嵊泗县还开发了休闲观光渔业和渔业文化旅游等新业态，为渔业的可持续发展注入了新的动力。

综上所述，嵊泗县在贻贝养殖、生产加工、废物利用以及海洋保护等多个环节上致力于推进贻贝产业的绿色化发展。嵊泗县通过积极的行动和创新措施，将海洋资源转化为经济价值，为产业的可持续发展作出了积极的贡献。嵊泗县的经验不仅为其他地区发展提供了借鉴，也为蓝碳经济的推广和实践提供了有益的参考。

绿色渔业实验基地行动计划

为全面贯彻落实创新、协调、绿色、开放、共享发展理念，扎实推进嵊泗县绿色渔业发展步伐，2019 年 7 月，嵊泗县印发了《国家绿色渔业实验基地建设嵊泗三年行动计划（2019—2021 年）》（以下简称《规划》）。《规划》将嵊泗县绿色渔业发展的主要任务分解为开展渔业管理体制改革工程、开展资源养护生态修复工程等九大工程。通过实施这九大工程来打造嵊泗县渔业发展绿色生态链，构建绿色渔业的管理新体系、产业新体系和保障新体系。《规划》发布后，嵊泗县积极探索碳汇渔业产业的发展方向，实施深海养殖网箱项目建设和“渔光互补”养殖新模式。截至 2022 年，嵊泗县已成功创建了 2 个国家级“海洋牧场”示范区。

虽然取得了令人骄傲的成绩，但是嵊泗县始终坚定不移地将“绿色文章”写到底。2022 年 9 月，嵊泗县印发了《嵊泗县全力打造高质量发展建设共同富裕示范区海岛样板县实施方案（2022—2024 年）》。实施方案中再次重申要提振绿色渔业。我们有理由相信，嵊泗县必将以一如既往的决心和勇气，以“绿色”为支点，撬动整个嵊泗县实现岛振民兴的繁荣景象。

四、大数据支撑

嵊泗县作为一个海岛县，其地理环境相对封闭，与外界的交流不够便利。而大数据互联网的普及和发展，在很大程度上弥补了这一不足，为嵊泗县在产业发展、生态保护、执政服务等多个领域带来了新的机遇和挑战，也为推进治理体系、治理能力现代化作出了重要贡献。

在产业发展方面，嵊泗县利用大数据赋能，建设了智能农业综合大数据云平台、智慧养殖云平台，开发“嵊渔通”等应用，探索“数字渔场”管理模式，以数字科技创新为驱动，以问题和需求为导向，实现渔业资源的数字化、资源化、产业化管理。嵊泗县利用基础数据进行精准分析，找出优势和潜力，制定合理的发展规划和政策，提高资源利用率，降低成本和风险，增强产业竞争力。嵊泗县利用大数据平台，推出预约系统，既为游客来岛旅游提供了便利，也为合理规划利用海岛资源提供了数据依据。[11]

在生态保护方面，嵊泗县统筹生态环境“整体智治”，打造了舟山嵊泗智慧环保平台，建设了小微空气监测体系建设、环境监测预测预警体系等数字赋能的监管项目。这些项目不仅可以实时监测和预警环境质量和风险，还可以服务企业，助推环境监管。通过大数据分析和可视化展示，嵊泗县可以更好地掌握生态环境的状况和变化趋势，制定科学合理的保护措施和应对策略。[12]

在执政服务方面，嵊泗县建立数字化改革应用场景，搭建了嵊泗县全域旅游决策分析平台、全域旅游行业监管平台等多个数字监管平台。这些平台可以实施精准治理，推进数字监管。对于群众的意见和建议，嵊泗县通过大数据收集和分析，反映群众的诉求和期待，提升政府决策的科学性和民主性。同时，嵊泗县也对政府的各项工作进行监督和评价，提高政府工作的透明度。大数据行政平台的构建帮助嵊泗县提高政府治理水平，增强公共服务能力，满足群众需求。

大数据可以分析医疗资源的需求和分配，优化医疗资源的配置和利用，降低医疗成本和避免浪费。帮助嵊泗县建立远程医疗服务平台，实现与内地专家的在线会诊、培训和指导，提高医疗质量和效率。同时在教育水平上，大数据还可以帮助嵊泗县收集和整合教育数据，评估教育质量和效果，制定有针对性的教育政策和措施，提升教育水平和实现教育公平。搭建远程教育网络，实现与内地优质教育资源的共享和互动，拓展教育渠道，丰富教育内容、形式和方法，提升民生水平。

为了更好地推进大数据支撑，为嵊泗县经济发展保驾护航，嵊泗县制定并发布了《嵊泗县数字经济发展“十四五”规划》，从顶层设计上为大数据发展提供了指导和保障。嵊泗县将继续加强大数据基础设施建设、大数据人才培养、大数据安全保障、大数据应用创新等方面的工作，努力打造一个数字化、智慧化、高效化的海岛县，助力实现共同富裕的目标。[13]

第三节　运筹帷幄，决胜千里

产业的发展对于缓解人口流失情况，保持地区活力，提升区域竞争力具有重要意义。同时，人口的兴旺也是产业迭代发展的必要条件，人口结构、素质、分布等都会影响产业的创新能力、转型升级、集聚效应等。因此，产业的发展和人口的兴旺是相互依存、相互促进、相辅相成、协同发展的。而解决人口流失问题的最终目标是促进产业发展，进而改善民生，实现乡村振兴和高质量发展。

一、夯实基础

地区发展是一项复杂而重要的任务，涉及经济、社会和环境等多个因素。夯实基础设施建设在地区发展中起着至关重要的保障和推动作用。缺乏良好的基础设施将无法吸引投资和人才，也无法提供便利的公共服务和交通运输，进而影响嵊泗县的交通便利性和物流效率。同时，落后的硬件基础设施也会进一步影响人才的培育、引进，从而难以实现留住人才的目标。因此，加强基础设施建设对提升地区生产力、促进地区间互联互通、改善地区居民福祉、促进人才交流等方面具有重要意义。

（一）提升硬件基础设施。嵊泗县以“千村示范、万村整治”为先导，从农村基础设施和生态环境入手，致力于提升道路、水利、电力、通信、卫生等各个民生工程。实施农田综合整治、水生态质量修复提升、美丽城镇建设等工程，确保生活垃圾分类在行政村全面覆盖，农村公路优良率与城市基本一致，解决住人海岛的供水问题。通过一项项基础设施建设事项的落实，改善了地区居民的生活条件。在“千万工程”指引下，嵊泗县的海岛渔村实现了华丽转身，绘就了美丽海岛、美丽微城、美丽乡村共同构成的全域美丽画卷。

（二）提高软件基础建设。嵊泗县采取更积极的海岛人才引进政策，制定并实施多项人才引进规划和措施，以吸引人才前来。同时，优化了购房补贴、安家补贴等人才服务保障政策，并加大了资金支持力度，以确保人才留在当地。通过多种形式的宣传引导，以乡情为桥梁，以政策为引领，以激励为导向，鼓励和支持本地人才回流。通过促进人才流入，嵊泗县夯实软实力基础建设，实现了人才的集聚和产业的兴旺。

（三）提升智慧化、数字化水平。近年来，嵊泗县积极实施数字化转型，不仅在政务上实现“最多跑一次”，而且将数字化融入各行各业。打造智慧养殖云平台支持贻贝的智慧养殖，利用渔船智控系统监测周边船只动态，利用物联网、大数据等技术赋能城市管理……嵊泗县正在努力向着智慧化城市迈进，从而让居民生活更便捷，让游客玩得更舒心。

嵊泗县通过改善道路、桥梁、码头等交通设施，提升农村基础设施水平，提高农村居民的生活条件，提高农民的收入水平，实现了城乡互利共赢。同时，嵊泗县加强了人才的培育、引进工作，促进了地区间的人才交流和地区内外互通。这进一步促进了经济合作和贸易往来，为嵊泗县的发展带来了更多机遇，吸引了更多的资金和资源，推动了产业的发展，提升了经济的竞争力。

花鸟岛成功打造数字化智慧景区

2022 年 11 月，嵊泗县花鸟岛景区通过评审，正式成为浙江省智慧景区。花鸟岛景区在建设过程中，坚持走可持续发展道路，秉持生态保护为先的理念，以居民和游客为中心，突出“以民为纲、游客为本、主客共享”的理念，挖掘岛内的特色文化内涵，营造良好的整体旅游环境，为游客提供优质的旅游公共产品和服务。

花鸟岛地势偏远，但它另辟蹊径，探索生态、生活和生产三者融合发展的创新之路，将离岛的劣势转化为独特的优势，形成海岛乡村可持续发展的“花鸟岛模式”。整个花鸟岛景区以“慢”为主题，游客们在这里享受充满浪漫气氛的宜居“慢生活”，让心灵得到放松。无论是在岛内乡村、步道漫步，还是坐在海边吹吹海风，都能让游客们能够在景区里放空心灵，找回真正的自我。花鸟岛景区通过主动实施“数字海岛+”计划，建立覆盖全岛民宿的资源数据平台，游客们通过手机享受景区服务数字化一站式管理服务。

花鸟岛智慧景区的成功创建，不仅是嵊泗县旅游景区实施数字化改革的显著成果，也是嵊泗县打造旅游核心吸引力，推动县域旅游业高质量发展的重要抓手。花鸟岛智慧景区的成功创建为进一步推动嵊泗县 A 级旅游景区智慧化建设，加速景区数字化、网络化、智能化改革提供借鉴。

二、找准优势

地区产业的发展在推动经济增长和社会进步方面有重要的作用，也是促进人才回流的有利因素。为了提升产业发展的质量和效益，必须明确自身的优势，发挥比较优势，形成特色优势，从而构建竞争优势。

找准自身优势不仅可以提高地区产业发展的效率和效益，还可以增强创新能力和竞争力。通过利用自身的资源，避免盲目跟风和重复建设，节约成本和时间，提高收益和回报。发挥特色和优势，突出差异化和个性化，增加附加值和品牌效应，提升影响力和吸引力。同时，通过找准自身优势，可以积极适应市场变化和客户需求，不断创新产品和服务，改进技术和管理，提高产品质量和服务水平。嵊泗县通过以下几个方面找准自身优势，推动产业发展。

（一）依托优势资源。嵊泗县的发展优势明显，就地理位置而言，对内坐拥上海市、杭州市、宁波市等大中城市群以及长三角广阔的内陆区域。对外是国内外海轮进出长江口的必经之地，距离日本、韩国等国家较近。因此，独特的地理优势为经济社会发展提供了重要条件。嵊泗县构筑运输一体化，优化和整合港航资源，为深化嵊泗县海洋产业的发展奠定了扎实的基础。另外，从渔业资源来看，嵊泗县海域辽阔，地处温带和亚热带过渡区，水温适中，盐度适宜，水流较快，有利于海洋生物的繁殖和生长。嵊泗县的海域有上百种经济鱼类及其他海产品，最著名的便是贻贝，嵊泗县的渔业产值占全县 GDP 近 40%，是全县的支柱产业之一。从旅游资源来看，嵊泗县自然风光秀丽，有海岛、沙滩、礁石、潮汐、海洋生物等各种景观，吸引了众多游客前来观光。嵊泗县的气候温和，四季如春，更是避暑、度假、休闲的理想之地。由此可以看出，嵊泗县充分利用自身优势，发展港口、渔业、旅游等多种产业，形成了以陆海统筹、以港兴县、以旅活县、以渔稳县为主要内容的海洋经济发展战略。

（二）打造品牌优势。在充分发展优势产业基础上，嵊泗县充分意识到品牌的重要性。贯彻落实知识产权战略和品牌战略，以“嵊泗贻贝”为区域品牌重点，深耕品牌建设，通过标准引领、品牌保护、服务优先，持续推进“嵊泗贻贝”品牌产业稳定健康发展。2007 年开始，“嵊泗贻贝”先后获得地理标志集体商标、地理标志保护产品、农产品地理标志等。2020 年，“嵊泗贻贝”入选中欧地理标志协定首批保护名录。2022 年，嵊泗县成立贻贝品牌指导服务站。通过多年的精心培育和品牌战略推动，“嵊泗贻贝”已经成为代表嵊泗县形象的金名片，也成功入选国家知识产权局商标品牌建设优秀案例。

（三）扩大产业发展。嵊泗县紧跟国家和省市的战略部署，积极探索海洋经济发展的新模式、新路径、新领域。嵊泗县加快推进小洋山区域合作开发，打造国际航运枢纽和现代物流中心；大力发展休闲渔业和“海洋牧场”，打造海上休闲度假和生态养殖基地；深入实施“蓝湾”整治修复项目，打造低碳蓝湾绿岛和美丽海岛公园；加强数字化文旅建设，打造智慧旅游服务平台；积极开展贻贝养殖碳汇收储交易工作，打造海洋零碳示范基地。这些创新举措不仅拓展了海洋经济的发展空间，也提升了海洋经济的发展质量。

嵊泗县科学分析自身优势，从地理位置、资源禀赋、人口结构、市场需求和政策环境等因素出发，找准定位和目标，识别核心竞争力，选择主导产业和支柱产业，进行战略规划。由此，嵊泗县实现了海洋经济的高质量发展，为海岛县域经济发展和共同富裕提供了有益借鉴。

三、把握重点

党的二十大报告提出："发展海洋经济，保护海洋生态环境，加快建设海洋强国"。中国共产党浙江省第十五次代表大会报告中指出："努力建设国家经略海洋实践先行区。加快海洋强省建设，把宁波舟山海域海岛作为重中之重，深入实施科技兴海战略，构建'一岛一功能'海岛特色发展体系和现代海洋产业体系"。

近年来，嵊泗县积极发展海洋经济，增加地区收入和就业机会，提高人民生活水平。嵊泗县积极响应国家和省市发展战略，把握海洋经济和蓝碳经济的发展机遇，以海洋生态文明建设为引领，推动海洋经济转型升级，延长海洋产业链，实现了高质量发展。

地区发展是国家发展的重要组成部分，为国家实现宏观目标和战略任务作出贡献。嵊泗县作为中国东部沿海典型的海岛县域，积极响应国家建设海洋强国、推进生态文明建设、实施乡村振兴战略等政策，深入打造海洋经济和蓝碳经济的示范区，为国家和地区的可持续发展进行了积极的探索和有益的尝试。这也为落实碳达峰碳中和目标，加强生态文明建设，作出了努力。

嵊泗县深化海洋价值，以海洋产业为抓手，向海图强的发展方式，既符合国家战略需求，体现了地区发展与国家发展间的高度契合，也避免了发展方向不一致造成资源、财力、人力分散浪费的现象。因此，嵊泗县的经验和做法为其他地区科学把握经济发展方向提供了有益的参考。

四、本节小结

嵊泗县立足海洋优势，深入发展海洋产业，是推进产业振兴，实现乡村振兴的重要驱动力。党的二十大报告强调了加快构建新发展格局，着力推动高质量发展和全面推进乡村振兴的重要性。嵊泗县积极响应国家和省市发展战略，夯实发展基础，进一步加强公共基础设施建设和人才机制建设，打造优势产业，以实现产业发展和人口兴旺的良性互动。

良好的基础设施是推动产业发展和人口回流的基础。嵊泗县大力夯实发展基础，注重公共基础设施的建设。通过加大投资力度，修建现代化交通网络，以便于人员和物资的流动。同时，嵊泗县加强水、电、通信等基础设施建设，提高供给能力和服务水平，为产业发展和居民生活改善创造条件。

嵊泗县持续加强人才机制建设。人才是推动产业创新和发展的核心驱动力。嵊泗县建立了完善的人才引进机制，通过政策优惠、创新创业平台等措施吸引高层次人才和创业者来岛上发展。并加强教育培训，提升本地人才的综合素质和创新能力，培养适应产业发展需求的专业人才队伍。

在产业发展方面，嵊泗县找准发展优势，充分发挥海洋资源和独特的地理位置优势，重点发展海洋经济。通过发展海洋渔业、海洋旅游、海洋文化等产业，提高嵊泗县的经济增长潜力和竞争力。嵊泗县鼓励企业创新，引入先进技术和管理经验，推动传统产业转型升级，培育新兴产业，实现产业结构的优化和升级。嵊泗县通过建设特色小镇、打造旅游景点、举办文化活动等方式，提升嵊泗县的知名度和影响力，吸引更多的游客和投资者，推动产业振兴和乡村振兴的良性循环。

第四节　共富嵊泗县，岛振民兴

乡村振兴是我国新时代实施的重大战略，旨在实现城乡协调发展，提高农民生活水平，有利于缩小城乡差距，增强人民的幸福感和获得感，有利于推动区域协调发展，激发各地区的发展潜力和创新活力，形成优势互补和共同发展的格局。嵊泗县作为海岛乡村，其乡村振兴发展具有典型性、代表性，为同类型以海洋资源禀赋为长的乡村发展提供了借鉴。

一、产业向强

产业振兴是经济发展的重要动力，也是民生发展的重要保障，是促进人口回流的重要措施。嵊泗县积极发展海洋产业，借助科技力量提升产业附加值，增加就业岗位和居民收入。嵊泗县通过推进产业结构调整和技术创新，提升了产业的竞争力并增加了产品的效益，为更多劳动者提供了就业机会和稳定收入，有效改善了民生状况。

2022 年，嵊泗县地区生产总值达到 130 亿元，比 2021 年增长了 6.2%。其中，第一产业增加值为 40.8 亿元，增长了 6.9%; 第二产业增加值为 26.0 亿元，增长了 11.8%；第三产业增加值为 63.2 亿元，增长了 3.5%。嵊泗县特色渔业养殖产量也以稳中有进的态势快速增长。全县水产品总产量达到了 43.00 万 t，比 2021 年增长了 4.7%。具体来看，由于推进减船转产工作，海洋捕捞产量实现了 20.28 万 t，增长了 0.9%；海水养殖产量达到 22.73 万 t，增长了 8.3%。其中贻贝产量占养殖产量的主导地位，达到了 22.38 万 t，增长了 8.4%，占比高达 98.5%。[14]

2020 年，嵊泗县的贻贝入选了国宴菜单，并获得了中欧互认农产品地理标志的认证。截至 2021 年年末，嵊泗县成功创建了 2 个国家 4A 级旅游景区、2 个 3A 级旅游景区和 3 个省级旅游风情小镇，其中花鸟乡成为全市唯一的省级 5A 级景区镇，这些荣誉也进一步彰显了嵊泗县在产业发展上的突出成就。产业振兴是乡村振兴的重要物质基础，嵊泗县在实现乡村振兴的道路上不仅经济得到了发展，居民的生活质量也得到了显著改善。

二、人文向荣

（一）人才振兴

人才是发展的根本动力，也是民生改善的关键因素。人才振兴是实现国家战略目标和民族复兴的必然要求，也是促进社会公平正义和人民幸福的重要途径。然而，嵊泗县作为海岛地区，区域环境承载力有限，生活基础条件较差，这也造成了嵊泗县人才流失严重的情况。为了应对这些挑战，嵊泗县高度重视人才的培养和引进，积极推动乡村振兴，乡村振兴和人才振兴形成了良性循环。

嵊泗县花鸟岛发展不仅提振了经济，创造了更多的就业机会，也改善了民生状况，减少了人才的流失。当地居民在家门口就可以找到稳定的工作和发展机会，也促使外出务工人员回到嵊泗县。同时，花鸟岛利用优美的生态环境，扎实的基础设施建设吸引更多的人才流入，进一步促进了经济的发展。因此，花鸟岛的发展为解决“空心村”和边缘岛问题提供了示范，也揭示了人才振兴对于民生发展的重要意义。

嵊泗县通过培养和引进高素质、高水平、高效能的人才，提升发展综合实力和竞争力，为民生保驾护航。这些人才应用在科技创新、经济转型和社会治理等各个领域，为产业发展提供了技术支撑，为民生发展提供了人才保障，也为产业升级、经济增长和民生发展创造了条件，从而改善了民众的生活条件。

嵊泗县的人才振兴不仅体现在大力开展人才引进工作上，更体现在其多措并举不断提升基础教育质量，优化教育资源配置上，这让本土学生享受到更为优质的教育资源。一方面，嵊泗县采取有效措施，不断振兴海岛教育，提升海岛教育质量。例如，优化岛内学校布局，使学生能够就近入学；深化师德师风建设，提升教师队伍的专业素质水平等。经过这一系列的举措，嵊泗县的基础教育质量得到了飞跃式提升。2021 年嵊泗县在浙江省基础教育生态监测评价结果中得分为 87.73 分，高于省平均分 7.62 分，获得 A 等［全省共有 13 个 A 等县（市、区）］，并列舟山市各区县第 1 位。2022 年，嵊泗县在全市率先创建全国学前教育普及普惠县。如今，嵊泗县的群众都愿意把孩子留在本地接受基础教育。另一方面，嵊泗县积极向上对接，展开跨区域合作。2023 年，嵊泗县争取到了宁波大学定向招生名额 3 名。同时，嵊泗县还与杭州学军中学等省内优质教育集团开展深入合作，做到了“将老师学生送出去，把优质名师请进来”，实现了教育资源的高质量提升。

人才振兴对嵊泗县民生发展和乡村振兴具有重要的意义，它增强了社会活力，提振了文化自信，为民生福祉注入动力，同时也缓解了嵊泗县的空心化程度。因此，嵊泗县应该持续加强人才振兴工作，为民生发展和乡村振兴提供强大的支持和动力。

（二）文化振兴

文化是乡村振兴的重要基石，也是乡村发展内生动力的重要源泉。嵊泗县以其丰富的自然资源和悠久的历史文化在全国享有盛誉。嵊泗县是浙东唐诗之路最东部的县域，其独特的海洋文化和岛屿风情吸引着无数游客。近年来，嵊泗县积极推进文化振兴战略，以文化建设为引领，为地区发展和乡村振兴提供有力支持。

为了弘扬嵊泗县独特的海洋文化，嵊泗县建立了嵊泗县东海渔场博物馆，展示嵊泗县海洋资源、渔业历史、人文海防和黄家台遗址出土文物的展品体系。同时，嵊泗县打造了 8 个分馆，分馆属于不同乡镇，每个分馆展现不同的主题特色。例如，“阿拉生活馆”以渔绳结为主题，“洋山告诉你展示馆”以洋山港口文化为主题，“田岙渔民画创意体验馆”以渔民画为主题。各个分馆通过体验互动型活动，全方位弘扬嵊泗县海岛文化，加强海洋文化的传承。文化振兴提升了嵊泗县的知名度、影响力和竞争力。嵊泗县还打造东海五渔节、黄龙开捕节、花鸟灯塔艺术节、嵊山海钓节、枸杞贻贝节等特色岛屿节庆，通过树立特色品牌吸引了越来越多的游客和投资者，推动了旅游业、文化产业和其他相关产业的发展。

文物是文化的载体，也是文化振兴的基础。嵊泗县共有 63 处不可移动文物，其中包括 23 处各级文物保护单位，花鸟灯塔更是全国重点文物保护单位，曾在中央电视台《走遍中国》和《味道》栏目中被报道。鉴于文物的脆弱性和珍贵性，嵊泗县建立了灵活多样的保护利用机制，并探索将文物资源与全域旅游、乡村旅游和海岛公园建设相结合的方式，打造文化和旅游 IP，深化文物资源价值利用，形成保护和发展的良性循环。嵊泗县通过政府出资和民间自发筹资等途径，对多处民居类历史建筑进行修缮保护。同时还聘请专家指导保护工作，分类保护渔村古文化资源。嵊泗县探索保护性地开发文物的价值，将全国重点文物保护单位花鸟灯塔打造成了地标性的花鸟岛建筑，并向游客开放。嵊泗县推动文物与其他领域的融合发展，不断提升文化品位，进一步树立文化自信，推动全县文化和旅游事业的高质量发展。[15]

文化振兴激发了嵊泗县的创新能力，增强了地区的发展活力，提升了当地的创新价值和发展价值。文化振兴提升了乡村的吸引力和魅力，增强了乡村的生态价值和经济价值，带动了乡村旅游业和其他相关产业的发展，增加了居民就业机会，提高了当地人民的收入。同时，文化振兴还提升了乡村的文化素养和居民的生活品质，增强了乡村的社会价值和文明价值。因此，文化振兴对于嵊泗县的地区发展和乡村振兴有重要的作用和意义，是实现高质量发展和美好生活的重要保障。嵊泗县应继续坚持以文化为引领，以创新为动力，以人民为中心，深入推进文化振兴战略，打造具有国际影响力和竞争力的海洋文化之城。

三、生态向好

生态振兴是乡村振兴的重要组成部分，通过保护和恢复自然资源，提高生态系统的功能和服务，促进经济社会和环境的协调发展。

2021 年，嵊泗县争取到了中央财政对其海洋修复的经济支持。嵊泗县将这笔宝贵的经费用于受损岸线和海湾的修复工作，使海岸沿线的产业项目得到了全面梳理，推动了嵊泗县所在海域海水、海岸生态环境的不断转好。嵊泗县的基湖沙滩、泗礁岛海湾等地域正在焕发出新的生机和活力。

嵊泗县通过预防自然灾害，加强海岛生态系统的保护和修复，保障生态安全和环境质量。嵊泗县实施了海岸线保护、塑料污染防治、贻贝生态养殖、贻贝壳综合利用等一系列的环境整治和生态修复，以及废物资源化利用工程，有效防治生态破坏和环境污染，提升了资源利用效率，提高了地区的生态文明水平。

嵊泗县改善了乡村的基础设施和公共服务，加快了乡村交通、通信、能源和水利等基础设施建设，完善了乡村教育、卫生和文化等公共服务体系，提升了乡村居民的生活质量，增强了居民的幸福感。嵊泗县实现了“千村示范、万村整治”示范引领，“千村精品、万村美丽”深化提升，“千村未来、万村共富”迭代升级的生动局面。在浙江省召开的深化新时代“千万工程”全面打造乡村振兴浙江样板推进会，嵊泗县首度获得2022年度全省实施乡村振兴战略实绩考核优秀，并获评浙江省新时代美丽乡村示范县称号。

嵊泗县通过产业转型升级，培育了一批特色鲜明、具有竞争优势的海洋产业，进而推动生态振兴。嵊泗县从海洋强国出发，响应国家“双碳”目标要求，大力发展蓝碳经济。嵊泗县引进“渔光互补”光伏发电项目，规划建设科学养殖，在养殖车间上方架设光伏阵列，光伏板下方实施鱼虾养殖，科学利用海域，破解陆域面积有限的难题，这些举措有效地打破了嵊泗县作为海岛型乡村发展资源受限的桎梏。嵊泗县通过生态振兴形成了多元海洋经济的发展格局，提升了地区的社会效益和经济效益。

四、本节小结

嵊泗县是浙江省最东端的岛屿县，面临着人口老龄化、劳动力外出务工等问题。为了实现乡村振兴和海洋强国的目标，嵊泗县以解决人口流失问题为引线，从产业、人才、文化、生态等多方面进行了全面的改革和创新，取得了显著的成效。

嵊泗县通过产业振兴创造了良好的就业环境，为人口回流做好了基础保障。嵊泗县充分利用海洋资源和岛屿特色，发展了海洋渔业、海洋旅游、海洋新能源等特色产业，这些产业不仅增加了当地的经济收入，也吸引了大量的外来游客和投资者。同时，嵊泗县还加强了对本地农民和渔民的培训和扶持，提高了他们的技能和收入水平。这些措施有效地促进了人口回流，也进一步推动了产业振兴，形成了一个良性循环。

在人才振兴方面，嵊泗县注重人才的培育、引进，从而实现留住人才的目标，以解决人口流失问题。通过加强对人才的培训和教育，提升他们的综合素质和专业技能，吸引了更多高素质人才的加入。同时，积极引进外部优秀人才，为地区的发展注入新鲜血液。通过提供良好的发展环境和福利待遇，嵊泗县成功留住了一大批优秀人才，进一步解决了人口流失问题。

文化振兴是嵊泗县实现产业发展和人才培养的重要手段。通过积极推进文化振兴战略，嵊泗县不仅促进了产业的发展，也提升了人才的质量和文化素养。通过保护和传承嵊泗县地区的历史文化，激发了人们的创造力和创新精神，为产业发展提供了源源不断的动力。同时，嵊泗县的文化特色和传统价值也得到了更广泛的传播和认可，为地区的形象塑造和吸引力提升起到了积极的推动作用。

生态振兴也为人口回流和人才引进提供了良好的生活环境。通过积极推进生态保护和环境治理，坚持生态优先、绿色发展的理念，坚决抵制污染性产业和项目的入驻，嵊泗县打造了宜居、宜业的生态环境，为人们提供了良好的居住条件和发展机会。这不仅吸引了一批返乡人员的回流，也吸引了更多优秀的外部人才前来嵊泗县工作和生活。生态优势成为人口回流和人才引进的重要吸引力，为嵊泗县的发展注入了新的活力。

综上所述，嵊泗县通过实施乡村振兴和海洋强国战略，解决了人口流失问题，取得了显著的成果，形成了产业向强、人文向荣、生态向好的高质量发展局面。嵊泗县打造了良好的事业发展环境和生活条件，吸引了人口回流和人才引进，这为地区的高质量发展和美好生活提供了重要的保障和动力。嵊泗县应继续坚持“绿水青山就是金山银山”理念，以创新为动力，推进乡村振兴和海洋文化发展，努力打造成为具有国际影响力和竞争力的地区。

参考文献

[1] 联合国经济和社会事务部人口司．世界人口展望 2019 年[R]. 2019.

[2] 范晓倩，顾琪．空心化对乡村治理的制约及其化解思路[J]．经济研究导刊，2023（10）：17-19.

[3] 刘彦随，刘玉．中国农村空心化问题研究的进展与展望[J]．地理研究，2010，29（1）：35-42.

[4] 嵊泗县志编纂委员会．嵊泗县志[M]．杭州：浙江人民出版社，1989.

[5] 嵊泗县人民政府．走进嵊泗县[EB/OL]. [2023-05-22]. http://www.shengsi.gov.cn/col/col1363189/index.html.

[6] 周苗．民国时期嵊泗县列岛渔行经济研究[J]．浙江海洋学院学报（人文科学版），2017，34（3）.

[7] 嵊泗县海域与渔业志编纂委员会．嵊泗县海域与渔业志[M]．北京：方志出版社，2011.

[8] 国家发展和改革委员会社会发展司．“花鸟模式”谱写现代版的诗与远方——浙江省舟山市花鸟岛[EB/OL]. [2023-05-22]. http://www.ndrc.gov.cn/xwdt/ztzl/qgxclydxal/stzyytx/202011/t20201125_1251244.html.

[9] 鲍恺乐．“忆党史、颂党恩”——嵊山后头湾：被时间遗忘的“绿野仙踪”[EB/OL]. http://ssnews.zjol.com.cn/ssnews/system/2021/06/22/033071118.shtml，2023-07-02.

[10] 浙江省海洋科学院，舟山市、嵊泗县自然资源和规划局．嵊泗县：吹响蓝海“集”“节”号[EB/OL]. [2023-07-17]. http://zrzyt.zj.gov.cn/art/2023/5/8/art_1289955_59016367.html.

[11] 嵊泗县文化和广电旅游体育局．嵊泗县以数字赋能大力发展智慧文旅[EB/OL]. [2023-08-12]. http://zswglt.zhoushan.gov.cn/art/2021/2/23/art_1676401_58920999.html.

[12] 嵊泗县海洋与渔业局．嵊泗县数字赋能贻贝产业打造智慧养殖云平台[EB/OL]. [2023-08-03]. http://www.shengsi.gov.cn/art/2022/6/14/art_1354785_59027737.html.

[13] 嵊泗县经信局（商务局）．嵊泗县数字经济发展“十四五”规划[EB/OL]. [2023-07-11]. http://www.shengsi.gov.cn/art/2023/1/28/art_1229579489_3766850.html.

[14] 嵊泗县统计局．二〇二二年嵊泗县国民经济和社会发展统计公报[R]. 2023.

[15] 浙江省发展改革委员会．浙江嵊泗县：以海洋文化赋美诗路文化带建设[EB/OL]. [2023-08-17]. http://fzggw.zj.gov.cn/art/2022/12/14/art_1599546_58935387.html.

第五章

淳安县篇

护绿蓝泼墨色，作鲜活水文章

入选理由

2020 年，淳安县作为生态环境部第四批“绿水青山就是金山银山”实践创新基地，在北京表彰授牌。这是淳安县建设千岛湖后，历经“十年倒退、十年彷徨、几十年发展”的艰辛历程后收获的一项重大成就，更是淳安县深入践行“绿水青山就是金山银山”理念取得丰硕成果的鲜明例证。

回顾 20 世纪 50 年代，为了保障新中国工业发展，为长三角尤其是上海市、浙江省、江苏省等地区提供稳定的电力资源，国家决定建设新安江水电站。新安江水电站建成后，原淳安县和遂安县合并成现在的淳安县，新安江水库淹没了 2 座县城、5 个集镇、30 万亩良田和绝大部分基础设施，移民 29 万人，255 家企业外迁，境内只剩下 12 km 的断头路，淳安县由建库前的甲等县变成建库后的贫困县，经济发展由此经历了倒退、徘徊的曲折历程，直到 1977 年才恢复到建库前水平。淳安县人这种“牺牲小我，成就大我”的精神，在之后的发展历程中不断深化延展，融入社会发展的方方面面。

淳安县迈步从头越，从保护水环境开始提质升级。由于千岛湖的上游新安江属安徽省黄山市管辖，黄山市的发展使千岛湖的水受到了污染，然而不同地域的行政归属成为水环境治理的一大掣肘。为了系统全面推进生态环境治理工作，我国首个跨省流域生态补偿机制应运而生，截至 2023 年，浙江省与安徽省两地共实施了 3 轮合计 9 年的新安江流域水环境补偿试点工作，为保护新安江和千岛湖作出了重要贡献，也为各地践行“绿水青山就是金山银山”理念过程中遇到的生态补偿问题提供了新思路、新办法。

在此基础上，淳安县持续把保护生态环境放在首位，深入推进污染治理工作。在水环境治理方面，持续加强水域管理，设立严格的保护区域和禁渔区，加大环境监测和治理力度，建立健全水质监测网络，及时发现和应对水质问题，确保千岛湖的水质安全和生态平衡。千岛湖的水质常年保持国家Ⅰ类水体，千岛湖引水工程的实施纾解了浙东、浙北的缺水难题，使杭州市、嘉兴市等地超过 1 000 万人能够喝到千岛湖的优质水。

在经济发展方面，淳安县以千岛湖的资源优势为基础，推动绿色发展，深化水产业，提升水产业的附加值，开展了水产品的深加工，推出了高品质、高附加值的水产品品牌。同时，淳安县也创新性地将环境保护工程与水产业紧密结合，赋予了环境保护工程经济属性，深化了环境保护工程与水产业的关联，为经济发展注入了新的活力。

“秀水千岛，唯美淳安县”，淳安县作为全国唯一一个特别生态功能区，具有极其重要的生态战略地位，其经济从落后到迎头赶上，实现了生态与经济的优质循环发展。淳安县还在浙江大学发布的“绿水青山就是金山银山”发展指数排名中，以生态环境指数、特色经济指数、民生发展指数、碳中和指数 4A+的成绩，连续 5 年荣登全国“绿水青山就是金山银山”发展百强县前 10 强。“绿水青山就是金山银山”发展指数将理念发展成效数据化、可视化，肯定了淳安县在生态环境、特色经济、碳中和指数作出的成绩，同时指出了淳安县在保障体系上的进步空间，也为淳安县持续践行“绿水青山就是金山银山”理念，深化“绿水青山就是金山银山”成果指明了方向。

淳安县的重新崛起从多个角度验证了“绿水青山就是金山银山”理念的科学性，挖掘了绿水青山本身的价值，提升了绿水青山的保护价值，为高质量发展美丽乡村建设提供了新方式，也为实现生态文明建设和可持续发展作出了贡献。

第一节　浩淼山水，逆境求存

一、离乡筑湖

淳安县历史上曾是钱塘江流域的甲级县，尤其是在中华人民共和国成立后经过土地改革，淳安县的农业总产值总产量、财政收入、人均收入等多项经济指标一度达到浙西 13 个县域的榜首位置，向国家缴纳的商品粮也处于领先地位，每年向国家缴纳 3 万 t 商品粮，是名副其实的富庶大县。

1959 年，中华人民共和国刚刚走出战争的阴影，面临着重建和发展的艰巨任务。在这一关键时期，工业化是国家经济建设的重中之重，而电力则是工业化的基础和保障，城市化进程也需要大量的电力来满足人民生活和社会发展的需求。然而，当时我国的电力资源十分匮乏，尤其是长三角地区，作为我国最重要的经济中心和工业基地，同样面临着严重的电力短缺的局面。据统计，当时长三角地区上海市、浙江省、江苏省三地的装机容量总共只有 79.5 万 kW，这样的电力规模难以满足工业生产和城市建设的需要。为了改变这一局面，解决长三角地区，尤其是上海市等地电力供应紧张的问题，我国自主设计、研发并自制设备，决定兴建一座大型水力发电站——新安江水力发电站。

为了响应国家建设水利事业的号召，修建新安江水力发电站，淳安县经受了一场前所未有的挑战。两座千年古城狮城和贺城被永远埋在了水底，49 个乡镇、1 377 个自然村中的 29.15 万人被迫离开故土，寻找新的家园。[1]这是一场规模空前、影响深远、牵动全国人民心弦的移民工程。

中国的农民历来有很深的乡土情怀，背井离乡不但降低了个人的物质生活水平，也使当地民众，尤其是老人失去了精神寄托。近 30 万淳安县移民以“牺牲小家成全大家”的高尚精神克服了种种困难，放弃了自己祖祖辈辈生活过的土地和房屋，为新安江水力发电站的顺利建设作出了巨大的贡献，也为中国工业的发展奠定了坚实的基础。

“峰峦成岛屿，平地卷波涛”，随着 85 座山屿在水波中淹没，淳安县形成了 1 078 座湖岛。这项工程带来的不仅是人口的迁移，也对淳安县经济发展产生了深远的影响。集镇被淹，30 万亩良田沉没其中，企业被迫迁移，城市基础设施毁于一旦。中华人民共和国成立后淳安县好不容易积累起来的发展基础顷刻倾覆，日子过得极为艰难，淳安县也从一个曾向国家缴纳粮食的富庶县转变为每年需要国家提供 2.5 万 t 商品粮的缺粮县，经济发展一度落后。

新安江水力发电站的建设过程是一个充满牺牲、历经磨难的过程，也是一个创造奇迹、展现魅力的过程。它是淳安县为了长远的发展和区域利益作出的令人敬佩的选择。新安江水力发电站的建设过程体现了淳安县人民坚韧和奉献的精神，它是中国水利建设的一座丰碑，也是中国人民的一份自豪。

二、千岛困境

淳安县淹没于碧波之下，千岛湖慢慢形成。淳安县这座曾经的千年古城重新构建基础设施，兴建产业。为了恢复和发展经济，淳安县政府大力推进基础设施建设和产业发展，淳安县从零开始，经过 10 年的艰苦奋斗，县域逐渐形成了拥有 20 多家国有企业的规模，涉及水电、林业、机械等多个行业。到 20 世纪 80 年代初，淳安县企业年总产值为 500 多万元。这虽然是淳安县产业发展的巨大进步，但是与全国和全省的平均水平相比，生产效益仍然相对落后。淳安县在摸索中前进，但由于交通条件的制约，生产方式、市场等要素的限制，一直到 1986 年，淳安县 10 万元规模以上的企业也仅有 40 余家，工业发展相对落后。[2]

1978 年，我国实行改革开放政策，国家经济进入了快速增长的轨道。人民的物质生活在得到初步满足后，精神需求开始显现，一时之间旅游逐渐风靡。在此契机下，淳安县千岛湖的自然美景成为淳安县发展的亮点。1982 年，千岛湖的旅游业由一艘载着上海游客的游船缓缓拉开序幕，虽然只是简单的岛屿观光活动，却为淳安县的发展揭开了崭新一页。[3] 随着旅游市场的扩大和旅游产品的丰富，千岛湖吸引了越来越多的中外游客前来观光度假。千岛湖旅游业也逐渐从单一的观光旅游向休闲度假、会议接待、文化体验等多元化方向发展，成为淳安县、浙江省乃至全国最具影响力和吸引力的旅游目的地之一。

淳安县水资源和岛屿资源丰富，水库长达 150 km，最宽处超过 10 km，最深处约达 100 m，平均水深 30.44 m。岛内拥有陆桥岛屿 1 078 座，千岛湖也由此得名。[4] 这些岛屿大小不一、形态各异、风景各异，有些岛屿上还有古迹遗存、民俗风情、特色物产等。除此之外，千岛湖还有丰富的林业资源，在淳安县林业总场、千岛湖林场、许源林场、富溪林场、汾口林场基础上，淳安县建立了千岛湖国家森林公园，总面积 9.23 万 hm^2，森林覆盖率高达 93%（不含湖面），最高峰东山尖海拔 978 m。森林公园内植被类型多样、动物种类繁多、气候宜人、空气清新、负氧离子含量高，是环境优美的风景胜地（图 5-1）。

图 5-1　千岛湖景

图片来源：王建才。

国内经济发展迅速也使千岛湖的上游地段——黄山市工业企业遍地开花。然而，由于黄山市工业企业的生态保护意识薄弱，缺乏有效的污染防治措施，一时之间大量污水和工业垃圾排入新安江。这些污染物含有高浓度的氮、磷、有机物等，对水环境造成了严重的破坏。污染物通过水体流动不断进入千岛湖。由于千岛湖是深水湖泊，流速梯度不明显，湖水自净力弱，其水质受到明显影响。2010 年，千岛湖水质富营养化状况严重，藻类大量繁殖，湖水溶解氧浓度降低，甚至出现部分鱼类死亡等现象。千岛湖流域生态遭遇严峻挑战，不仅危害了当地居民的饮用水安全，降低了居民生活质量，也严重影响了千岛湖作为风景名胜区的旅游价值。

三、生态为先

“绿水青山就是金山银山”理念强调了生态环境保护与经济发展之间的内在联系和互动关系。这一理念旨在将绿水青山的生态价值转化为产业经济价值。绿水青山不仅仅是自然资源和生态资本，还是经济增长和社会福祉的关键来源。因此，保护绿水青山，深入进行生态环境治理是践行“绿水青山就是金山银山”理念的基础。只有建立良好的生态环境，才能为产业发展提供稳定的物质条件和优质的服务功能，从而实现绿水青山的生态价值向产业经济价值的转变。

然而，生态系统是一个复杂的动态系统，由多种要素构成，并受到多种因素的影响。因此，在进行生态环境治理时，不能只看到表面现象，必须深入分析问题的根源和本质。不能只关注局部效果，而必须考虑全局和长远影响。在推进治理工作时，应充分考虑整体性与制约性，需要从全局和长远的角度，统筹考虑各种因素的影响和关系，形成多主体、多层次、多领域、多方式的治理格局，以此实现治理效益的最大化。

在这一过程中，地域的所属关系往往成为生态环境治理工作的一大挑战。不同地区之间存在行政区划、利益分配、责任划分等方面的差异和冲突，导致生态环境治理工作难以形成有效的协调和合作。这容易在治理工作推进过程中引发片面化、碎片化、治标不治本等问题，进一步导致资金和资源的浪费。

例如，湄公河流经中国、缅甸、老挝、泰国、柬埔寨、越南六国，在中国境内称为澜沧江。为沿途国家提供了农业灌溉、水力发电、交通航运等多种资源。然而，不同国家对河流的需求和利用方式各不相同，例如，泰国侧重于水电和农业开发，柬埔寨专注于渔业发展，而越南则利用水道进行航运。上游国家的流域开发方式和水平直接影响了下游国家的资源利用方式和生态环境保护工作。因此，在这个背景下，澜沧江上下游国家启动了跨界治理机制，实施跨境水资源管理工作，主要内容为控制洪水，分配水资源，共享水质监测信息。为缓解水资源争端，推动国家间的协作互动，提供了途径和平台。[5] 但由于合作机制和权利义务的限制，现有的澜沧江合作机制在解决水资源利用问题和生态问题方面的作用是有限的。

我国新安江发源于安徽省黄山市，平均出境水量占下游浙江省千岛湖入库水量的60%以上。21世纪初，黄山市的工业化和城镇化正处于飞速发展阶段，其发展过程产生的大量污水和垃圾通过新安江流入千岛湖，使千岛湖的水质日趋恶化，加之千岛湖本身自净能力弱，整个千岛湖流域的生态安全面临着严峻的挑战。新安江流经浙江省和安徽省，跨省流域治理工作成为一个难点和堵点。然而，通过生态补偿机制的深入推进，千岛湖的水质得到了显著改善，流域生态日趋向好，这是淳安县生态环境治理工作的重要组成部分，也是为践行“绿水青山就是金山银山”理念发展，奠定发展基础的重要举措。新安江跨区域生态补偿机制的顺利实施有效解决了区域间水域生态保护与利用问题，也为我国其他跨区域流域治理工作提供了科学案例。

四、本节小结

千岛湖*不仅是一处绝美的风景胜地，更记录了淳安县人民在国家建设中所作出的巨大牺牲和无私奉献，同时也昭示了淳安县人民在面对重重困难时所表现的坚韧不拔和创新进取的决心。

注：* 1984年12月15日，浙江省地名委员会正式将新安江水库命名为“千岛湖”。

千岛湖的价值不仅体现在风景如画上，还体现在其重要的水资源和电力资源供应上。千岛湖不仅满足了长江流域及华东地区不断增长的电力需求，同时也改善了长江下游地区的防洪、航运和灌溉等条件，为我国的水利事业发展史写下了浓墨重彩的一篇。

千岛湖的建设离不开淳安县人民的无私奉献。为了兴建这座水库，淳安县人民不得不面对家园搬迁、区域基础设施被淹没等艰辛，这些都是几代淳安县人民智慧和辛劳的结晶，也是他们珍贵生活记忆的一部分。尽管如此，淳安县人民响应国家号召，舍小家顾大家，为了国家的利益毅然放弃了自己的故土。

由于水库的建设，淳安县的经济和社会结构发生了翻天覆地的变化。大片耕地和林牧场消失，工业和城市基础遭受重创，导致淳安县的经济陷入困境，甚至一度成为贫困县。然而，淳安县并没有选择短视求利，而是坚定地选择了与千岛湖和谐共生的道路。他们将生态环境保护置于首要位置，将保护千岛湖视为自己的责任和使命。通过加强千岛湖水域和周边地区的管理和监督，制定严格的污染物排放和开发活动控制措施，淳安县为维护千岛湖的生态安全发挥了重要作用。

第二节　为水而谋，且护且行

一、生态补偿

黄山市休宁县率山主峰六股尖是新安江的发源地，新安江作为千岛湖主要输入水源，地处千岛湖上游。因此，新安江流域的生态保护工作是保障千岛湖水环境质量的重中之重。

2011 年，时任中央政治局常委、国家副主席的习近平同志对全国政协会议上提交的《关于千岛湖水资源保护情况的调研报告》作出重要批示，他指出："浙江、安徽两省要着眼大局，从源头控制污染，走互利共赢之路。"同年 9 月，《新安江流域水环境补偿试点实施方案》出台，浙江、安徽两省正式在新安江开启了生态补偿机制试点工作，以"谁受益谁补偿，谁保护谁受偿"为原则，以全局整体思维落实责任主体，形成制度保障，明确了试点工作的目标和保障措施。[6]

在首轮试点工作期间（2012—2014 年），浙江省和安徽省通过监测两省交界的街口国控断面，以高锰酸盐指数、氨氮、总氮、总磷 4 项作为考核指标衡量两地水体质量，并以此为评价依据构建了中央财政（3 亿元）、安徽省（1 亿元）、浙江省（1 亿元）的环境补偿基金，用于新安江生态环境保护。跨流域试点工作的展开直接夯实了两地责任所属，提高了水环境保护意识，实现了水环境保护与治理的良性循环。[7]

首轮试点工作实施后，浙江省和安徽省两地认识到单一从水质层面选取污染因子评价流域环境存在局限性。安徽省与浙江省经济发展客观上存在差别，有限的经济补偿难以弥补上游流域治理成本，掣肘了城市经济的长远发展。因此，在第二轮试点期间（2015—2017 年），两省就环境补偿基金增加的意见达成一致，除去中央财政资金支持外，浙江省和安徽省分别出资 2 亿元，持续助力新安江流域生态环境保护工作。同时不断强化制度建设以保证流域治理的长效性，陆续出台了深化流域系统治理机制、探索生态资源保护利用机制、创新资金优化投入机制等六大机制，加大流域治理力度，提升治理能力和水平。环境补偿资金的追加和制度建设的保障从物质上和体制上保证了新安江流域治理工作的有效落实，也展示了两省保护新安江流域生态环境，深入生态文明建设的决心。[8, 9]

在顺利展开两轮试点工作的基础上，第三轮试点期间（2018—2020 年），中央财政资金退出，环境补偿基金由浙江省和安徽省各自出资 2 亿元建立，并开始探索多元化货币补偿机制，引导社会资本加入，扩大补偿资金使用范围。在考核标准上，进一步校准针对性水质指标的权重系数。浙江省与安徽省两地积极吸取每一轮试点工作经验与教训，不断提升跨流域试点工作水平。[10, 11]

在“共护一江水”的共同愿景下，浙江省和安徽省进一步加强两地交流，在农业、文旅、工业等多方面携手互助。2023 年 6 月，浙江省和安徽省签署《共同建设新安江—千岛湖生态保护补偿样板区协议》，从园区建设、产业协作等多方面实施合作交流，推动单一经济补偿到综合提质补偿的升级转变，这也意味着我国首个跨省流域的生态补偿体制机制迈入新阶段，从“一水共护”迈向“一域共富”。[12]

水体的流动性决定了水环境治理需要全局性思维，而区域的独立性和流域的整体性往往是水流域环境保护管理工作中容易产生矛盾的原因。区域间缺乏沟通平台，流域上下游的单打独斗、缺乏联动往往造成了水环境治理的“头痛医头，脚痛医脚”情况，再加上各地发展禀赋不一、社会经济状况不同，同一江河上下游的发展诉求也并不相同。跨省流域生态补偿机制为地区间沟通搭建了平台，敦促各地从自身需求出发，以保护生态环境为目的，通过科学制定补偿协定，倒逼两地将生态环境保护放在首要位置，探索“绿水青山就是金山银山”理念实践路径，实现上下游统筹发展，两地合作实现“双赢”。

这是我国首个跨省流域生态补偿机制，截至 2023 年，浙江省与安徽省成功完成 3 轮试点工作，新安江饮用水水源的水质达标率达到了 100%，“新安江模式”也在全国 13 个跨省流域治理协作中复制推广。纵观机制发展过程，我们可以知道，“新安江模式”的成功实施得益于：

1. 高度重视，整体统筹。水体的迁移运动能在短时间内将污染源扩散开来，因此水域生态环境治理往往需要整体性和系统性，故要注意统筹工作，而统筹工作的推进要依靠社会的重视来助力。“新安江模式”的成功不仅是在各级政府的高度重视下，也是在基层百姓的积极响应中成就的。无论是中央财政和两省政府的出资，还是企业的迁移改造，民众生态自觉的形成，都是高度重视新安江治理工作的显著体现。黄山市徽州区石川村地处新安江流域，村民大多是渔民，以网箱养殖为谋生手段。在新安江流域生态补偿机制试点启动后，为了保护水生态，需要将网箱都拆除，这无疑是断了村民的财路。面对村民的不理解，村里的党员干部带头向村民讲解相关政策，聆听村民的需求，挨家挨户做工作。功夫不负有心人，在他们的不懈努力之下，村民们终于也理解了生态保护的重要性，都同意接受补偿方案。在拿到补偿金之后，村民们开始转产，在家门口开农家乐，种植油茶、香榧等经济作物。如今的石川村已经成为新安江流域绿色产业转型的典范，堪称是政府和基层百姓通力合作、互相信任的典范。

2. 权责清晰，与时俱进。浙江省与安徽省通过《新安江流域水环境补偿试点实施方案》《关于加快建立流域上下游横向生态保护补偿机制的指导意见》等政策文件，建立联席会议制度，加强沟通协作，既明确责任，也从顶层设计上提供政策保障，有效解决两地权责不清、意见分歧的问题。同时，随着试点工作的推进，不断优化考核细节，从双方实际出发，合理考虑两地差别因素，促进试点工作落地执行。

3. 共建共享，共治共赢。浙江省与安徽省各级政府积极协商，密切沟通，充分交换意见，联合编制了《千岛湖及新安江上游流域水资源与生态环境保护综合规划》《关于新安江流域沿线企业环境联合执法工作的实施意见》等文件，从规划目标到重点任务，再到执法体系构建，从顶层设计上予以保障。同时在两省政府的指导下，淳安县与黄山市在浙皖交界口断面上，布设 9 个环境监测点位，以统一的监测方法和标准监测水质，并以半年为期交换双方监测数据，做到监测数据互惠互享，实现共治共赢。

二、污染治理

污染治理是淳安县深化产业发展的第一步，也是确保生态环境健康和可持续的关键一步。通过积极采取污染治理措施，淳安县不断改善当地的自然环境，尤其是水环境，提供清洁、美丽的旅游景观，为游客创造良好的旅游体验。淳安县通过深化污染治理为旅游业的健康发展奠定了坚实的基础，为实现绿色、可持续发展的旅游目标迈出了重要的一步。

（一）农村生活污水资源化利用

农村生活污水作为水环境污染的来源之一，直接排放生活污水会导致土壤和地下水的污染，也增加了消化道疾病通过粪便传播的风险，会对千岛湖的水生态和水环境产生负面影响。为了深入推进农村生活污水处理，淳安县积极探索试点污水处理技术。淳安县富文乡建立了 81 座农村生活污水处理设施，深入探索了“分级处理与回用”技术在农村生活污水方面的应用。

1．分级回用。

富文乡采取了处理水分级回用的策略。其中一级回用水主要供农户自行取至田地、茶园用于堆肥，二级回用水供水田、旱地灌溉，三级回用水蓄于生态氧化池供林地农田喷灌及冲厕等。富村乡污水处理能力约 1 247 t/d，回用能力超过 600 t/d。

2．资源利用。

除废水处理分级利用外，富文乡采用“移动污泥脱水车+资源化处理站定点处理”的方式，将终端废弃物与污泥进行制肥处理。把废弃物作为资源再利用，不但提升了资源的利用率，也降低了废物处置的成本。

3．场景打造。

富文乡打造场景布设式的污水处理设施，通过全方位的污染防治，确保设施的优质环境。例如，利用土壤除臭技术保证污水处理设施附近的空气质量；采用隔音棉降噪工艺控制设施的噪声影响；通过场景营造，在污水处理设施附近设计生态氧化池，并种植具有观赏性的绿植，如睡莲和菖蒲等，提升设施的景观价值。此外，富文乡还在设施周围种植了麦冬、月季、美人蕉等多种植物，用来遮蔽终端设施，提升美观度。富文乡搭载未来乡村建设理念，将污水处理项目提升为具有观赏性、学习性的研学基地，不断推进农村治污改革。

2022 年在全省干旱严重的情况下，淳安县富文乡的特色农场利用中水回用系统，保障农作物供水，提升经济作物产量与效益。淳安县富文乡农村生活污水资源化利用项目不但可以处理生活污水，降低水污染的影响，还深入挖掘项目潜力，以打造景观景点方式建设污水处理设施，形成科学的农村治污研学基地，实现农村生活污水的深度资源化利用。

（二）生态拦截

淳安县里商乡海洋景观资源丰富，原生态湖岸线长 32 km、沿湖港湾岛屿 26 个，同时里商乡的淳杨线湖岸区域还是淳安县最长的滨湖景观带。因此，里商乡旅游资源十分丰富。除此之外，里商乡还是淳安县著名的产茶基地，里商乡将 1.8 万亩的茶园打造成“百里茶香，万亩茶海”，茶园与湖水相得益彰。

但由于茶园多在湖岸岛屿分布，沿湖临水，同时种植茶树的酸性土壤抗腐蚀性和抗冲击性较差，茶园水土流失现象严重。水土流失造成土壤肥力下降，影响茶叶品质，同时水土流失还造成湖岸线山体裸露塌方，影响淳安县风景区的景观协调性。为了提升茶叶品质，茶园施用氮肥、磷肥来保证茶叶生长，但水土流失将氮、磷物质冲入千岛湖，导致水体发生富营养化。据估算，一年约有 13 t 氮、磷物质总量排入千岛湖。可见，水土流失为千岛湖带来的污染不容小觑。

里商乡充分调研分析污染现状，从源头出发，减少氮、磷污染物的排放。通过对原有农业灌溉沟渠改造，搭建“拦截沟+沉淀池+景观带”的组合生态拦截工程，利用多孔材料的高效吸附降解特性，减少富营养物质入湖。同时里商乡大力种植沉水植物、挺水植物、草本植物等植物，对面源污染中的氮、磷等营养物质进行拦截、吸附、净化，双重保护入湖水体的水质安全。

生态拦截方式将建筑工程技术、生物技术和管理技术相结合，依托现有基础和景观，在保证茶园正常运营的基础上，实现了氮、磷拦截，景观提升和生态修复。生态拦截不额外占用土地资源，能源资源消耗低，运行维护操作简便，无二次污染产生。生态拦截方式也重塑了河湖生态，同时搭载景观多样性理念，有机串联沿湖村镇特色，种植樱花、桃花观赏性作物，构建集生态保护、旅游观光、绿色产业于一体的流域生态廊道，解决了产业发展与生态保护的矛盾。

（三）“秀水卫士”

习近平总书记曾指出“千岛湖是我国极为难得的优质水资源，加强千岛湖水资源保护意义重大”。千岛湖是杭州市及嘉兴市等多地近 1 600 万人的饮用水水源地，保护千岛湖就是保护 1 600 万人的生命之源。

为提高千岛湖饮用水安全保障能力，杭州市生态环境局淳安分局运用数字化手段，打造智慧化千岛湖“秀水卫士”，保卫千岛湖水质安全。

1．构建全封闭监测体系

淳安县建立了省内覆盖范围最广、类型最多、指标最全的全域高频自动感知体系，是水质自动感知层中的领先者。其中包括国内首创的藻类细分剖面浮标、省内首个覆盖所有乡镇交接断面的自动监测系统，以及 6 个国家控制的监测站点等，实现了全程“视频监控、鼠标巡查”。同时，利用涵盖多部门的涉水国家、省市回流数据进行统一汇聚和分析建模，实现对千岛湖流域来水污染物状况的一屏统览。通过现有的自动感知体系数据和历史手工数据，建立现在和过去的水环境数据库，实现了监测数据的全面感知。

2．强化水源安全码管理

千岛湖在全县 26 个入湖断面和 3 个重要饮用水水源地（县自来水厂、威坪镇自来水厂和杭州配水工程取水口）搭建“水源安全码”平台，通过红灯、绿灯和黄灯对水质安全进行标识，其中绿灯表示安全，黄灯表示水质异常，红灯表示水质严重异常。利用软件自动推送亮灯异常（黄灯、红灯）的情况，提高了预警信息处理的效率。

3．建立水质安全保障体系

首先，将“秀水卫士”闭环处置信息接入淳安县纪委“清廉淳安县”智慧监管平台，明确时间限制要求。如果处置超过规定时限，淳安县纪委将启动相关督导程序。其次，建立乡镇交接断面水质赋旗制度，动态公示各乡镇水质的变化情况。创新县域乡镇生态环境质量横向考核方法，安排 1 000 万元专项资金用于乡镇横向补偿，提高了乡镇源头保护的积极性。最后，定期分析研判赋码处置信息，总结形成面上问题，并将其纳入省市“七张问题”清单库，构建了问题整改的完善机制。同时，以课题形式深入剖析问题整改的具体情况。

千岛湖“秀水卫士”打破了千岛湖水要素之间的“数字壁垒”，它是技术、业务和数据融合交汇的产物，实现了跨系统、跨部门、跨层级、跨业务和跨区域的业务协同。这是大数据时代主动利用科技力量的生动示范，对其他地区的水质安全保障具有借鉴意义。

三、绿色发展

（一）生态为要

千岛湖的形成给淳安县带来了巨大的变革，也打乱了其原有的发展步伐。大量的工业设施被淹没，部分工业企业不得不迁往外地，劳动力损失严重，淳安县原有的工业基础遭受了严重的破坏。同时，受到当时“大炼钢铁”运动的影响，淳安县的森林资源也遭受了极其严重的破坏。

为了修复森林资源，改善土地流失和生物多样性锐减的局面，淳安县政府采取了一系列措施进行封山育林。措施包括动员全县人民参与植树造林，恢复了山区的植被系统，改善了生态系统。因此，淳安县受到了浙江省的表彰，获得了省级“十年绿化浙江先进单位”的荣誉称号。

淳安县面对耕地减少、经济基础薄弱和生态环境衰退的困境，没有一味地向自然索取，而是确立了以生态为先的理念。淳安县通过设立林业生态补偿金，建立林业生态目标考核机制，逐步实行退耕还林和封山育林，不断提升生态环境质量。同时，为了进一步保护森林资源，淳安县委专门成立了生态公益林领导小组，合理规划，设立了自然保护区，并实施水源涵养和水土保持工作。

淳安县深知千岛湖是县域发展最优质的资源。20 世纪 90 年代，千岛湖开始发展旅游业。为了合理科学地利用千岛湖，拓展新的产业形态，淳安县放弃了建库后艰难积累起的工业资源，关闭了造纸厂、农药化工厂、钢铁企业等严重污染环境的企业，以及木材加工、白灰窑等严重消耗森林资源的企业。从产业发展的源头控制污染物排放，改善淳安县的水环境和大气环境质量，为进一步深化旅游发展奠定了坚实的基础。由此，淳安县 1982 年被列为国家级森林公园和全国首批 44 处重点风景名胜区之一，1992 年被国家旅游局列入"杭州—千岛湖—黄山"名山名水之旅国家黄金旅游线，淳安县千岛湖的风景旅游业开始启动。

随着生态环境的优化，淳安县的经济也得到快速发展。在经济发展和生态保护之间，淳安县毅然选择了以生态为先的绿色发展之路。

特别生态功能区建立

为了推进淳安县生态的保护与发展，贯彻绿色发展理念，构建生态文明体制机制，持续保障和改善民生，实现共同富裕的目标，2019 年 9 月，经浙江省人民政府的批准，淳安县正式设立了特别生态功能区。该功能区首创于浙江省，是全国唯一的特别生态功能区。这是浙江省践行习近平生态文明思想，深入贯彻落实"绿水青山就是金山银山"理念的重要举措，也是推动高质量发展的有力支撑。

2020 年 1 月，杭州市人民政府发布了《杭州市淳安县特别生态功能区管理办法》，该管理办法明确规定了淳安县特别生态功能区在管理体制、规划建设、生态保护、产业发展、社会治理等方面的具体要求，翻开了淳安县建设特别生态功能区的新篇章。

2021 年 6 月 29 日，《杭州市淳安县特别生态功能区条例》顺利通过了杭州市人民代表大会常务委员会的审议，从法制建设上为淳安县特别生态功能区的管理保驾护航。2022 年 1 月，该条例正式生效，这标志着以千岛湖保护为核心、实现生态与经济优质循环发展、建设共同富裕示范区的特别生态功能区正式进入新阶段。

淳安县在面对多重压力和挑战时，以特别生态功能区建设为总揽和主线，在改革中创新，在攻坚中砥砺奋进，重塑转型发展。

在特别生态功能区建设的过程中，淳安县将继续以推动高质量发展为主题，以改革创新为动力，以生态美、水质好、百姓富为目标，坚持全域提升、全面惠民，持续推进高标准保护、高质量发展、高品质生活、高效能治理，全面开启社会主义现代化新征程，探索走出具有淳安县特点的县域发展新路子，奋力打造“重要窗口”生态特区魅力风景线。

（二）绿色行政

绿色行政是政府部门在履行职责的过程中，遵循生态文明理念，坚持节约资源和保护环境的原则，实现经济社会发展与生态环境保护协调统一的政府行动。绿色行政推动政府部门建立和完善生态环境保护的法律法规、标准规范和监督机制，加强对生态环境保护的执法和监管，及时查处和惩治违反生态环境保护的行为，维护生态环境的公共利益。提高政府部门的生态意识和责任感，使政府部门在制订、执行政策、规划项目时，充分考虑其对生态环境的影响，减小对生态系统的破坏，对生态保护具有重要的意义。

1．司法保障

生态保护既要提升治理能力，保障湖水水质环境，更要构建治理体系，保障生态可持续发展。2018 年以来，淳安县共计审结 510 起环境资源类案件。其中，刑事案件 111 起，民事案件 307 起，行政案件 92 起。近 3 年来，省、市法院选取了 5 起非法捕捞水产品案例，作为环境资源审判的典型案例。

一是推进专业组织建设。为了提高环境资源案件审判的效率和质量，2018 年 10 月，淳安县在杭州市率先成立了环境资源审判合议庭，专门负责集中管辖辖区内的环境资源案件，并实行环境资源刑事、民事和行政案件“三审合一”的审判模式。随后，2019 年 9 月，经过浙江省委机构编制委员会办公室的批复，设立了淳安县人民法院千岛湖环境资源法庭。2020 年 12 月 16 日，浙江省首家以人民法庭建制的千岛湖环境资源法庭正式挂牌运行。这标志着淳安县在司法保障上作出了新探索，走在了全国前列，在生态环境资源司法保护领域迈出了重要的一步。

二是发挥专业审判职能。淳安县法院积极参与“五水共治”和“千岛湖临湖地带综合整治”等重点项目和重大政策的法律风险论证，主动为淳安县委、县政府的中心工作提供有针对性的司法意见，确保相关工作在法治框架下顺利推进。

淳安县法院以法治思维和法律手段为保障，为实现可持续发展和生态环境的保护提供了司法支持。通过依法审判案件、引导公众参与等工作，法院在生态环境保护领域发挥了积极的作用。

三是健全多元共治机制。淳安县作为全省唯一的特别生态功能区，其生态环境对于浙江省具有典型意义。淳安县积极构建“法护生态”体系，加强对特别生态功能区建设的司法保障，确保生态环境的可持续发展。同时为了有效协调司法和行政执法的工作，法院建立了办案衔接机制和信息共享、情况互通的协作机制。不断完善“行政执法+刑事司法+生态修复”三位一体的办案模式，将司法、行政执法和生态修复有机地结合起来，为特别生态功能区的建设提供全方位的司法支持。

2．一队治湖

水环境治理是一项复杂的系统工程，涉及的部门较多，容易造成“九龙治水”的局面。为此，淳安县通过体制改革、系统重塑、数字赋能等多项措施打造“一队治湖”体系，实现了水环境整体“智治”的跃变。

一是体制改革。淳安县厘清千岛湖执法管理事项的职责边界，以监管重点划定执法范围，优化职能配置，形成相对集中的执法监管事权。同时淳安县提升执法基础能力，优化配置执法人员队伍，合理分配渔业行政处罚事项权限，实现千岛湖全水域监管执法覆盖。淳安县还对千岛湖实现网格化管理，建立“1 名执法队员+1 名巡查力量+2 名辅助力量+若干网格力量”的联勤模式，打造强悍的作战单元，提升执勤效率。

二是系统重塑。淳安县从部门联合、争议处理、区域协调三个管理难点出发，逐个击破，建立统筹协调处理机制。一方面明确业务主管部门与执法部门在信息共享、执法协助、业务培训、案件移送等方面的协作配合责任；另一方面针对部门间、领域间、层级间职责交叉、边界不清发生争议的问题逐个梳理，明确解决办法。而在区域执法时，注意统一执法规范，科学打造联合执法体系。

三是数字赋能。淳安县管理水域依托“大综合一体化”行政执法监管数字应用平台，全流程实行信息化管理，实现执法信息可追溯、有留痕的闭环监督。淳安县还开发上线了“数字第一湖•一支队伍管千岛湖”数字化综合指挥平台，强化“监测、指挥、督评”场景应用，实现湖域监管一屏集成、执法统一调度、案件集中处置、紧急情况实时响应。

淳安县积极打造了“一巡多功能”智慧巡查平台，对千岛湖沿湖沿线进行数字化管控、智慧化巡查。依托现有数字监管平台，对千岛湖的水质、污染防控数据、渔船、经营性船（艇）、农林船（艇）、水上设施、水上从业人员等基础信息数据进行集成应用，并通过日常巡检实现实时更新，为千岛湖治理提供基础数据支撑。

因此，淳安县千岛湖的“一队治湖”为保障千岛湖水域治理的长治久安，推进旅游业高质量发展作出了巨大贡献。

四、本节小结

淳安县通过深化水环境保护，实现人与自然的和谐共生，积极推动绿色发展和高质量发展。在此过程中，生态补偿制度的实施、绿色行政的保障、污染治理的深化和现代科技的赋能成为实现淳安县“绿水青山就是金山银山”理念实践的关键保障。

首先，生态补偿制度是淳安县发展的坚实基础。它打破了以往受地域管理限制造成的片面化、单一化生态治理，从整体系统出发，全面统筹新安江流域生态环境治理工作。生态补偿制度不但在经济上为新安江流域生态治理提供了直接支撑，也对流域两岸民众生态理念的普及具有重要意义。生态理念的树立是经济良性循环发展的思想指引，因此，将保护生态环境摆在优先位置，以生态优先、绿色发展为导向，是实现“绿水青山就是金山银山”理念的必由之路。

其次，绿色行政保障是淳安县发展的基本遵循。淳安县坚持依法治理，建立健全生态环境法律法规体系，加强监管机制，对生态环境违法行为进行严格执法和监督，落实责任制，推动淳安县“绿水青山就是金山银山”理念实践在法治轨道上不断前行。

再次，污染治理深化是淳安县发展的重要任务。污染防治是淳安县推进产业转型升级的重要前提，也是维护生态环境质量，改善民生福祉的必要条件。通过源头防治、综合治理和系统治理等措施，加强大气、水、土壤等领域的污染防治工作，提升环境质量，打造美丽家园。这不仅为淳安县人民提供了干净整洁的生活环境，也为经济发展奠定了资源基础。

最后，现代科技是淳安县发展的强大支撑。淳安县充分认识到现代科技的赋能作用，积极推进科技创新，将现代信息技术应用于生态环境保护和资源利用。运用大数据、云计算、人工智能等现代科技手段，提高生态环境监测预警、污染防治治理、资源节约利用等水平，构建智慧生态系统。科技创新为淳安县“绿水青山就是金山银山”实践提供了强大的支撑，为绿色转型和高质量发展注入了新动能。

总之，淳安县深化水环境保护，坚持生态补偿、法制制度保障，深化污染治理，现代科技赋能绿色转型和高质量发展，为淳安县发展提供了强劲动力。淳安县在实现保护生态环境的同时，也为经济社会的可持续发展奠定了坚实基础。

第三节　以水为产，鲜活发展

一、引水工程

千岛湖供水工程几经波折。为了解决杭州市水源单一、用水紧张等问题，提高杭州市和沿线区域的供水安全和饮水品质，20 世纪 70 年代，浙江省便开始对新安江、富春江引水进行可行性研究。浙江省提出浙北引水设想，综合考虑地理位置、水资源、工程条件、环境影响等因素，最终确定千岛湖作为杭州市第二水源地。1997 年，浙江省水利厅牵头发布了《浙江省新安江水库引水工程调研报告》，对新安江引水工程项目提出规划建议，一时间关于引水工程利弊的讨论争议不断，项目也因此被暂时搁置。

2003 年杭州市、嘉兴市一度陷入缺水之困，浙江省政府成立由常务副省长直接挂帅的新安江引水工程前期工作领导小组，整个引水工程初步规划年取水能力为 13 亿 m^3。2004 年，浙江省水利厅还专门就千岛湖引水方案做过具体讨论，作出将千岛湖水利用隧洞直接跨越桐庐县、富阳区，引水至杭州闲林水库的设想。但由于部分专家反对，项目又再一次被搁置。

当时杭州市水源单一，几年间 20 余起钱塘江环境污染事故严重威胁杭州市民的饮水安全。因此，建立杭州市第二水源刻不容缓。2010 年年底，浙江省政协召开钱塘江流域水资源水环境保护与利用议政建言会，千岛湖引水被重新提出。2011 年 11 月，《杭州市“十二五”水利发展规划》披露将投资建设十大水利重点项目，其中第一项就是 “新安江引水工程”。次年，“加快千岛湖引水工程前期工作”被写入杭州市政府工作报告。2013 年年底，该工程作为浙江省重点水利工程立项审批。2014 年，在历经多次专题科学论证后，千岛湖引水工程几经波折，终于正式开工。

千岛湖引水工程由配水工程和供水工程两部分组成，配水工程西起淳安县千岛湖，东至余杭闲林水库，途经淳安县、建德市、桐庐县、富阳区和余杭区境内，全长 113.22 km，洞径 6.7 m。供水工程为闲林水库向下游的输水线路，主要规划建设闲林水厂、九溪线、城北线、江南线等工程，线路总长 73.04 km，是浙江水利史上输水隧洞最长的“超级工程”。

2019 年 9 月，历经 5 年建设，千岛湖配供水工程全线正式通水。这标志着杭州城市供水格局从以钱塘江为主的单一水源供应转变为千岛湖、钱塘江等多水源供水，使杭州市百姓用水安全和用水品质得到了有效提升。

千岛湖引水工程筹备前期，筹备组收到了人民群众对工程大量的质疑声音，这也是人民群众关注自然生态，形成生态自觉的体现。为了充分听取群众意见，杭州市林业水利局邀请了中国科学院、中国电力科学研究院、华东勘测设计研究院等 10 多家省内外权威专业机构和高校的专家，开展 49 项专题研究，着重研究配水可能带来的水位、水温、水质、水生态、气候等环境影响。通过反复科学的专家论证，最终得出工程不存在重大环境制约因素、新安江水电站运行调度优化可将环境影响降至最低的结论，以此证明了项目的可行性。

在此基础上，杭州市林水局公开项目建议书、工程线路图、环境影响报告书等研究成果，并梳理社会关心的代表性问题，制作宣传片和宣传册，主动解读工程概况，为人民群众答疑解惑。[13]

千岛湖引水工程的成功实施，是淳安县与杭州市从实际出发，充分运用科技力量，实现人与自然和谐共生的又一有力证明。千岛湖为杭州市提供水资源实现了资源价值到经济价值的良性循环，是“绿水青山就是金山银山”理念科学性的又一典型例证。

二、以水为产

千岛湖的水质优异，水资源储量丰富，水资源总量约 45 亿 m^3，可利用量约 12.6 亿 m^3。但为了保证淳安县千岛湖水环境与质量，淳安县划定了 87.73%的面积为一级、二级饮用水水源保护区，80.13%的面积为生态红线区，淳安县还是浙江省唯一的特别生态功能区。如何将淳安县资源优势、生态优势转化为产业优势，并使之循环发展，是淳安县一直探索的方向。

1996 年开始，淳安县开始了发展水饮料产业的探索，成立了第一家饮用水企业——浙江千岛湖水资源开发有限公司，这也是淳安县迈出绿水青山优势转化路径的重要一步。1999 年，农夫山泉品牌签约落地淳安县，自此“农夫山泉有点甜”这一广告语响彻大江南北，这不但开启了淳安县水饮料产业发展的新篇章，也使淳安县的水资源优势呈现出品牌优势，淳安县千岛湖一跃成为饮用水行业的金字招牌。

2015 年，千岛湖成功入选首批“中国好水”水源地。这为千岛湖水饮料产业的升级迭代提供了契机，各企业纷纷涌向淳安县投资办厂。静淼企业管理中心创办了杭州谦美实业小分子水工厂，主要生产中高端的茶道用水和母婴用水。类型产业用水是对资源的深化利用，提升了千岛湖水的产业价值，标志着千岛湖水饮料产业开始从普通饮用水向高端饮用水发展。2016 年，修正健康产业园、康诺邦、华麟生物等一批水饮料产业落户淳安县千岛湖，水饮料产业实现产业聚集，实现经济的大幅增长，2017 年仅主营业务便实现 42.06 亿元收入的骄人成绩。

为了进一步摸清资源底子，把握资源优势，统筹产业发展，2017 年淳安县委托专业机构对全县的山涧、溪流开展了水质勘察。经专业检测，淳安县 7 个乡镇的源头活水属全国稀缺性的优质水源，微量元素丰富，特别适合开发婴幼儿用水、茶道用水等个性化高端饮用水。这一检测结果也提振了淳安县发展水饮料产业的信心。

为了提高淳安县水饮料产业发展速度，2018 年淳安县出台了《关于加快推进水饮料产业发展的若干意见》，为产业发展保驾护航，以“护强、活中、抓特、招新”为工作重点，进一步促进产业凝聚，完善淳安县水饮料产业结构发展。淳安县作为全省唯一的特别生态功能区，其产业发展对当地经济贡献很大。为了科学有序发展水饮料产业，淳安县制定产业规划，有计划地引进项目，形成科学产业链，为不同层次需求企业提供优质营商发展环境。

2022 年，淳安县依靠水饮料产业取得了年主营业务收入 109.67 亿元的经济成果，同时形成“农夫山泉”“千岛湖啤酒”等一批极具竞争力的商业品牌，修正健康产业园、文昌康诺邦、噢麦力亚洲生态工厂等一批亿元级水饮料产业项目也相继落地淳安县，淳安县的水饮料产业已走出一条集聚产业基底实力雄厚，产业发展方式科技领先，产业发展理念先进科学的特色发展道路。

三、水秀民富

淳安县经济发展成就是其立足其水资源禀赋，通过不断深化扩展资源优势取得的。淳安县不但将丰富的水资源转化为产业价值，而且在保障水生态环境的同时，将经济属性与环境保护工程相结合，深化了其经济价值和科学价值，为实现“绿水青山就是金山银山”理念提供了新的思路，也为其他地区在水资源管理和环境保护方面提供了有益的借鉴。

（一）枫林港建设

淳安县枫林港发源于县内海拔 1 525 m 的第一高峰千里岗磨心尖，流经枫树岭、大墅两镇，止于大墅镇栗月坪村入湖口。流域总面积为 284 km^2。由于淳安县早年经济发展水平落后，居民生态意识低，环境基础设施薄弱，生活污水大多直接排入河道，枫林港水质遭到严重破坏，极大地影响了周边居民的生活，也对千岛湖水质造成了不良影响。为了改善枫林港水环境，淳安县开始了长达 20 余年的治水之路。

1．科学统筹，合理规划。

枫林港涉及枫树岭镇与大墅镇两地，河道宽阔，涉及大量群众。为了确保群众生命安全与财产安全，淳安县千岛湖生态综合保护局（淳安县水利水电局）会同枫树岭、大墅两镇，多部门协作，通过实地走访、现场踏勘等方式深入调研，划定原生态保护范围，严禁在区域内搞开发和建设，并在此基础上全面科学地制定了治理枫林港的方案。

2．兴修水利，绿化造林。

2001 年秋冬开始，枫林港开始实施整改计划，在河段开展水利基础设施建设，筑建防洪堤，兴建生态水电工程，在保护水环境的基础上深度利用水资源。调节丰水期和枯水期的水量分配，防洪抗旱，提高经济效益，枫树岭镇建设了 17 座梯级水力发电站，总装机容量达 57 510 kW，发电量占全县总发电量的 49%。

为了保持枫林港水土面积，2012 年春季开始，枫林港实施绿化造林、封山育林、退耕还林计划，在禁止乱砍滥伐的同时提升森林覆盖面积，使原来的荒山秃岭变得郁郁葱葱。同时改变农民生活理念，将生活用火从烧木柴改成用煤气，减少树木砍伐量，保护自然环境。

3．治污提质，体制建设。

为了改善枫林港水生态环境，淳安县拆除了枫林港流域万余座露天卫生设施，关停采沙场、纺织厂等十余家污染严重的企业，投入大量资金提升农村污水处理基础设施，建设污水处理终端，对流域内农户生活污水进行截污纳管集中处理，从生活源头控制污水排放。

体制的建设是保障水环境质量长期向好的不二法门。枫林港建立三级河长制强化管理措施，明确河长巡河要求，落实责任。枫林港由淳安县委书记担任河长，对枫林港沿河进行巡查、督查。同时淳安县建立有针对性的考核机制，通过周期考核，实现河流水质长效治理，并通过考核实现区域联动，科学解决枫林港跨区域难题。

4．搭载产业，生态富民。

枫林港通过建设整治，规模种植白茶、油菜、菊花、桃树等富有观赏性的经济农作物，构筑彩色生态高效农业基地，造美沿途景观，赋能农业、旅游业深度发展。

历经多年努力，枫林港在2017年被评为“最美家乡河”，2021年度成功创建“下姜小流域国家水土保持示范工程”（生态清洁小流域），不但为千岛湖保持一级水体作出了重大贡献，也为流域附近群众致富创造了有利条件，深刻践行了“绿水青山就是金山银山”理念，为生态环境治理提供了样板。

（二）鱼丰水清

20世纪90年代中后期，千岛湖局部水域藻类季节性暴发，对水质产生不良影响。为了解原因，淳安县委托专家开展专题调查研究，经科学分析后发现，千岛湖藻类的暴发是由湖库中的渔业资源下降，尤其是鲢鱼、鳙鱼的减少引起的。原来鲢鱼、鳙鱼每生长1 kg，就可以消耗近40 kg蓝绿藻。同时鲢鱼、鳙鱼还能滤食水中的藻类等浮游生物，将水中的氮、磷等营养物质转化为鱼体蛋白质，以此便能达到改善水质的效果。为此，淳安县迅速响应，以部分湖区封库禁渔的方式保护千岛湖现有渔业资源，同时明确由千发集团每年向千岛湖投放鲢鱼、鳙鱼种扩大千岛湖渔业基底，进一步保护渔业资源和水资源。

为了进一步深化千岛湖渔业资源保护工作，淳安县专门组建新安江渔政分站，负责大库的护渔工作，用专门的后备力量保障渔业资源。同时淳安县充分发挥各部门力量，以公安为后盾、以乡镇为支撑，形成执法与护渔、专管与群管、分片管理与资源专管、水面管理与市场监管、日常管理与快速反应、目标考核与监督检查六结合的渔业资源管理新模式。在此基础上，千岛湖的水生态环境好转，渔业发展迅猛。千岛湖的养鱼护水实现了产业与生态的和谐发展，是生态致富又一值得深入挖掘的案例。纵观千岛湖渔业发展，不难发现千岛湖在以下几方面取得了成绩：

1．品牌构建。

在发展伊始，千岛湖的鲢鱼、鳙鱼没有商标、不标产地、没有技术标准，因此销售渠道的扩展只能靠批发商上门。而千岛湖由于森林覆盖率高，其中大部分为松树，这就使千岛湖的鱼具有良好的品质。当地居民说，千岛湖鱼喝农夫山泉、吃松花粉、呼吸森林氧气，因此千岛湖鱼具有无污染、无泥腥味、味道鲜美、蛋白质含量高的特点。

为了突出千岛湖鱼的品质特征，千发集团率先在农业行业中注册了“淳”牌商标，以此寓意一流的环境品质，2000 年“淳”牌有机鱼通过国家环保总局有机食品发展中心（OFDC）有机认证，充分发挥千岛湖水赋予鲢鱼、鳙鱼的生态特色优势，成为全国第一个活鱼类驰名商标。

2．产业延伸。

千岛湖延长渔业产业，从餐饮、加工、旅游多向发力，实现了千岛湖有机鱼“养殖、管护、捕捞、加工、销售、科研、烹饪、旅游、文创、推广”的“动车组式”全产业链融合发展。淳安县通过全国淡水鱼烹饪比赛巩固千岛湖鱼的品牌价值，带动当地酒店烹饪发展，形成“吃鱼一条街”，鱼头餐饮经济收入高达近 20 亿元。

3．文化赋能。

除了有形的鱼为千岛湖经济增色外，淳安县积极开拓无形鱼的价值。将文化与鱼相融合，发掘了鱼拓技艺，并以此为抓手成立了千岛湖鱼文化协会，招揽民间一流的鱼拓传人入社，吸引国际同类型人才同台竞技比拼，增进国际鱼拓艺术交流，使千岛湖成为国际鱼拓艺术交流和展示的集散中心，以此提升千岛湖的国际知名度，有力推动千岛湖鱼文化产业的发展。

4．产业溢出。

千岛湖以鱼养水的生态产业模式有效解决了我国大水面渔业的可持续发展问题，为其他同类型地区作出了示范，全国各地湖泊水库纷纷组织考察团前来参观学习。千发集团积极推进千岛湖模式的复制和推广，主动举办渔业发展培训班，毫无保留地介绍千岛湖模式，以股权合作、技术转让、产业加盟等多种方式促进“千岛湖模式”落地，深入践行“绿水青山就是金山银山”理念的生态发展之路。

青山秀水间的鱼头汤

有“天下第一秀水”之称的千岛湖盛产各种渔货，很多游客不辞辛劳来到淳安县，只为了那一碗鲜美无比的鱼头汤。近年来千岛湖的水质持续向好，湖中的鱼肉质鲜嫩，熬出来的鱼汤奶白醇香，毫无泥腥味且营养丰富。

透过美味的鱼头汤，我们可以看到淳安县为了保护生态环境，践行“绿水青山就是金山银山”理念，促进“绿水青山就是金山银山”转化所付出的巨大努力。淳安县始终像爱护眼睛一样爱护着千岛湖，而千岛湖也用它自己的方式回馈着淳安县人民。以水兴农、以水兴旅、以水兴业，在奔向共同富裕的道路上，淳安县人民始终围绕着千岛湖做文章。一湖秀水，养育一方人民，如今的千岛湖鱼头汤已成为远道而来的游客们必点的一道美食。更让人欣喜的是，这道名菜正在慢慢走向全国，全国的民众在家门口就能品尝到原汁原味的千岛湖鱼头汤。

如今，千岛湖的大水面渔业已经发展成为全国渔业的典范，是淳安县以实际行动践行“绿水青山就是金山银山”理念取得的丰硕成果。2023 年，首届全国大水面生态渔业发展大会在淳安县召开，来自全国各地的专家学者共聚淳安县。这也使得淳安县能以“千岛湖经验”为样板，为全国的大水面渔业发展开辟新的道路。

四、本节小结

淳安县是一个以水为灵魂、以水为特色、以水为动力、以水为基础的地方。它立足县域实际，摒弃了单纯追求工业化和城镇化的发展方式，而是坚持以水为核心，注重保护和利用水资源，坚持生态优先和绿色发展，实现了生态富民、水秀富民。

淳安县深知过度工业化会给自然环境带来巨大的压力和损害，会导致水污染和水资源浪费等问题，从而破坏水环境的平衡，并对人民群众的健康福祉造成不可估量的影响。因此，淳安县在发展中不盲目追求工业化速度和规模，而是积极探索一条与自然相协调、与社会相适应、与未来相兼容的绿色低碳的发展模式。这种模式就是以水为纽带，以生态旅游、绿色农业、文化创意等产业为支柱，打造了一条与水相融相生的独特的发展之路。

淳安县将水视为生命线，将绿水青山视为最宝贵的资源，通过保护和合理利用水资源，为人民的生产生活提供了有力的保障和支撑。同时，淳安县还充分发挥水资源的多重价值，注重弘扬水文化，培育水乡风情、水上旅游等特色项目，以水为产，深化水产业发展，实现了经济社会和生态环境的协调发展。

淳安县打造了一个生态宜居、文化魅力和经济活力并存的美丽县城。淳安县的重新崛起不仅是经济上的成功，更是生态与经济和谐共生的典范。其实践证明，只有将生态优先放在发展战略的首位，才能实现经济繁荣和环境保护的"双赢"。淳安县的成功经验告诉我们，保护和利用好水资源是一个地方可持续发展的关键要素，也是保障人民幸福生活的基础条件。淳安县以发展成就充分论证了"绿水青山就是金山银山"这一理念的先进性。

第四节　魅力千岛，和谐淳安县

一、秀水青山

千岛湖（原称新安江水库）是为建新安江水电站拦蓄新安江上游而形成的，是我国著名的人工湖。千岛湖面积约 580 km^2，水库长达 150 km，最宽处超过 10 km，最深处达 100 多 m，平均水深 30.44 m。岛内拥有陆桥岛屿 1 078 座，千岛湖也由此得名，岛屿面积共 409 km^2。岛屿森林覆盖率达 82.5%，植被丰富。

除水资源外，千岛湖还拥有丰富的林业资源。千岛湖国家森林公园建立在淳安县林业总场、千岛湖林场、许源林场、富溪林场、汾口林场的基础上，总面积 9.23 万 hm^2，其中水域面积 5.44 万 hm^2，森林覆盖率高达 93%（不含湖面），最高峰东山尖海拔 978 m。公园现为国家 5A 级旅游景区，先后获得“全国森林公园十大标兵”“中国森林公园发展三十周年最具影响力森林公园”等荣誉称号。

千岛湖岛屿众多，富有特色，素有“千岛秀水金腰带”的称誉。“千岛秀水”由这片蓝绿湖域的秀美和上千个岛屿的风光旖旎得名，而“金腰带”指的是千岛湖各个岛屿在湖水相连处，因长期水位冲刷，边沿裸露，裸露处色彩多呈金黄色，故取名“金腰带”。

千岛湖整个湖区分为东北、东南、西北、西南、中心五大湖区。对外开放区域主要为中心湖区和东南湖区。千岛湖各个岛屿各具特色。中心湖区由月光岛、渔乐岛、龙山岛、梅峰岛等多个岛屿组成，其中月光岛是中心湖区最大的岛，而梅峰岛是公认观赏千岛湖风景最佳的地点，

“不上梅峰观群岛，不识千岛真面目”。东南湖区有桂花岛、天池、黄山尖等著名景点。桂花岛是一处典型的喀斯特地貌景观，岛上桂花飘香，怪石林立，曲径通幽；不同于其他地方天然形成的天池，千岛湖的天池是古代采石留下的遗址，距今已有 800 多年的历史，也是“农夫山泉”饮用水的取水口，成为千岛湖生态旅游的首选景观；黄山尖位于千岛湖东南湖区珍珠列岛，距千岛湖镇 8 km，与羡山毗邻相望；千姿百态的岛屿和迷离曲折的港湾，构成了一幅美丽的秀水青山之景。

如今千岛湖是我国特大型水库，是长三角最大的人工淡水湖、世界上岛屿最多的人工湖泊，在水资源安全保障、优质生态产品供给、防洪减灾等方面都发挥着重要作用。

二、经济实力

“十三五”期间，淳安县地区生产总值保持稳定增长，地区生产总值、地方财政收入和社会消费品零售总额年均增长率分别达到了 4.3%、8.9% 和 8.3%。常住人口人均 GDP 突破了 1 万美元，三次产业结构也发生了显著变化，由 2015 年的 15.4∶40.3∶44.3 调整为 2022 年的 15.7∶26.5∶57.8，服务业增加值占比提高了 13.5 个百分点。淳安县生态系统生产总值（GEP）核算位居浙江省前列，2020 年，淳安县被生态环境部授予“绿水青山就是金山银山”实践创新基地的荣誉称号。[14][15]

淳安县在全域旅游方面也取得了显著成就。淳安县成功创建了国家级旅游度假区，并被评为浙江省首批全域旅游示范县、浙江省首批 5A 级景区城，以及“2019 年中国县域旅游竞争力百强县”。此外，随着“千岛湖号”旅游专列的开通，文化创意、运动休闲、康体养生等新兴服务业的快速发展，以及骑龙巷慢生活休闲街区的建设，淳安县的新地标越来越多，作为风景名胜区可游玩、可体验的项目也越来越丰富。淳安县银泰城、球山山地探险公园、下姜省级现代农业园、啤酒小镇等农旅融合项目的完成也进一步推动了旅游业的发展。

淳安县农夫山泉、千岛湖啤酒、标普健康等重点水饮料企业稳步发展，推进企业上云的步伐不断加快，全县的信息产业年均增长率达 14.5%。“腾笼换鸟”战略也在加速推进，修正健康产业园、瑞淳机器人研究院等项目顺利推进，体现了淳安县在绿色工业转型方面取得了重要进展。

另外，淳安县的绿色农业发展势头良好，2022 年农林牧渔业总产值达到了 57.20 亿元。淳安县还被评为省级农产品质量安全放心县和农业绿色发展先行县，编制了国内首个 6A 蚕桑地方标准。此外，“千岛湖茶”作为区域公用品牌名列全国前 50 强，位居浙江省前 10，鸠坑茶、淳安县覆盆子和淳安县前胡等农产品也获得了国家农产品地理标志的登记认证。

千岛湖茶

淳安县作为全国知名的茶乡，其产茶历史可以追溯至 2 000 多年前，淳安县历来有“湖中千岛皆绿色，云雾产名茶山”的美誉。淳安县地处中国绿茶“金三角”区域内，不仅是首批国家级茶树良种“鸠坑种”的原产地，更有承载着浓厚地域文化的、品质优良的区域公共品牌“千岛湖茶”。

良好的生态环境使千岛湖茶具有高香鲜郁、味淳鲜美的独特品质，可以说千岛湖茶里浓缩了淳安县的山水精华，是不可多得的天然生态佳品，符合其“一叶知千岛”的广告宣传。千岛湖茶包含龙井、毛尖、银针和红茶 4 个系列。4 个系列的茶叶各有特色，能够满足不同茶叶爱好者的喜好。

为了能够进一步做大茶产业，淳安县构建千岛湖茶全产业链发展格局，从主体培育、市场拓展、产品开发等方面下功夫。在淳安县的不懈努力下，千岛湖茶的品牌效应也越来越强：打造鸠坑有机茶小镇、举办“斗茶大会”……在一次次尝试中，千岛湖茶在市场上的名气也越来越大，经济效益也越来越突出。2022 年，千岛湖茶的品牌评估价值达到了 24.8 亿元，比上一年上涨了 3.45 亿元，涨势十分强劲。如今，有不少茶叶爱好者千里迢迢而来只为一品鸠坑茶的味道，更有很多年轻人慕名来到淳安县，投身于千岛湖茶的产业中。

三、民生福祉

淳安县作为全国唯一一个特别生态功能区，县域生态基底丰富。为了深入推进淳安县生态环境保护工作，淳安县深入践行“绿水青山就是金山银山”理念，巩固生态底本，树立科学化、系统化、精准化保护理念，全力推进千岛湖综合保护工程。自 2016 年以来，淳安县出境断面水质持续保持在 I 类，连续 3 年获浙江省治水最高荣誉“大禹鼎”，并成为省市农村治污优胜县。同时淳安县利用现代科技建设了完备的千岛湖预警监测系统和生态环境大数据库，并创新推出了新安江流域生态环境保护党建联盟等模式。淳安县还成功入选国家第三批“山水林田湖草”生态保护修复工程试点，使该地的生态环境保护体系更加完善。

2020 年，淳安县城市日空气质量达标天数比例达到 95%，较 2015 年提高 9 个百分点，细颗粒物（$PM_{2.5}$）浓度为 20 μg/m^3，累计降低 19 μg/m^3。同时，淳安县森林覆盖率高达 78.6%，林木蓄积量累计增加 435.5 万 m^3，公益林建设规模连续 20 年保持浙江省第一，城市建成区绿地面积 771.5 万 m^2，绿地率达 41.6%。淳安县在推进生态系统绿化建设方面取得了很大进展。

为了进一步深化绿色产业的发展、更好地保护生态环境，淳安县在整治临湖区方面采取了全面的措施。淳安县坚持“共抓大保护，不搞大开发”原则，坚决贯彻落实中央、省市决策部署。在“十三五”期间，淳安县拆除各类生态敏感地区和环境不协调的建筑，其面积累计达到 38.85 万 m^2，并收回或永久管控了 4 512 亩未建设土地。

在“十三五”期间，淳安县城乡居民人均可支配收入持续增长，城镇常住居民人均可支配收入和农村常住居民人均可支配收入分别从 2015 年的 3.34 万元和 1.46 万元提升至 2020 年的 4.90 万元和 2.25 万元，到 2021 年，全年城镇常住居民人均可支配收入为 53 002 元，增长了 8.2%；全年农村常住居民人均可支配收入为 24 675 元，增长了 9.8%。

淳安县提升了管理水平，推进了老旧小区的综合改造和现有住宅小区的电梯安装，积极打造美好家园。社会保障方面也得到了发展，城镇就业人数累计增加了 1.99 万人，淳安县成为省级“无欠薪县”，低保和特困人员生活补助标准分别提高至每人每月 955 元和 1 373 元，城乡居民大病保险报销比例从 50%提高至 70%。此外，淳安县养老服务中心和残疾人康复托养中心也开始投入使用。

淳安县的公共服务质量也得到了进一步提升。作为国家义务教育均衡县、省级教育基本现代化县和省级学习型城市，淳安县在中考、高考中连续多年取得优异成绩，教育成绩斐然。淳安县的居民健康水平明显提高，人均预期寿命达到 81.99 岁，综合医改、国家基本公共卫生项目和健康浙江考核连续多年表现优秀，形成了多层次、多样化的社会办医格局。

在文化上，淳安县被评为“中华诗词之乡”，成功入选全国首批革命文物保护利用片区，中国纺织非物质文化遗产大会永久会址设立在文渊狮城。此外，淳安县还成为省级体育强县，千岛湖国家登山健身步道已建成并开放，并被评选为长三角地区精品体育旅游目的地之一。淳安县被评为首批省级平安县，并连续15年获得“一星金鼎”奖项，构建了安全、和谐的社会秩序。

四、本节小结

淳安县从20世纪五六十年代的经济下行到如今经济重新崛起，是通过坚持生态为先，保护千岛湖生态环境，发展绿色产业实现的。淳安县的重新崛起不单单是经济的复苏，更是生态、民生协同共生的高质量发展，其实现路径是对“绿水青山就是金山银山”理念的深刻理解和实践。

“绿水青山就是金山银山”理念进一步拉近了淳安县在生态保护、经济实力、民生福祉三者之间的关系。它从一个新的角度深入诠释了人与自然和谐共生的内涵，即自然、经济、民生之间是相辅相成、相互促进的，而不是相互排斥、相互消耗的。它凸显了生态环境的价值和作用，生态环境不仅是人类赖以生存和发展的基础，也是经济发展和社会进步的重要条件和保障。它强调了经济发展、社会进步与生态环境的协调统一，明确了不应该以牺牲环境为代价来追求短期利益，而应该以保护环境为前提来实现长期利益的发展理念。

淳安县深入践行“绿水青山就是金山银山”理念，将生态保护视为经济发展的基础和前提，在发展过程中坚持走绿色发展之路，严格执行环境保护法规，加强生态修复和治理，提高环境质量，形成生态与经济的优势循环。经济发展是民生福祉的保障和来源，淳安县认识到只有通过经济繁荣，才能增加财政收入，才能改善民众的生活水平。因此，淳安县在保护环境的同时，也积极推动经济发展，加快产业转型升级，培育新兴产业，拓展就业渠道，提高人民收入。同时，淳安县也注重民生建设，加大公共服务投入，完善基础设施建设，改善教育、医疗等领域的供给水平，增进人民福祉。

民生福祉是生态保护的动力和目标。只有满足人民对美好生活的追求，才能激发人民保护环境的热情。因此，淳安县在促进经济社会发展的同时，也倡导绿色生活方式，引导人民树立正确的价值观和消费观，培养人民爱护自然、保护自然、美化自然的意识。同时，淳安县也充分利用自身的生态优势，发展生态旅游、休闲农业等产业，让人民在享受自然风光的同时，也为保护自然作出贡献。

“绿水青山就是金山银山”理念体现了科学、合理、先进的发展观念，实现了人与自然、人与社会、人与自身的和谐统一，它使淳安县在经济、社会和生态三个方面取得了协同发展的良好效果，也为淳安县创造了绿色可持续发展的未来。

参考文献

[1] 千岛湖旅游集团．不能忘却的淳安县移民史[EB/OL]. [2023-08-13]. https://www.sohu.com/a/284156226_351199.

[2] 淳安县千岛湖传媒中心．淳安县工业改革开放 30 年发展综述[EB/OL]. [2023.08.20]. http://www.qdhnews.com.cn/content/content_8034760.html.

[3] 杭州日报．千岛湖旅游 40 周年回眸与展望 [EB/OL]. [2023-07-19]. https://www.hangzhou.gov.cn/art/2022/3/25/art_812262_59052395.html.

[4] 浙江省淳安县志编纂委员会．淳安县志[M]. 北京：汉语大词典出版社，1990.

[5] 於嘉闻，龙爱华，邓晓雅，等．湄公河流域生态系统服务与利益补偿机制[J]. 农业工程学报，2020（13）：280-291.

[6] 李延兵．新安江跨省流域生态补偿机制：全国 6 个流域十个省份复制推广[EB/OL]. [2023.09.02]. https://www.thepaper.cn/newsDetail_forward_4374687.

[7] 歙县财政局．践行“绿水青山就是金山银山论” 护好一江水——歙县新安江流域生态补偿机制 2012—2020 年三轮试点工作综述[EB/OL]. [2023-09-24]

https://www.ahshx.gov.cn/zxzx/jrsx/8926923.html.

[8] 曾凡银. 共建新安江—千岛湖生态补偿试验区研究[J]. 学术界，2020（269）：58-66.

[9] 一条江，打开人们思想文化空间——新安江生态补偿机制调查[EB/OL]. [2023-08-07]. https://www.gov.cn/govweb/lianbo/difang/202308/content_6900855.htm.

[10] 生态环境部. 美丽中国先锋榜（16）丨全国首个跨省流域生态保护补偿机制的“新安江模式”[EB/OL]. [2023-09-24] https://www.mee.gov.cn/xxgk2018/xxgk/xxgk15/201909/t20190906_732784.html.

[11] 央广网. 皖浙共保 跨省域生态保护走出“新安江”模式[EB/OL]. [2023-08-17]. http://www.ah.news.cn/2023-05/18/c_1129624975.htm.

[12] 水金辰，刘方强. 我国首个跨省流域生态补偿提档升级 [EB/OL]. [2023-09-03]. https://www.gov.cn/lianbo/difang/202306/content_6884769.htm.

[13] 杭州市人民政府国有资产监督管理委员会.“八八战略”20 周年的民生实践 | 千岛湖配供水工程，“天下第一秀水”流进杭城千家万户[EB/OL]. [2023-08-10]. http://gzw.hangzhou.gov.cn/art/2023/8/28/art_1689495_58901294.html.

[14] 淳安县统计局. 淳安县 2015 年国民经济和社会发展统计公报[R]. 2015.

[15] 淳安县统计局. 淳安县 2022 年国民经济和社会发展统计公报[R]. 2022.

第六章

高州市篇

水果之乡，医教先行

入选理由

2023 年 4 月 11 日下午，在广东省考察的习近平总书记来到了高州市根子镇柏桥村，这是 2023 年习近平总书记在国内考察的第一个村。在这个省级“一村一品”荔枝生产专业村中，总书记考察了荔枝种植园和龙眼荔枝专业合作社，了解当地发展荔枝等特色种植业、推进乡村振兴等情况，并对乡亲们靠发展荔枝特色产业推动乡村振兴这一行为表示肯定。他指出，这里是荔枝之乡，发展荔枝种植有特色、有优势，是促进共同富裕、推动乡村振兴的有效举措，农村特色产业前景广阔。[1]

在新的时代背景下，习近平总书记此行传递了鲜明信号。柏桥村之行，承载着习总书记对全面推进乡村振兴的重视和关切，也传递着总书记建设农业强国的决心和信心。那么，为何习总书记选择了到高州市柏桥村进行视察？这里有什么样的成就和先进经验，又是如何取得这些成就的呢？

柏桥村 87%以上土地面积种植着荔枝，其不仅依靠 6 800 亩荔枝致富，鲜果加工、乡村旅游、电商带货……各类产业也蓬勃发展，推动了当地村民增收。2022 年，柏桥村村民人均可支配收入达 5.1 万元，远高于高州市城镇居民的人均可支配收入（3.2 万元）。柏桥村能兴旺的根底在于高州市良好的医疗和教育条件，这些保障使居民能在此安居乐业，使得越来越多的年轻人选择安心留在高州市，为县域发展和乡村振兴贡献力量。

窥一斑而见全豹，作为广东 50 个山区县中的一员，[2] 在改革开放以前，高州市农业生产“以粮唯一”，工业落后，长期滞留在“粮食高产贫困县”的困境之中。高州市相比其他位于山区的县域，改革开放后的经济发展更加迅猛。到2022年，高州市的GDP已在广东省各县级市中排名第三。且其在经济发展的同时，生态本底也保护得较好，避免了走“先污染后治理”的弯路，十分契合“绿水青山就是金山银山”理念。

2020年，高州市入选浙江大学发布的“绿水青山就是金山银山”发展全国百强县第52名。此后，高州市的排名连年提升，2021年面对国际国内新形势，“绿水青山就是金山银山”发展指数新增碳中和指数后，高州市的“绿水青山就是金山银山”实践情况在全国排到了第20名，特色经济指数也由原本的A等级提升为A+等级，可见高州市在碳排放、碳中和能力上颇具优势。同时当地的特色生态经济建设水平和生态产业化、产业生态化发展水平上也有巨大进步。2022年，高州市“绿水青山就是金山银山”发展百强县排名再次提升到了第15名，同年还获得全国首批乡村振兴示范县创建单位的荣誉。

表6-1　高州市2020—2022年“绿水青山就是金山银山”发展百强县获评情况

年份	特色经济	生态环境	碳中和	民生发展	保障体系	发展指数	全国排名
2020	A	A+	/	A+	A+	A+	52
2021	A+	A+	A+	A+	A+	A+	20
2022	A+	A+	A+	A+	A+	A+	15

高州市的“绿水青山就是金山银山”实践能名列前茅并不断进步是走了一条怎样的道路？怎样在不破坏生态环境的前提下，合理高效地将“绿水青山”转化成“金山银山”？又要如何巩固脱贫成果，进而振兴乡村？这就要从高州市的自身特点谈起。一是高州市历史悠久，文化底蕴深厚，1 000多年来作为郡、州、府、道治地，人才辈出，

其中有注重教育的冼夫人和医仙潘茂名。二是高州市人口众多，2022年年末全市常住人口有132.61万人，是全国“绿水青山就是金山银山”发展指数第1名的安吉县的59.54万人的2.2倍，如此多的人口对于优质的医疗、教育等产业形成了非常好的支撑。三是高州市的气候和区位条件适宜种植热带水果等经济作物，而且大量人口，特别是大量青壮年人口又为发展第一产业提供了人力资源的支持。因此，高州市继承了当地文化传统中的民本思想，持续不断改善民生，尤其注重医疗与教育，使得高州市的人民有较高的幸福感和良好的文化素养，为高州市的“绿水青山就是金山银山”实践和生态文明建设提供源源不断的人才保障，形成了以荔枝、龙眼等为主的特色第一产业优势，以产业振兴带动乡村振兴。

增进民生福祉是发展的根本目的。党的二十大作出了增进民生福祉的重大部署，17项联合国可持续发展目标中有两项便是良好的健康福祉和优质教育。高州市秉持着“绿水青山就是金山银山”理念中蕴含的以人为本的价值理念，通过办好人民满意的医疗卫生和教育事业，抓住了“人”这一关键的发展要素，走通了“绿水青山就是金山银山”的实践之路。深入研究高州市“绿水青山就是金山银山”的实践历程，分析推动高州市县域“绿水青山就是金山银山”实践的各项利弊因素，总结出可供参考的成功经验，对于地处山区，人口较多、耕地较少、适宜发展特色第一产业的后发展县域具有良好的借鉴意义。

第一节　高凉故郡，绿色焕新

高州市具有记载的历史可以追溯到汉朝时期，由当时的合浦郡“高凉”演变而来。秦始皇统一六国后南取百越之地，设立了南海、桂林、象郡三郡，首次将这块曾经的南蛮之地划归入中央王朝的版图，现在的高州市大部分属于当年的桂林郡，南方小部分则属于象郡。南北朝时期的南朝梁大同元年（535 年），广州刺史萧劢以“南江危险，宜立重镇”向朝廷上书申请在这里设立高州市，高州市之名便自此而来。

高州市曾是俚人聚居的中心地带，高州市长坡镇内，有一处巍峨高大的古城遗址，那就是始建于隋开皇十八年（598 年）的高州市古城。从唐朝到明清，高州市都是粤西的政治、军事、经济和文化中心，繁荣了上千年，是“高凉文化”的重要发源地、兴盛地、传承地。直到 1993 年 6 月撤县设市，高州县改为高州市，由茂名市代管。

漫长的历史变迁使得这片温润的大地文风蔚蔚，也为高州市留下了非常丰富的历史文化遗产。“万里雄风吹短袖，四山疏雨澹高秋。”明代的张晓曾登上鉴江之畔的宝光塔，极目远眺，与古城对望，写下这样舒朗的高州市之景。古城、古塔、古韵，钟灵毓秀的鉴江山水在历史长河中为高州市点染出独特的文化底蕴，留下一批国家级、省级非物质文化遗产，吸引着众多游客。

历史悠久的高州市一直保留着良好的自然生态资源，最古老的荔枝树伫立了千年至今未遭砍伐，与奔流不息的鉴江水、连绵起伏的青山一同见证着高州市的发展。得益于高州市自古以来对于医疗和教育的重视，高州市人民在拥有了健康的身心和较高的文化素养后，便会更加追求良好的生活环境，从而自发保护当地的山水林田，而不会因为贫穷和匮乏，无止境地向大自然索取和掠夺资源，做出污染环境、破坏生态这种饮鸩止渴之事。同时，一方水土养一方人，地灵则人杰，这片土地也孕育出了许多备受文教礼乐熏陶的杰出人物，他们又反哺了高州市的医疗教育以及各行各业的发展，这片高凉故地在现代又通过践行“绿水青山就是金山银山”理念焕发了新的生机。

一、高州市优势

高州市是一个宜居、宜业的城市，一方面通过大力发展特色产业，为居民增收开源，实现乡村振兴，另一方面又通过不断提高民生保障，为民众兜底节流，支撑县域发展。综合来看，高州市具有以下四个方面的“绿水青山就是金山银山”实践优势，梳理如下。

一是区位优势交通便捷。高州市的“绿水青山就是金山银山”实践成效如此令人瞩目，离不开区位优势的支撑。“五岭北来峰在地，九州南尽水浮天”，高州市位于北回归线以南的北纬 21°42′34″～22°18′49″，地处热带和亚热带过渡地带，再加上北部云开大山的阻隔为这片土地带来了温暖，四季常青的高州市年平均气温可以达到 22.8℃，冬夏的温差较为明显，为 13.3℃左右。温和的南亚热带季风气候保障了充沛的降雨，一年之中有明显的干湿季区分，4—9 月，是以南风为主的雨季；10 月至次年 3 月则是相对的旱季。这里阳光充足，日照年平均达到 1 945.3 小时，无霜期 361 天，几乎全年无霜。这些优越的光、热、水等自然条件为植物生长繁衍提供了很好的基础，十分有利于农业，尤其是特色果业的发展。

同时，地处粤西、桂东之交通要冲的高州市，从秦代百越时期起，随着各族往来贸易日益频繁，就已经成为岭南名邑。由于古岭南陆路交通较为落后，四百里鉴江千百年来都是粤西地区重要的交通要路和货物进出的运输线。中华人民共和国成立后，粤西地区的大部分设备、物资与日用食品、水产品、农副产品等，都通过鉴江水路运输，当地一度成为广东内河航运最为繁盛之地。[3]如今，高州市依然是当代贸易和交通要地，位于粤港澳大湾区、北部湾经济区、海南自贸区三大国家战略之地的交汇地带，洛湛铁路、包茂高速、汕湛高速、云茂高速、207 国道穿境而过。从高州市出发，半小时可达深茂高铁和博贺港，一小时可达粤西新机场，三个半小时可达广州。

二是宜居宜业。高州市是茂名市域副城市中心，城区面积约 35 km^2、人口约 35 万。高州市重视民生发展，深耕医疗和教育两个方面，全市现有各类医疗卫生机构 910 间，其中市人民医院是“三甲”医院，市中医院是“三甲”中医医院，全市医疗综合服务能力在全省 57 个县（县级市）中排名第 1，且医疗费用比多数一线城市低。县域内住院率连续 3 年超过 96%，全省排名第 1，基本实现“大病不出县”。高州市素有“广东四大文教之乡”之一的美誉，全市现有公办中小学 346 所、民办中小学 16 所、公办职业高中 2 所，民办中等职业技术学校 3 所。其中，国家级示范性普通高中 4 所；国家级重点中等职业学校 1 所。在校学生 26.4 万人，在职公办教职工 1.6 万人。历年高考上重点线、本科线人数均居茂名市各区、县首位。此外，在发展过程中高州市的生态环境一直保护得很好，作为全国绿化模范县，其森林覆盖率达 63.85%，空气质量优良率达 98.5%，有优美的山水风光，风景迷人的仙人洞、高凉岭、三官山、平云山、浮山岭、佛子岭等自然人文景区。

三是劳动资源充裕。得益于高州市对民生发展的重视和宜居宜业的城市建设，良好的医疗和教育条件消除了人民的后顾之忧，大量劳动力愿意留在高州市发展，文化素养也较好，为高州市的发展奠定了坚实的人力基础。高州市目前具有社会劳动力75万人，可为企业提供充足、高素质的劳动力。作为省内中等职业技术重要培训基地，辖区内有公办、民办职业技术培训院校30多家，可以为企业提供大量的专业技术人才，支撑各大行业的发展。

四是特色第一产业发展兴旺。在区位优势和丰富的劳动力资源的支撑下，高州市成为广东省农业大市，曾被誉为“广东省山区综合开发的一面旗帜”，农业产量、产值、产业规模一直位居全省前列。目前，高州市已形成粮食、荔枝、龙眼、香蕉、南药、茶花、“北运菜”、罗非鱼、生猪、蛋鸡、鳄鱼等特色农产品生产基地。高州市水果种植面积130万亩，年产量170万t以上，五大类12个水果品种先后获全国“金、银、铜”牌奖和名牌产品称号，被誉为“全国水果第一县”。近年来，高州市还建成了国家级荔枝现代农业产业园、省级荔枝现代农业产业园、省级龙眼现代农业产业园和广东省占地面积最大的“北运菜”生产基地。高州市有省级农业龙头企业27家，农产品加工企业129家，农产品加工转化率70%，年加工量76万t。

二、发展难点

首先，高州市的地形较为复杂，境内分布着一江十河，以及众多的湖泊山塘，地势大体是东北高、西南低，属于低海拔、小起伏类型。东北部是连绵的山地，中央腹地是连绵起伏的丘陵，西部、南部的台地、小平原、山地及河谷小盆地相互交错，山川秀丽。云开大山、云雾大山和大榕山或分支，或复合，绵延直入高州市腹地，排列成形如“爪”字的东北—西南走向大山系。在高州市，山地面积占境内总面积的1/10以上，丘陵面积则占3/10。地势最高点是东北部的棉被顶，海拔1 627.3 m，最低点是西南部祥山鉴江河床，海拔11.5 m。可以说是四面皆山，环为盆地，一江穿城而过。这样的地形较为封闭，限制了高州市向外发展。但高州市优美的山水风光也是其宝贵的旅游资源，正所谓“巍巍笔架山，峰峦叠嶂；浩浩鉴江水，荡气回肠”“山如簪碧玉，水似带青罗，谁把秦时镜，千秋照清波”。以水澄清如镜而得名的鉴江浩浩荡荡地从北部潭头镇直穿中部至高州市，再拐向西南至祥山镇流入化州市，为高州市带来丰沛的水资源、矿化度低的地下水。

其次，高州市人口密度很大，不适宜耕种粮食。一方面人口多而耕地少，高州市面积 3 276 km^2，人口达 155 万，平均 1 km^2 内就有 400 多人，现有耕地 60 万亩，人均只有不到 5 分田。另一方面高州市的土壤主要是由变质砂岩、花岗岩、混合岩、凝灰岩风化物和浅海沉积物及河流冲积物发育而成的赤红壤，不适宜种植庄稼，却非常适合荔枝、龙眼、杧果、菠萝蜜、番石榴等亚热带果树的生长。

最后，由于高州市人口众多，且生活在高州市的族群有着极为复杂的演变历史，从最早生活在这里的骆越、西瓯，后来的俚、僚；唐末、宋初时期起，闽语族群迁徙而来；宋朝起始，瑶、畲也先后大规模进入；明朝中叶，与畲有千丝万缕关系的客家人迁入，形成如今以讲粤语的广府民系、讲客家话的客家民系为主的少数民族聚集地，因而对于维护社会和谐安定、满足众多人口所需的医疗需求、保障教育公平性等方面都提出了较高的要求。

三、以人为本

基于高州市的优势和发展的难点，高州市没有走大力发展工业的道路，而是走通了以果业这一特色第一产业为支柱的“绿水青山就是金山银山”实践之路。以人为本，是始终支撑着高州市“绿水青山就是金山银山”绿色发展的一大理念。

以人为本的精神在这片土地上由来已久，高州市如今能在医疗方面获得如此高的成就，离不开人们自古以来对医疗的重视。晋代太熙年间有一位著名的道士、医学家叫潘茂名，他生于高州市根子镇潘坡，从小就通经学、解周易、诵风雅。一日入山，遇仙人对弈，得到仙丹冶炼之方，返家修道，学道有成，从此开始行医济世，时常布施贫困的人。朝廷听闻其名，曾经三次召其入朝，他都不肯前往，一心留在岭南，用精湛的医术救治平民百姓，后来还在暴发瘟疫时拿出丹药救济世人，活人无数，因此深得民心。在他羽化之后，乡民视他为医神，虔诚奉祀，称其为潘仙或者潘真人，隋文帝开皇十八年（598 年），朝廷为表彰其功德，在其乡设置茂名县作为纪念，如今的茂名市名字也因此而来。唐贞观八年又用潘茂名之姓改南宕州为潘州，中国唯一一个以道士之姓设州、以名设县的，便是潘茂名了，可见他对于当地百姓的恩惠之深，更可见良好的医疗条件对于一个地区民生改善能带来多么巨大而深远的影响。

高州市对于医疗的重视还来自现实的需求。高州市是人口大县，在这片 3 276 km^2 的土地上，安居着 130 多万人口，相应的病患人数较多、医疗需求较大。其次高州市是农业大县，种植 129 万亩水果，各类水果的年产量能达到 170 多万 t，因此需要大量劳动力支持其农业发展。减少外出就医，保障劳动力稳定，对高州市基层，尤其是乡村一级的医疗提出了挑战。

除了医疗，教育也是高州市颇为重视的一方面，在教育上的建树可以追溯到南北朝时期。当时高州市曾是俚人聚居的中心地带，俚人中有位在高州市家喻户晓、曾被周恩来总理赞誉为“中国巾帼英雄第一人”的冼太后。冼太后身为俚族女首领，不但为维护岭南的安定、民生发展、国家统一和民族团结立下了不朽的功劳，还支持担任高凉太守的丈夫冯宝，主动承担起传播中原文化的责任。她大力宣传汉族的文明与进步，带头穿汉服、讲汉语、写汉字，促进俚族和汉族逐渐融合。她在高凉郡内开办士林学馆，亲自开坛讲学，吸收俚人子弟入学读书，为高州市的人文教育奠定了坚实的基础。同时，冼太后还教育子孙要秉持为国为民的精神，她告诫她的后人，"我侍三代主，唯用一好心"，这正是她经历梁朝、陈朝、隋朝三代的变更，始终一心为民的真实写照。这样的家风家教，使她的后人人才辈出，不仅出了多位状元，还有唐玄宗年间大名鼎鼎的宦官高力士。身为冼太后的第六代孙，高力士曾助唐玄宗平定韦皇后和太平公主之乱，颇得玄宗信任。他一生对唐玄宗忠心耿耿，得到了明代思想家李贽"真忠臣也"的评价，想必也受到了祖上忠君爱国思想的熏陶。冼太后一生为百姓的安居乐业作出了巨大的贡献，她以民为贵和注重文化教育的高尚风范更是在高州市遗泽千年。

"济大事者，必以人为本"。以人民为中心，是中华传统文化的基本精神，也是一代代高州市人的朴素情感、思想认知和价值认同。人民对美好生活的向往，就是党和政府的奋斗目标，"绿水青山"向"金山银山"的转化最终落脚点也在于提高人民的生活水平与幸福感，故以民生为切入点。与其他"绿水青山就是金山银山"实践路径相比，民生发展看似与"生态山""经济山"的关联不那么直接，但实际上恰恰直指"共建共享"的核心。

四、本节小结

本节主要梳理了高州市能成为"绿水青山就是金山银山"发展百强县的优势，并通过其面临的限制性因素分析高州市着力发展医疗和教育的原因。从区位条件、自然资源和人文资源的角度来看，高州市有得天独厚的条件。高州市地处热带和亚热带过渡地带，四季常青，冬夏的温差明显，降雨充沛，阳光充足，土壤也十分适宜种植热带水果，因而成了“荔枝之乡”，同时，还拥有优美的自然风光和丰富的物产资源。地处粤西、桂东之交的高州市自古以来就是交通要冲，贸易为此地带来了千年的繁华。历史悠久的高州市人才辈出，文风昌盛。也正是这片土地千年来以民为贵的思想传承、对文化教育和医疗的重视，以及高州市人口密集的现状，使得如今的高州市自然而然地选择了一条立足于民生发展的“绿水青山就是金山银山”绿色发展道路。历史文化作为一个地区的灵魂，可以吸引人、留住人。依托非物质文化遗产，通过荔枝文化旅游节等有影响力的节庆活动，打造富有地域特色的文旅产品。高州市的历史文化底蕴和丰富的旅游资源为其大力促进文旅融合提供了坚实的基础，也助力高州市成为“绿水青山就是金山银山”发展百强县。

第二节　医疗筑基，教育立本

2021 年 3 月 6 日，习近平总书记在参加全国政协十三届四次会议医药卫生界、教育界委员联组会时强调，要把保障人民健康放在优先发展的战略位置，着力构建优质均衡的基本公共教育服务体系，办好人民满意的教育，坚持基本医疗卫生事业的公益性，坚持教育公益性原则。[4]

医疗保障旨在为公民提供基本的医疗服务和保障，使公民在生病时能够得到及时、有效的治疗。这不仅有助于改善公民的健康状况，增强劳动力素质，也有助于减少因疾病导致的贫困问题，巩固脱贫成果，防止返贫。教育保障则旨在为公民提供基本的教育机会，使公民能够接受教育，获得知识和技能。这不仅有助于提高公民的文化素养和个人发展能力，培养人才，也有助于促进科技创新和产业升级，推动社会经济发展。

因此，医疗和教育作为民生发展的重要组成部分，对于改善群众生活、促进区域“绿水青山就是金山银山”的发展转化和乡村振兴具有重要意义。高州市作为广东省唯一的国家级医改示范县（市）、广东“四大文教之乡”之一、广东省教育强县（市），它是如何做到抓好医疗、教育这两大民生要点，又有哪些做法值得推广学习呢？

一、医疗强县

高州市是广东省“大县域医疗中心”。自 2016 年《人民日报》刊文《广东高州市人民医院“大县域医疗中心”渐具雏形》以来，高州市的县域医疗优势在全国范围内享有广泛的知名度。近年来，高州市一直扎实推进医疗改革工作，以强基层、补短板为抓手，整体提升县域医疗服务能力，探索出独特的医改“高州市模式”，先后被确定为省级和国家级的医改示范县（市），也是广东省唯一的国家级医改示范县（市）。在国务院办公厅发布的《国务院办公厅关于对 2018 年落实有关重大政策措施真抓实干成效明显地方予以督查激励的通报》中，作为公立医院综合改革成效较为明显的地方，高州市为广东省唯一上榜的县市。[5] 2019 年 8 月，高州市入选为紧密型县域医共体建设试点县。

据广东省卫健委统计，2018 年，高州市镇村医疗机构门诊人次占比达到 86%，是全省平均水平的 1.7 倍；基层医院住院人次占比达到 39%，是全省平均水平的 3.3 倍。高州市现有医疗机构 823 间。其中县级医院 3 间、镇级卫生院 26 间、社区卫生服务中心 5 间、农场医院 3 间；公建规范化村卫生站 438 间、村卫生室 270 间、民营医院 2 间、民营门诊部及个体诊所 72 间。另设置有卫生单位 4 个。全市共有执业（助理）医师 3 172 人，注册护士 3 590 人，按常住人口 132.87 万人计算，每千人拥有执业（助理）医师和注册护士分别为 2.39 人和 2.70 人。全科医师 638 人，每万人拥有全科医生 4.8 人。

目前，全市卫生健康系统房屋建筑面积达到 71.3 万 m^2，大型医疗仪器设备（万元以上）6 168 台，百万元以上仪器设备 183 台。除市直县级医院，各镇卫生院也配有中央供氧、传呼系统、DR（直接数字化 X 线摄影）、彩超等先进设备，部分卫生院还添置 CT、腹腔镜等大型先进设备。

高州市医疗卫生综合服务能力在广东省县级市排名第 1，市内两家三甲医院（高州市人民医院、高州市中医院）分别在全省县级同类医院中综合服务能力排名第 1。《中国医院竞争力报告》（2020—2021）显示，高州市人民医院荣登全国县级医院 100 强榜首，也是全国 10 强中唯一一家来自广东的医院。[6] 这个全国百强榜中三级医院占比高达 96%，其中全国 10 强名单一直比较稳定，此前一直是经济发达的浙江省、江苏省的医院居多，如今地处粤西山区的高州市以实力反超。2013 年高州市在全国县级医院百强榜中排名第 4，2015 年排名第 3，2016—2019 年第 2，2020 年第 1。榜单排名的不断提升反映了高州市医疗水平的不断提高，榜上一位之变，正是台下十年之功的缩影，那么，高州市是如何打造其医疗优势的？

首先，打铁还需自身硬，高州市不断提高重点疾病的诊疗水平，致力建立以健康为中心的县镇村服务体系，不断满足县域群众就近获得高质量医疗服务的需求。高州市内能开展 232 种常见病、疑难病诊疗和 211 种关键技术手术，常见病可在镇级卫生院治疗，疑难病及危急重症可在县级医院治疗。根据当地县域和高州市人民医院出院量中重病、大病疾病谱的前 10 位情况，选择心脏病、脑血管病、恶性肿瘤、骨折等重点疾病，以高水平专科建设为牵引，不断提升临床疑难、复杂、危重疾病诊疗水平。如今，在全国县级医院 16 个专科治疗水平排名榜上，高州市均位列十强内，更是揽获心血管内科、重症医学科、肾脏内科、泌尿外科、神经内科、普通外科治疗水平 6 个第 1 和血液科、呼吸内科、神经外科、消化内科治疗水平 4 个第 2。

其次，将现有的医疗优势搭载上大数据的翅膀，使得技术向上接得住疑难重症病人，向下托得住兜底性保障。“就诊者无论是在大湾区还是省外，都可以通过互联网医院实现专家一对一的复诊开方，由院方配送药品快递到家。”高州市人民医院院长王茂生说，“互联网翅膀赋能县域医疗健康，可以真正实现群众看病不折腾。”

高州市还高位推动县域医共体的创新建设，以长坡镇分院为试点，以“互联网+医疗健康”推动优质医疗资源下沉，形成“村医服务闭环”，不仅缓解了基层医疗卫生人才紧缺的情况，还建立了县镇同质化医疗服务，使群众就医获得感不断增强。

村医服务闭环依托远程诊疗中心、远程影像检验中心、消毒供应中心等，以三甲医院平台资源为支撑，融合镇村同质化管理，目前已覆盖高州市全市 23 个镇的卫生院和公建规范化村卫生站。通过线上、线下多个渠道，全市培训村医超 2 万人次，让患者真正能安心地留在基层，实现分级诊疗。乡镇居民可以就近享受到“三甲医院服务，二级医院收费水平，一级医院报销额度”的实惠。

从碎片化服务到以人为本的连续贯通服务，高州市医院搭建“村医通”健康科普服务平台，打通健康惠民“最后一公里”。在全市 439 个村委会建立村医通健康微信群，成立以院长为群主、由副主任医师以上人员组成的专家群，作为村医通解答专业知识的“智慧库”，向村民免费提供健康宣教、咨询及远程会诊服务。至今这个“村民服务闭环”已覆盖全市 26 万户乡村家庭、100 多万村民，成为健康进村的主阵地。

以人才汇聚力量，以创新驱动改革，高州市医改打通横向和纵向有机融合，在加强治疗大病能力的同时，秉持医疗的公益性原则，尽力减轻治疗大病的负担。高州市人民医院不仅建立了严格的医疗成本管控机制，运用信息化手段开展控费信息监测和公示，还推广临床路径病种 460 个，以日间手术提高周转率，降低平均住院日，大大减少病人的就医费用。同时高州市还降低了大型手术收费标准，并坚持质优价廉的国产药品耗材优先使用原则。根据国家卫生健康委统计，2018 年全国三级医院门诊和住院次均费用分别是 322 元和 13 313 元。作为三甲医院高州市人民医院的门诊年均次和住院均次费用分别是 219 元和 11 218 元，分别相当于全国三级医院平均水平的 68%和 84%，可见这些举措切实能利民惠民，使群众花更少的钱治疗大病，让高州市县域百姓实现“在家门口看得好病”的健康梦。

二、文教之乡

百年大计，教育为本。高州市不仅素有“广东四大文教之乡”之一的美誉，是广东省教育强县（市）、历史文化名城，还是中国民间文化艺术之乡和中国楹联文化城市。一系列的文化名片让高州市的教育走在前列，文化底蕴是可持续发展的重要力量，也是地区软实力的体现。

十年树木，百年树人。高州市为了办好人民满意的教育做了许多努力。首先是打造优质的教师队伍。国家兴衰系于教育，根本在教师。2022 年 8 月，高州市招教工作基本落下帷幕。据不完全统计，招聘的 68 个工作岗位，共有 2 072 人报考，平均竞争比为 30∶1。白热化竞争下的优胜劣汰，增加了高州市师资队伍的实力。2014 年，高州市首次公开招聘学前教育专职教师 79 名。如今，学前教育专职教师达 2 194 人，是 2014 年的 27 倍之多。2022 年数据显示，高州市教职工 27 007 人，教师学历达标率 95.5%，其中研究生学历 266 人。整体上呈现出学历层次达标率高、中高级职称教师总量大、教师队伍日趋年轻化的特点。

质量是教育的生命线，高州市曾经面临城乡学校师资数量、质量不均衡等问题，超编学校和欠编学校同时存在。近几年，高州市将“县管校聘”列为工作重点，加大教师编制、评先选优等方面的倾斜力度，增加乡村学校教师的吸引力。通过超编中学教师向中心学校分流、夫妻团聚等措施，缓解了城乡、学段间师资不均衡的问题。目前，高州市基本没有教师超编学校。高州市“十三五”规划实施情况评估报告显示，高州市近 1.6 万名教师全员完成聘任。通过跨校竞聘、组织调剂、城区招考等形式实现流动的教师达 2 000 多人，有效激发了教师队伍的活力。

“教育成就民生幸福，教育决定城市未来。”近年来，高州市委、市政府不断加大教育投入，扩大、平衡基础教育资源。扎实做好创建教育基本现代化，教育整改、完善和补短板工作，加快实施义务教育学校“扩容促优”工程，推进教育民生工程建设，不断满足群众从“有学上”到“上好学”的需求。为化解人口规模急剧增长带来的学位短缺问题，高州市举全市之力，各部门联合、专班推进、特事特办，努力形成开工一批、推进一批、建成一批的良好态势，持续增大基础学位供给。2022 年，高州市共有各级各类学校 796 所，学生 373 891 人，教学班 9 660 个。不仅中心城区学校扩容提质，镇村办学条件也明显改善，基础教育资源配置更显均衡。高州市 2020 年高考人数 17 077 人，优先投档线 2 139 人，比 2019 年增长 2.81 个百分点；本科 8 281 人，本科率达到 48.5%，比 2019 年增长 6.15 个百分点，且远远超过广东省平均 36%的录取率；高州市的大学专科及以上录取率达到 96.9%。

除此之外，高州市还注重素质教育，为课堂添活力。3D 创客室、云教室、科学教室、舞蹈教室……从黑板手写板书到多媒体教学，智慧化课堂是高州市教育的常态。更吸引学生和家长的是高州市的特色教学，作为全省性别平等教育农村试点学校，石鼓镇中心学校锐意打造“性别平等特色教育”，建设了心理辅导室、多功能活动室等性别平等课程教育阵地，编写了图文并茂的《性别平等教育试点教材》。在“五育”并举提高学生素质的理念倡导下，高州市各学校广泛开展校园体育艺术活动、开办劳动教育课等。各式各样的特色教育使学生兴趣爱好得到充分发挥。非遗进课堂、国防教育特色学校、冼夫人文化教育特色、跆拳道、粤剧班……高州市教育充分和本土特色相结合，让孩子们在学习中传承和发扬本土文化。

高州市还重视对中小学生开展“绿水青山就是金山银山”理念科普和生态环保宣传教育，把生态文明教育作为素质教育的重要内容，致力提高师生生态环境保护自觉性。使学校成为生态文明教育高地，积极引导全社会树立生态文明意识，培养生态自觉模式。

高州市教育局每学期组织教师开展环保知识学习，使生态文明教育系统化、规范化。加强宣传教育活动是开展环保教育的主要途径，学校收集环保知识资料，详实丰富的资料为开展活动提供了理论依据。通过开展森林资源保护教育、施行森林校园规划管理、建设森林绿色环保校园、加大森林防火宣传力度等方面的活动培养师生爱护森林的生态意识和主人翁的责任感。

同时，利用红领巾广播站，主题大、中队会形式开展宣传活动，通过“小手拉大手”的形式，发动学生与家长共同参与保护环境的行动，尤其是围绕世界环境日、世界地球日、世界森林日、世界海洋日、世界水日等主题宣传活动，开展系列宣传教育活动。2020 年，全市已有 12 所学校被评为茂名市“森林校园”学校，有 81 所中小学校通过广东省“绿色学校”的验收。

三、安居乐业

近年来，高州市不仅在教育资源与医疗条件上的优势日益凸显，各方面的社会民生福祉也都得到了有效改善。政府着力提升人民生活的方方面面，全市民生支出占公共财政支出比重达86.5%以上。从收入来看，2020年居民人均可支配收入23 658元，5年年均增长8.2%。社会保障水平不断提升，城乡最低生活保障标准进一步提高，基本实现了城乡人力资源社会保障公共服务体系全覆盖。城镇居民月人均收入由2019年的702元上升为2022年的772元，农村居民月人均收入由2019年的484元上升为2022年的532元。文化体育服务持续优化，市、镇、村三级公共文化设施网络不断完善，建成市综合档案馆、市革命历史博物馆和高凉乡土文化博物馆等一批重大文化设施，举办了规模宏大的“千年荔乡·茂名高州市荔枝文化节”、市十一届运动会、冼夫人文化节、龙眼节等文体活动；高州市入选“中国乡村旅游发展名县（区）”，是全国10个名县之一；完成市运动场综合改造，启动市体育中心规划建设。

良好的民生发展极大地提升了居民安全感，使百姓安居乐业，吸引大批人才来聚。高州市正是借助民生优势来加大人才引进和培养的力度。高州市充分发挥居住成本较低、人居环境优良、教育和医疗资源优质的优势，营造人才创新创业和集聚发展的良好环境，引进高层次创新团队和领军人才，打造粤西科技创新人才高地。以骨干企业、重大项目、高等院校、科研机构为载体，加快创新型人才、高层次人才团队的引进培育，积极对接省“扬帆计划”“珠江人才计划”“广东特支计划”等人才计划，充分利用“招才引智‘十百千万’计划”、“企业领军人才培养计划”和“茂名人才活动周”等人才交流平台，大力实施高层次人才引进培养计划，健全急需紧缺人才目录，制定、落实优秀人才奖补政策，切实增强人才吸引力。支持市优势产业，设立人才管理服务创新平台，以产业对接人才，以人才助推发展。加快构建现代职业教育体系，依托重点科研项目、产业项目和工程项目，加快培养一大批创新型、应用型、技能型人才。

除了通过良好的民生保障吸引人才，高州市还通过人才发展体制机制改革和完善人才服务体系留住人才。例如，全面开展市、镇两级人才驿站服务体系建设工作，全方位培养、引进、用好人才，激发人才创新活力。完善高层次人才数据库，对引进高州市的高层次人才分层次管理。全面实施“人才新政”，加强青年人才、高技能人才、乡土人才引进、培育力度，对新引进高层次人才、急需紧缺人才给予津贴补贴、购房住房等优惠政策，提供职称评定、入编落户、子女入学、配偶安置、保险医疗、人才公寓等便捷服务，构建覆盖广泛、专业高效的人才服务保障体系，解决人才创新创业、干事就业的后顾之忧。多方面开展技能提升培训，稳步提高技能人才待遇。

《高州市国民经济和社会发展第十四个五年规划和二〇三五年远景目标纲要》的基本原则指出，要“坚持以人民为中心。坚持人民至上，把增进人民福祉、促进人的全面发展作为发展的出发点和落脚点。坚持人民主体地位，充分调动人民积极性，让发展成果更多更好地惠及高州市人民。”人是发展的推动力，也是发展的受益者，高州市通过民生保障吸引人才，通过优厚的人才政策留住人才，而安居乐业的人才则为教育、医疗以及各行各业提供了发展的活力。民生发展服务于人才，人才推动县域发展建设，又反哺民生改善，从而形成共建共享的机制。此外，高州市还将人才工作向乡村基层一线延伸铺展，打通人才服务基层发展“最后一公里”，为基层队伍不断注入新鲜“血液”，以人才促进乡村振兴。

四、本节小结

联合国可持续发展目标（SDGs）中的第一个目标就是消除一切形式的贫困。贫困不仅是缺乏收入和资源，还表现为饥饿和营养不良、无法获得教育和其他基本公共服务、受社会歧视和排斥以及无法参与决策等，其中因病致贫在我国一直是一个非常严峻的问题。国务院扶贫开发领导小组办公室 2015 年的摸底调查显示，在全国 7 000 多万贫困农民中，因病致贫的占 42%，将近一半的贫困是由疾病导致的。即使在脱贫攻坚战已经胜利的今天，防止因病返贫依旧是乡村振兴的重点之一。当一个家庭中有人生病时，不仅他本人和陪护的家人可能会失去收入来源，整个家庭还要承担高额的医疗费用，这对于那些医疗保障水平较低、难以获得便利低价医疗资源的地区来说尤其严峻。因此，发展地区医疗保障体系对于防止因病致贫非常重要。唯有一个地区医疗保障良好，医疗资源可获得、可承担时，人们才不必耗费大量时间、精力、金钱外出就医，从而能够安居乐业，提高幸福感。那么，各县域要如何发展医疗体系，为民生兜底？高州市的举措值得各地区参考学习。

（一）加强顶层设计，建立科学的三级健康服务体系。高州市人民医院列出 4 个基本清单，确定了县域内可治疗的大病。有了这个清单，如何在县域内建设好专科就有了作战图。高州市居民患病后在县域内能以比省级医院节省 1/3 的费用治大病、治好病，无须往外跑。县、镇、村三级医疗机构形成了科学的分工协作和顺畅的转诊机制，通过分级诊疗、双向转诊、家庭医生签约服务，建立起有效、严密、实用、畅通的上下转诊渠道，为全市城乡居民提供连续性诊疗服务，从而实现“小病不出村，常见病不出镇，大病不出县”。

（二）双轮驱动人才发展，找准医疗改革关键路径。医疗条件要提升，离不开一批技术过硬的医疗人才。高州市人民医院实行“一借一长”的人才培养机制。“借”，即借外力、外脑，“请进来”，软性引入人才，设立特聘专家制度，借助于大医院引进专家和技术，培养本地人才，为做强、做大专科提供支撑，使北京、广州等一线城市的优质医疗资源能够下沉基层，扩大了优质医疗卫生服务的供给。“长”，即长内力、练内功，“送出去”，培养本土人才。如高州市人民医院与南方医科大学联合培养博士后，并且扶持专科团队到省部级和国外医疗中心学习，与广东医科大学合作开设院内 60 人在职研究生班，还鼓励在职员工攻读博士、硕士，目前已考取 4 名博士、9 名硕士，医院全额资助。

高州市找准了医疗改革的关键路径，实行“三类九分法”绩效分配方案。高州市人民医院医护人员收入达到“珠三角”医院水平，其他医院医护人员收入超过事业单位水平，从而留住了大量专业人才。

（三）科学管理，维护公益性，使医疗费用可承担，切实服务群众。现代医院管理制度的关键点，一是要在医院制度建设中始终秉持公益性，二是改革与管理并重，从而促进医院的可持续、高质量发展。

2013 年后，高州市人民医院在现代医院管理制度建设下“挤掉水分”，步入规范化、科学化、精细化管理，强内涵，优质、高效、低耗、持续、良好运行。为进一步规范医疗服务行为，高州市人民医院坚持医务人员薪酬不与药品、耗材、检查等业务收入挂钩，绩效考核突出 DRG（疾病诊断相关分组）和 CMI 值（医院病例组合指数）、第三方病人满意度、平均住院日、医保病种定额控费等关键指标。引导医护人员通过提升技术、服务能力，以及合理控制病人诊疗费用来获取高薪，既最大限度调动了医护人员工作积极性，又进一步降低了诊疗费用。

（四）深化教育改革，推动各类教育协调发展。除了保障医疗资源，注重提升教育水平对于高州市县域“绿水青山就是金山银山”实践也起到了重要作用。首先，教育能够提高人民综合素质。通过教育，人们能够获得知识和技能，利于就业，这对于个人发展和社会进步都具有重要意义，为县域发展奠定了坚实的人力资源基础。其次，教育会极大地提升人民的生态自觉，“绿水青山就是金山银山”“可持续发展”“生态文明建设”“碳达峰碳中和目标”等生态环境保护理念更易宣传、更容易被民众吸纳，也能因此自发自觉形成农业循环经济模式，坚持可持续发展，避免竭泽而渔，为高州市永续发展保驾护航。再次，教育能够培养人才反哺发展。一个地区的发展离不开人才的支持。教育能够为社会输送大量优秀人才，为经济发展、科技进步、文化繁荣等各个领域提供智力支持，为县域发展提供强有力的人才支撑。最后，教育水平的提高能够留住劳动力，并且缓解留守儿童的教育难题。随着经济社会的快速发展，劳动力流动日益频繁。高州市通过完善教育体系、提高教育质量、拓宽就业渠道等措施，有效留住了本地劳动力，同时不断均衡教育资源，使得山区、农村的留守儿童能获得更好的教育，为县域经济社会发展提供了稳定的劳动力保障。

在教育方面，高州市也有值得借鉴的机制。

一是深化教育重点领域综合改革。深化教师队伍建设改革，持续师德师风建设，大力振兴教师教育，不断提升教师专业素质能力；深化教师管理制度改革，建立健全教师“县管校聘”制度，不断提高教师地位待遇，维护教师职业尊严和合法权益。深化教育评价改革，完善立德树人体制机制；系统推进党委和政府教育工作、学校、教师、学生、用人评价改革。推进落实考试招生制度改革，完善普通高中学业水平考试制度，健全普通高中学生综合素质评价制度；深入实施“阳光工程”，健全考试招生约束和监督机制。推动民办教育分类管理，全面落实民办教育促进法；建立、健全优质学校帮扶民办学校机制，规范公办高中参与兴办民办学校的办学行为。深化教育领域“放管服”改革，构建政府、学校、社会之间的新型关系，推进教育治理体系和治理能力现代化。[7]推进教育信息化建设，促进信息技术与教育教学深度融合，加快实施学校互联网攻坚行动计划，加快数字校园建设，创新区域智慧化教育教学模式。

二是推进各级各类教育协调发展。推进住宅小区配建学校工程，扩大普惠性学前教育供给，推进城乡学前教育高质量普及、健康有序发展。推进义务教育优质均衡发展，科学制定城区学校建设规划，加大城区学校改（扩）建、新建力度，实施乡村教育提升行动，优化城乡办学条件。推动普通高中多样化、高水平高质量发展，形成布局合理、质量优良、各具特色的普通高中教育格局，实施薄弱普通高中办学水平提升工程，提高优质学位覆盖面。推进职业教育扩容提质，围绕重点产业发展需要，优化中职学校布局和专业结构，做强、做优骨干中职学校，深化职普融通、产教融合、校企合作，推行现代学徒制和企业新型学徒制。推进特殊教育公平融合发展，加强普特融合，促进医教结合，推进适龄残疾儿童少年教育全覆盖。办好继续教育，推动职业院校面向社会开展职业培训，鼓励乡镇成人文化技术学校、成人教育机构拓展继续教育项目。发挥在线教育优势，搭建各类教育资源数字化平台，构建服务终身学习的教育体系，建设学习型社会。

第三节　百果丰美，百业俱兴

高州市地处冲积平原，土壤富含有机质。岭南春来早，漫长的夏季又能让水果积累丰富的营养物质。因此，得天独厚的自然条件使高州市成为花果飘香的世外桃源。《高州市国民经济和社会发展第十四个五年规划和二〇三五年远景目标纲要》提到："坚持高质量发展。聚焦聚力特色主导产业，全力护卫绿水青山"，其中特色主导产业就是指高州市的一大支柱产业——果业。发展果业不仅能够带来经济收益，促进农民增收，还能保护土壤，防止水土流失，保护生态环境。此外，通过延长产业链，发展果品加工、销售等相关产业，果业还能促进地方经济发展，带动乡村振兴。因此，高州市发展以果业为主的特色第一产业，对乡村振兴具有重要的支撑作用。

高州市走上以热带水果为特色第一产业的快速脱贫致富路径，离不开 20 世纪 80 年代中期开始的农业结构调整。通过十几年的努力，高州市水果种植面积达到了 130 万亩，其中龙眼、荔枝、香蕉产量最大。近年来，高州市又通过发展现代化农业和物联网、直播带货等行业，对果业发展提供支持。久久为功，如今高州市每年的水果产量近 185 万 t，农业总产值高达 300 亿元，成为中国荔乡、全国水果第一市。

高州市经济发展迅速，山区开发取得了卓越的成效，因此，广东省对高州市发展乡村经济的做法表示肯定，并将之作为"山区综合开发的一面旗帜"，提出"东学梅州，西学高州市"的口号。那么，其他地区可以学习高州市产业发展中的什么经验呢？

一、特色产业

果业是高州市的特色第一产业和支柱产业。高州市是名副其实的水果之乡，其中荔枝、龙眼、香蕉种植面积最广，种植面积高达 130 万亩，年产量达 185 万 t。如今高州市的水果产业发展兴盛，荔枝产业发展更是直接影响了广东省乃至全国荔枝生产，全球每 10 颗荔枝就有 1 颗来自高州市，高州市已然成为我国荔枝生产第一大县级市。

从历史上看，高州市农耕文化历史悠久灿烂，其荔枝种植系统作为广东省最具代表性的农业文化系统，不但集聚了丰富的生态农业智慧，也是岭南人集体的文化记忆。据史载，高州市荔枝种植史长达 2 000 多年。在隋唐时期，高州市还建立了根子柏桥贡园等荔枝园，为皇家提供新鲜荔枝。历经千年，根子柏桥贡园如今已成为全国面积最大、历史最悠久、保存最完好、古荔枝树最多、品种最齐全的古荔园之一。园区现存面积 80 亩，园内超过 500 年的古荔枝树高达 39 株，超过 1 000 年的古荔枝树有 9 株。古荔枝树枝繁叶茂，像皓首苍颜的老者，静默地站立在这片土地上，年年硕果累累。相传，唐朝高力士贡奉给杨贵妃品尝的荔枝就摘于此。

古荔树是地方历史的重要见证，也是重要的种质资源和天然的基因宝库，有重要的生态价值、文化价值和经济价值。茂名市在高州市建立了国家荔枝种质资源圃和中国荔枝博览馆，占地 535.8 亩，这是世界上最大的荔枝种质资源圃。目前荔枝种质资源圃汇集了包括国内七大荔枝主产区及境外 11 个国家和地区的 700 多份荔枝种质资源，为荔枝种植业作出了巨大贡献。

高州市能成为广东省最大的水果生产基地，一方面得益于其得天独厚的气候、水土条件和悠久的种植历史，另一方面也得益于高州市对农业在政策上保驾护航，在技术上精益求精。

1991 年冬，高州市开始农业结构调整，各地农村执行“不放松粮食生产，大力发展多种经营”的方针，高州市在北部古丁镇及西南部各地调整乡镇作物布局，将过去部分种水稻的土地改种蔬菜水果，并兴建鱼塘用于鱼类养殖。高州市还在荒山上和曾经种植桉树、松树等低效树木的地区种上了果树。

近年来，高州市从资源禀赋、地理环境与区位优势等方面入手，结合产业发展现状、国土空间规划，立足高州市农业现代化示范区的定位和目标，将园区合理规划为“一心一带三区多园”。同时为了促进农业现代化发展，特别是水果种植业的现代化发展，高州市从块状建设入手，打造国家级农业现代化示范区，建设广东省省级现代农业产业园，从点状建设入手，明晰本地“一村一品、一镇一业”发展目标和重点，科学制定发展规划，形成了一批“一村一品、一镇一业”专业镇和专业村。

高州市现有广东省省级现代农业产业园 3 个，其中荔枝产业园、龙眼产业园已完成项目建设，香蕉产业园正在建设中。高州市荔枝产业园是广东省批准的第一批省级现代农业产业园，产业园规划总面积约 22.2 万亩。荔枝产业园构建了大数据平台、虫情系统、土壤监测系统、气象站及数据库，提升软件基础建设水平，并搭建了电子展示屏、配肥机和远程控制系统，提升产业发展的硬件基础设施，大大促进了荔枝产业的转型升级和高质量发展。借此，高州市摸清产业园荔枝资源及当前荔枝生产水平现状，有效提升荔枝产业水平，为科学制定荔枝生产规划与技术措施提供了重要依据。

高州市龙眼产业园规划总面积 516.8 km^2。龙眼产业园的建设不断聚集壮大了农业产业化龙头企业，完善生产经营体系，并推动构建龙头企业、农民专业合作社和农民多主体多形式的利益联结机制，实行订单合作、流转土地、劳务聘用等产业化发展模式。同时，产业园让农民充分享受发展成果，扩大农业保险政策性覆盖面，达到节本增效、提升抵御能力、拓展增收等方面的效应。目前，产业园共计带动 8 836 位农户，吸引返乡创业人员 3 300 人，吸纳农民就业人员 5 020 人，为产业园发展注入了新的活力。

为了进一步促进农村产业改革，提升农村果业发展，高州市还成立了专业合作社。如高州市柏桥村利用自身地处包茂高速公路沿线的优势，加快了产业发展，将荔枝卖到了内蒙古自治区包头市，并孵化出了一家国家级农业专业合作社。仅 2022 年，高州市柏桥村村民人均收入就达到了 5.1 万元。

二、其他产业

高州市能获得水果产业高地的地位，仅靠做“大”是不够的，还必须要做“强”。而要发展特色第一产业，延长农产品的产业链，提高其附加值、扩大销售范围，都离不开其他产业的支持，如农产品加工业、冷链运输业、新兴的互联网直播行业等。

从高州市的历史可以看出，高州市制造业发展源远流长，具有较好的基础。据考古研究，早在商周年代，高州市先民就已掌握陶器制作工艺。隋唐年间，就能烧制瓷器。到了清宣统年间，官府购置织布机、印刷机，发展近代工业。中华人民共和国成立后，高州市政府开始布局发展工业。在国民经济恢复时期，高州市还兴办了一间制革厂。现代高州市制造业的发展重点则放在了现代农业与食品产业、现代轻工纺织产业、生物医药与健康产业上，这对于高州市的发展也起了很大的推动作用。

高州市荔枝、龙眼等水果的加工历史悠久，加工企业多，工艺成熟。特别是龙眼加工，加工家庭作坊超过 3 000 家，根子镇、分界镇、泗水镇 3 个镇都超过 2 000 家，高州市分界镇更是被誉为“中国桂圆加工第一镇”。龙眼加工量每年高达 3 万多 t，几乎占到鲜果总产量的 1/6。除了本地龙眼，高州市还加工来自广西、福建等省区外产区以及泰国等东南亚产区的龙眼。这不但提高了加工中心设备的运转率，弥补龙眼加工的“空窗期”，也提高了高州市水果的知名度。除了水果加工业，高州市还立足农业优势，布局了生物医药与健康产业。高州市产业园联合各大高校和科研机构着力研发各类水果的医疗和健康方面的妙用。例如，高州市研发了从龙眼壳提取龙眼精油的技术，实现了“变废为宝”，还获得了题为“营养健康导向的亚热带果蔬设计加工关键技术及产业化”国家科学技术进步奖等多个奖项。

2019—2021 年，高州市整合涉农中央、省级财政资金 6 200 万元，支持 111 个村、112 个农业经营主体，发展“一村一品、一镇一业”农业主导产业、特色产业。[8] 通过项目带动，高州市形成一批专业镇（村）。3 年来高州市被广东省农业农村厅认定为专业生产镇的有 11 个，专业村 58 个。同时，高州市扶持、培育和壮大一批新型农业经营主体，并打造了一批知名品牌，其中特优新农产品就有 12 个。

2021 年，高州市组建了荔枝营销工作领导小组，全面统筹营销工作，建立了荔枝销售专班，组织向外推介和销售工作，并由各级政府人员组成“政务服务员”。事实证明，高州市的这一系列举措成效显著。2021 年高州市全品种荔枝收购价均价 4.5 元/斤，远超预期。在高州市根子镇，每天四五十辆运输的冷库车仍旧供不应求。

除此之外，高州市还组建了 2 支营销队伍。高州市设立荔枝采购商政务服务中心，组织采购商亲临产区，吸引采购商扩大荔枝销量。同时，高州市积极培养产区经纪人，举办荔枝产业带头人培育培训营和大型微信直播技术培训活动，联合电商、微商力量，以“头雁”效应带动产业良性发展。目前，高州市电商从业人员 3 万多人，电商企业 1 700 多家。

为了保证水果新鲜度，降低运输成本，高州市构建物流运输体系。高州市从保存技术出发，不断提升冷链技术，还结合当地实际情况，创造性地根据经营主体、占地规模和小站功能推出了 A、B、C 三类“田头小站”，用于解决荔枝采摘后的田头预冷、分拣分级、包装、加工及仓储等难题，分工明确，彼此互补，补齐了冷链物流体系的短板，实现了荔枝从“田头”到“舌头”的全程真冷链。在“田头小站”的助力下，运输的鲜果储藏时限将比以往延长2～4倍，价格品质也进一步得到提升。作为广东省田头仓储冷链体系的第一个示范点，高州市有效解决了荔枝“最先一公里”的保鲜难题。“田头小站”还结合大数据进行了一系列创新性探索。在任何一个“田头小站”都配有一个电子显示屏，每日滚动显示全省荔枝大数据，其中包括荔枝产地供应、销区走货及需求、分级价格等信息。高州市以“田头小站”为载体，利用供求等大数据信息有效匹配了高州市荔枝销售季采购和供应信息。高州市“田头小站”还开发了电商直播、新技术示范推广、新农人创业实训、市场集散、农业金融保险对接、农业生产经营信息（土地流转、农技农机农资信息）发布对接、农村政策法规宣传等功能，集仓储保鲜、分拣包装、大数据中心于一体，为水果产业发展提供了技术支撑。

三、产业振兴

高州市通过特色产业系统有效转化了生态价值。高州市深入践行“绿水青山就是金山银山”理念，以产业振兴为引擎，让乡村的绿水青山真正变成金山银山，对于高州市的产业结构调整、农业现代化进程、现代服务业发展、改善人民生活、产业园区建设和技术创新等各方面都有很大的推动作用。

2019年以来，高州市农业现代化进程加快，桂味荔枝、龙眼、肉鸡等8个农产品入选全国名特优新农产品名录。高州市还获得国家农产品质量安全县、全国农民专业合作社质量提升整县推进试点县、国家电子商务进农村综合示范县、国家数字乡村试点县、省全域推进农村人居环境整治示范县、省率先实现农业农村现代化试点县等荣誉称号。高州市现代服务业繁荣发展，2020年高州市第三产业增加值达319.78亿元，对GDP增长贡献率达到18.04%。

在工业发展上，高州市初步形成了以高州市产业转移工业园为核心，以蒲康工业园区等 6 个工业园区为支撑的“一园多区”发展格局，工业园区承载能力持续提升。高州市新增高新技术企业 8 家，成功申报茂名市工程技术中心 2 家。2020 年全市专利申请量 826 件，专利授权量 709 件，分别比 2015 年增长 18.3%和 66%。创新能力显著提升，创新成果不断涌现。

从生态经济学理论来讲，绿水青山是生态系统的本质特征与内在要求，也是决定一个地区生态系统质量、生态价值及其可持续能力的判断标准。优质的绿水青山生态为金山银山的形成奠定了基础，但要转化成为高质量的生产力，还需要通过产业发展来实现生态价值的转化。从产业生态化角度分析，为了避免走上“先污染后治理”的不可持续的传统产业发展老路，走产业生态化道路，必须通过发展绿色产业、生态产业来实现产业升级与更替，推动乡村产业实现高值高效；从生态产业化的角度分析，只有将自然生态资源的生态服务价值通过市场化、产业化途径转换为可供消费的生态产品，推进资源变资产、资产变资本、资本变股本的产业化运作转型，并将其与乡村的农户利益链直接连接，才能真正实现金山银山的目标，实现从“一方水土养一方人”到“一方好水土富一方人”。

高州市产业发展对县域和乡村振兴的作用是多方面的。首先，产业发展带动本地优势产业的同时还拉长了产业链，带动了电商、直播、文旅、民宿等多个相关产业的发展，使经济多元化健康发展。产业发展还能够为当地年轻人提供就业机会，吸引年轻人留在家乡参与建设。而年轻人作为人才力量注入产业，以创新思维提升产业的技术力量，又能进一步发展产业。如此良性循环，乡村财丁两旺，达到了真正的振兴和可持续发展。从“绿水青山”向“金山银山”的转化角度来看，产业发展能够促进“绿水青山”向“金山银山”的转化，实现生态效益和经济效益的统一，使农民增收，使巩固脱贫攻坚成果与乡村全面振兴有效衔接。

四、本节小结

在 2022 年年底召开的中央农村工作会议上，习近平总书记特别强调，各地推动产业振兴，要把“土特产”这 3 个字琢磨透。“土”讲的是基于一方水土，开发乡土资源。“特”讲的是突出地域特点，体现当地风情。要跳出本地看本地，打造为广大消费者所认可、能形成竞争优势的特色。“产”讲的是真正建成产业、形成集群。要延长农产品产业链，发展农产品加工、保鲜储藏、运输销售等，形成一定规模，把农产品增值收益留在农村、留给农民。[9]

高州市的柏桥村地处荔枝种植黄金地带，有着 2 000 多年的荔枝种植历史。发展荔枝产业，实现了本土资源利用最大化，因此，高州市的水果便是这样的“土特产”。高州市为乡村振兴作出了很大的贡献，将高州市发展特色第一产业的经验总结形成“绿水青山就是金山银山”实践机制，具体如下：

一是因地制宜发展现代化特色第一产业，提升农产品附加值。高州市选择适宜当地气候、水土、劳动力条件和原本已经具有产业基础与优势的农产品重点发展，如稻谷、水果种植、林业、生猪一体化养殖、渔业等特色优势农业，引入“互联网+”模式，提高农业现代化水平。同时，高州市还大力发展食用香精等现代食品加工业，培育壮大以特色农副产品为原材料的保健食品、休闲食品、生物制品产业，打造特色食品加工基地。

二是规划建设产业园区，探索农村合作社发展路径。高州市加大产业园招商引资力度，大力扶持园区内的企业做大做强，最大限度发挥产业园的辐射作用，带动“小农户”走进“大市场”，实现园区与企业共建、共富、共享。同时，园区集中科技力量，依托高校和研究机构，攻克机械化采收、保鲜贮运、精深加工等技术难题；高州市鼓励各地因地制宜发展合作社，探索更多专业合作社发展的路径。

三是延长产业链，提升产业链现代化水平，培育发展区块链产业。高州市围绕特色产业，从生产、加工、仓储、冷链、物流、销售，到产品开发、品牌打造、文化创意、休闲旅游等，形成完整的产业链，巩固壮大实体经济。高州市加大普惠性政策支持力度，围绕重点产业，研究开发基础应用，补齐产业链、供应链短板，积极参与国家产业基础再造工程，促进产业链多元化提升。同时，高州市还积极发展工业互联网及服务型制造，推动农产品加工、冷链运输等产业智能化、高端化、绿色化转型。

为了充分把握5G技术商业应用发展契机，高州市结合特色农产品质量溯源管理及数字乡村建设，以区块链技术应用为突破口，探索“区块链+大数据+农业”发展模式。同时，高州市还引进一批创新型企业和高水平人才，建设特色农产品品质区块链追溯平台。

四是鼓励创新，加强品牌化建设。高州市鼓励市场主体加大投入，积极采用新技术、新材料、新工艺，研发生产新产品、支持提供新服务。高州市聚焦行业发展的薄弱环节、关键领域的核心技术，开展技术攻关，加强知识产权保护，从而激发企业创新动力。高州市通过加强政策扶持力度，推进服务业创建品牌、打造精品，重点培育现代物流、电子商务等生产性服务业品牌创建，壮大生态旅游、健康养老、教育培训等生活性服务业品牌，创建信息服务、大数据、物联网等新兴服务业品牌。

五是构建现代商贸服务体系，完善现代物流服务体系。高州市推进领创国际博览城、城东片区大型商业综合体建设，推动商贸流通设施改造升级，合理配置商业网点的数量、规模、档次和业态，促进传统商贸与电子商务等新业态紧密结合，大力推动电子商务、网上购物、连锁经营等零售新业态的发展，推动现代商业与传统文化、时尚艺术融合，打造特色商业街区。高州市大力发展冷链物流、城市配送物流和电商物流产业，建设中心镇的物流配送中心，加强现代物流与现代仓储集中化建设，逐步形成与电子商务发展相适应的现代物流配送体系。高州市还积极完善电子商务服务体系，畅通生产、流通、消费对接渠道，支持“网店一体”电子商务模式创新，鼓励发展社交电商、“网红”直播电商等新业态，拓展电子商务行业应用。同时加快建设电子商务公共服务中心和电商物流配送中心，完善农村电商服务体系。

第四节　政通人和，凤栖梧桐

生态文明建设作为中国特色社会主义事业“五位一体”总体布局的重要组成部分，要求我们必须走“绿水青山就是金山银山”的绿色发展道路，而“绿水青山就是金山银山”理念中蕴含的以人为本的价值理念是生态文明建设的重要价值遵循。县域具有生态文明建设的禀赋优势，是中国生态文明建设的重要场域，“绿水青山就是金山银山”绿色实践路径是符合生态文明建设要求的县域发展路径。

党的十九大提出了乡村振兴这一重大决策部署，而建立健全城乡融合发展体制机制和政策体系，加快推进农业农村现代化正是乡村振兴的必由之路。县域经济发展是乡村振兴的保障。“县域发展的短板在乡村、潜力也在乡村，通过发挥乡村振兴对县域经济的引领作用，改善县域经济发展的基础条件和发展环境，全面激发县域经济发展的动力。”[10]高州市以“绿水青山就是金山银山”理念引领乡村振兴，就是要坚持“生态优先”，“生态优先”不仅是指保护生态，更是要实现绿色发展和可持续发展。

本章通过全面总结高州市的发展优势，分析顶层设计中可供借鉴的举措，分别从县域发展和乡村振兴两个角度，梳理高州市“绿水青山就是金山银山”绿色发展的体制机制，以点带面，以供其他区域在发展的过程中参考学习。

一、近悦远来

《论语·子路》中记载，有一次叶公向孔子请教为政之道，孔子回答他：“近者说（悦），远者来。”意思是说，只要先让境内的人民欢悦无怨，于是远处的人就会慕名而来投奔了。千年过去，高州市就是在“绿水青山就是金山银山”实践的过程中，通过不断完善民生保障和壮大特色产业，做到了“近者说，远者来”。

良好的医疗和教育条件是产业发展的基石，再加上得天独厚的自然条件，高州市成为特色果业兴旺，其他产业兴盛的“绿水青山就是金山银山”发展百强县。人才兴，则产业兴。周全的民生发展、宜居的气候，相对低廉的物价，使高州市对于优秀人才而言，具有能与其他大城市相媲美的吸引力。同时，为了留住人才，高州市积极改革人才发展体制机制、完善人才服务体系，因此越来越多的人选择返乡就业，投身高州发展。

而优质的医疗水平保障了当地人民群众的身体素质。劳动力健康得到保障，生病能得到及时有效且平价的治疗，有效防止因病致贫和返贫。良好的教育则涵养了劳动人民的文化素养，提升了当地人的精神面貌。

综合而言，正是由于高州市民生发展的不断提高，医疗教育水平的不断进步，高州市人民群众的整体素质较高。民生的兜底为高州市人民解除了生活的后顾之忧，使人们有更好的经济条件和更多的精力投入生产中，为高州市全面发展提供了支撑。

二、县域发展

创建优质均衡的教育体系。高州市树立科学的教育理念，协调发展各级各类教育，坚持教育的公平性和公益性，完善公办义务教育结构，全面发展素质教育。同时，高州市科学布局城乡学校，解决“城镇挤、乡村弱”的难题，培养、选拔高素质教师队伍，提高教育信息化基础条件与应用水平，着力提高薄弱学校、乡村学校办学质量。

构建全方位、多层次医疗保险体系。高州市深入贯彻、落实国家和广东省医疗保障政策，推进医保支付方式改革，健全稳健可持续的筹资运行机制和严密有力的基金监管机制，为百姓扎实做好医疗救助工作，落实异地就医结算。高州市协同推进医药服务供给侧改革，优化医疗保障公共管理服务，巩固基本医疗保险覆盖面，并探索建立长期护理保险制度，积极发展商业医疗保险。为推进医保服务信息化、标准化，推进医保信息系统建设。

加大人才和招商政策力度，加强招才引智。高州市不断提升民生保障，用良好的医疗条件、教育水平和舒适宜居的环境吸引人才留驻。同时，高州市加大政策支持力度，积极发挥各地同乡会的作用，支持乡贤回乡创业，并与全国高等院校和科研院所加强合作，以项目合作的方式带动技术和人才引进，多渠道引入高水平专业人才。高州市还建设了具备跨区域、跨产业招商能力的专业化招商队伍，提升招商引资、引技、引智实效。

三、乡村振兴

高州市的乡村振兴之路就是其“绿水青山就是金山银山”实践之路。高州市的经济是以农业为支柱的山水经济，而“绿水青山就是金山银山”理念以不损害生态环境为代价发展经济，与高州市的发展之路不谋而合。结合国家乡村振兴战略中产业兴旺、生态宜居、乡风文明、治理有效、生活富裕的总要求，高州市的乡村振兴有以下三方面的表现：

一是民生发展，主要体现在乡村医疗教育、乡村文化建设、乡村生活保障上。高州市通过不断提升乡村医疗资源和教育条件，落实最低保障、养老和医疗保障制度，保障民生福祉。高州市加强党建和爱国教育，因地制宜弘扬优秀乡土文化，激浊扬清，促进乡村文明。为防止因病致贫，高州市还积极建立、健全防止返贫监测和帮扶长效机制，增加在医疗教育方面的财政投入。高州市着力提升农村居民收入，缩小城乡居民收入差距，注重“共同富裕”“共建共享”，激发内生动力。高州市坚持专项帮扶、行业帮扶、社会帮扶“三位一体”帮扶体系，构建政府、社会、市场协同推进的帮扶格局，实现巩固拓展脱贫攻坚成果同乡村振兴有效衔接。

二是特色经济，主要表现在乡村特色农业、乡村产业链、乡村旅游业上。为使产业兴旺、百姓生活富裕，高州市立足乡村生态资源优势、区位优势、劳动力和人才优势，找准自身发展定位，发展特色生态产业。遵循“宜农则农、宜林则林、宜牧则牧、宜工则工”的生态适应性理念，高州市把生态优势转化为产业经济优势，围绕特色产业规划布局，延长产业链，形成产业集群和品牌效益。

高州市构建“生态绿色、物质循环、低碳增汇、高质增效”的可持续发展乡村产业体系，推动优势产业生态化技术改造，注重乡村生态建设的经济性外延和内生产业活力，打破传统的乡村第一产业、第二产业、第三产业相互独立的结构体系，在一个地区打造“生产子系统—消费子系统—物能循环子系统”相互联系、相互耦合的生态经济循环产业链。同时，高州市将物联网、互联网等信息技术植入乡村产业发展过程，发展农产品电商、智能农场管理等新的第四产业形态，促进乡村产业信息化、智能化融合，打造数字乡村系统，把数字化技术与设备应用到乡村全产业链，实现产业升级。高州市还将“创意设计、精神文化”等理念植入乡村产业过程，将文化、民俗、农业等各方面与乡村旅游业相结合，促进乡村产业再次融合与升级。

三是保障体系，主要表现在体制机制保障、环境质量保障、美丽乡村之路上。“绿水青山就是金山银山”理念倡导的是在产业发展中保护，在生态保护中发展，从而实现乡村经济与人口、资源、环境的可持续发展。而实现可持续发展的关键是要形成并发挥机制的作用，在制度上敢于创新，把乡村的绿水青山生态服务价值转化为生态资产，依托特色经济的发展，把生态要素转化为产业要素，把生态财富转化为物质财富，创造乡村生态产品，打造乡村绿色品牌，推进乡村优势生态资源转换为乡村“生态绿色银行”。高州市多措并举促进乡村生态产业化，使乡村田园成为“聚宝盆”，乡村山林成为“摇钱树”，使村民从“绿水青山”中获利。村民的生活富足了就会重视带来经济效益的田园山林，促使民众自发保护山水林田湖草沙，并发挥内生动力，自行研究农业循环模式，进一步促进“绿水青山”的转化。同时，群众增进“绿水青山”的生态自觉就会更加注重生活环境的宜居性，不受竭泽而渔的发展模式诱惑，使乡村呈现风光美、人亦美的面貌。发展特色经济，促进乡村生态产业化不但能增加村民收入，也能增加当地的财政收入，政府又可通过提高医疗、教育等方面的财政投入，形成民生发展体系，留住人才，解决发展的后顾之忧，从而达成“绿水青山就是金山银山”绿色发展长效机制，走上良性循环的发展道路。

四、本节小结

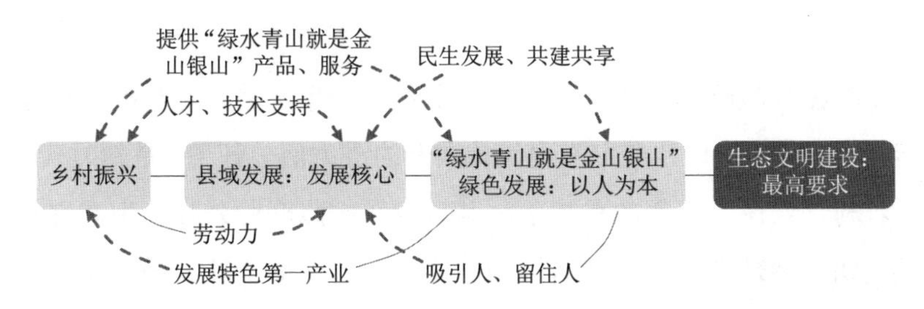

图 6-1　“绿水青山就是金山银山”绿色发展机制示意图

图片来源：蒋凡。

生态文明建设既是中国特色社会主义建设“五位一体”总体布局的重要组成部分，也是社会主义全面发展的内在要求，其本身是对工业文明发展理念的科学扬弃。走“绿水青山就是金山银山”的绿色发展之路就是走生态文明建设之路，而“绿水青山就是金山银山”理念蕴含的以人为本的价值理念也是生态文明建设的重要价值遵循。

从高州市 2018—2021 年“绿水青山就是金山银山”发展指数中的各维度得分来看，高州市在民生发展方面进步显著，以果业为支柱的特色经济方面在 2019 年后迎来极大发展，生态环境也在 2020 年得到迅速改善，这些都是高州市在 2020 年后入选“绿水青山就是金山银山”发展百强县的主要原因。高州市的发展过程能为同类型的县域提供一套可参考的“绿水青山”向“金山银山”转化机制。

“绿水青山就是金山银山”理念的建设者是人民，受益者也是人民。“以人为本”是“绿水青山就是金山银山”理念的最终落脚点，因此，县域发展必须要落实到人民身上。高州市一方面通过财政不断提高民生发展，抓好医疗、教育等民生问题，为民众兜底，吸引人才、留住人才，支撑县域发展；另一方面人民安居乐业后，发挥自身价值，提供创新活力，反哺县域产业，为县域发展作贡献，提高财政收入，从而形成“共建共享”的良性循环。

乡村振兴战略是党的十九大作出的重大决策部署，是决战全面建成小康社会、全面建设社会主义现代化国家的重大历史任务，是新时代“农业、农村、农民”工作的总抓手，其目标是按照产业兴旺、生态宜居、乡风文明、治理有效、生活富裕的总要求，建立健全城乡融合发展体制机制和政策体系，加快推进农业农村现代化。[11]“绿水青山就是金山银山”绿色发展是在不破坏乡村生态环境的前提下，将生态效益转化成经济效益，促进特色第一产业的发展。乡村振兴提供了多种“绿水青山就是金山银山”产品和服务，探索出“专业合作社”“绿水青山就是金山银山”银行等创新举措和机制，丰富了其实践成果和理论内涵。村民生活条件的改善又进一步促进了群众生态自觉意识的提高，推动了“绿水青山就是金山银山”的绿色发展。

乡村是县域的重要组成部分，县域发展和乡村振兴相辅相成，是“绿水青山就是金山银山”绿色发展的一体两面。乡村要想振兴离不开县域的人才、技术、政策等方面支持，同时，乡村振兴对于合理布局产业，提供劳动力资源支撑，改善县域经济发展的基础条件和发展环境有重要作用。

参考文献

[1] 朱玉浩，侯晓杰．茂名：一座跨越 2 617.71 公里的“兄弟”城市[N]．石嘴山日报，2023-06-27.

[2] 卢方圆．“三个代表”与高州[J]．中共党史研究，2002（6）：26-29.

[3] 许帼贞，李耀态．关注鉴江航道资源的保护[J]．珠江水运，2005（2）：27-28.

[4] 李伯玺．办好人民满意的医疗卫生和教育事业[N]．光明日报，2021-03-07.

[5] 张玉荣．高州市：构建县镇村三级健康医疗体系[J]．小康，2021（35）：70-73.

[6] 张玉荣．高州市人民医院做深做实惠民医疗[J]．小康，2021（35）：160-163.

[7] 中共中央办公厅、国务院办公厅印发《加快推进教育现代化实施方案（2018—2022 年）》[J]．人民教育，2019（5）：11-13.

[8] 文龙振．茂名市荔枝产业竞争力分析[J]．合作经济与科技，2022（2）：28-30.

[9] 习近平．加快建设农业强国 推进农业农村现代化[J]．求是，2023（6）.

[10] 张浩，李鹍鹏，周艳．县域高质量发展的花垣经验[J]．人民论坛，2023（13）：88-91.

[11] 吴和星．经果林项目后续管理对促进和巩固乡村振兴的思考[J]．果农之友，2023（2）：75-78.

第七章

武夷山市篇

茶香文韵，点绿成金

入选理由

武夷山市是中国著名茶乡，是世界乌龙茶和红茶的发源地。1999 年 12 月 1 日，联合国教科文组织世界遗产委员会第 23 届会议宣布，武夷山市作为文化和自然双重遗产，列入《世界遗产名录》，这标志着武夷山市走向世界。2021 年 3 月 22 日，习近平总书记来到武夷山市星村镇燕子窠生态茶园，察看春茶长势，了解当地茶产业发展情况。听说近年来在科技特派员团队指导下，茶园突出生态种植，提高了茶叶品质，带动了茶农增收，习近平十分高兴。他指出，武夷山市这个地方物华天宝，茶文化历史久远，气候适宜、茶资源优势明显，又有科技支撑，形成了生机勃勃的茶产业。要很好总结科技特派员制度经验，继续加以完善、巩固、坚持。要把茶文化、茶产业、茶科技统筹起来，过去茶产业是你们这里脱贫攻坚的支柱产业，今后要成为乡村振兴的支柱产业。习近平总书记在武夷山市考察时还指出，“武夷山有着无与伦比的生态人文资源，是中华民族的骄傲，最重要的还是保护好”[1]“要坚持生态保护第一，统筹保护和发展，有序推进生态移民，适度发展生态旅游，实现生态保护、绿色发展、民生改善相统一”。这是习近平总书记对武夷山市生态环境保护工作的肯定，也对武夷山市生态环境保护工作提出了更高的要求。

近年来，武夷山市深入践行习近平生态文明思想，牢固树立“绿水青山就是金山银山”理念，坚持产业生态化、生态产业化发展。武夷山市依托地区资源和产业优势，从生态茶园建设、茶旅融合发展、生态茶企和品牌建立等多个方面推进生态茶产业发展。武夷山市创新推动区域特色生态资源全产业链融合发展，加快生态产品的价值实现，探索出了一条生态资源有效转化为经济价值和民生福祉的绿色发展路径。其中，黄村“一杯武夷茶”的生态故事入选生态环境部“绿水青山就是金山银山”典型案例；五夫镇“生态银行”入选全国十个实践“绿水青山就是金山银山”典型案例；山、水、茶实景出演的“印象大红袍”创多个世界第一，助力武夷山市点“绿”成“金”。武夷山市不断推进生态文明改革试点，在“绿水青山”向“金山银山”转化体制上作出具体实践，推出了一批可复制、可推广的武夷山市经验。2022 年，武夷山市入选浙江大学“绿水青山就是金山银山”发展指数全国百强县第 24 名，在特色经济、生态环境、碳中和、保障体系指标中都获得了 A+的最高等级。

武夷山市的“绿水青山就是金山银山”实践示范之处就在于立足生态环境保护，以科技特派员制度为特色的科技支撑作为茶产业发展的主线，将文化贯穿于产业发展的各个阶段，真正把文化、科技和产业发展统筹起来，取得了“绿水青山”向“金山银山”转化的优秀成果。

第一节　春自东南，来吃茶否？

2019 年 12 月，联合国大会宣布将每年 5 月 21 日确定为“国际茶日”。在 2020 年首个“国际茶日”，国家主席习近平向“国际茶日”系列活动致信表示热烈祝贺。“‘茶’字拆开，就是‘人在草木间’。”习近平总书记的妙解，道出了中华文化中“道法自然”的真谛。党的二十大报告提出要“增强中华文明传播力影响力”，而将“中国传统制茶技艺及其相关习俗”列入联合国教科文组织人类非物质文化遗产代表作名录，对于弘扬中国茶文化很有意义。[2]茶文化作为中国传统文化的重要组成部分，对于世界文化的交流互鉴也起到了重要作用。

武夷山市制茶历史久远，汉武帝时，武夷茶就成为贡茶。唐代，武夷岩茶就以“晚甘侯”的独特身份跻身于皇家贡品行列。因此，唐朝成了武夷茶的第一个兴盛时期。到了宋朝，上至宫廷帝王、下至市井百姓，斗茶品茗，盛极一时。而斗茶又称茗战，是兴起于武夷山市的一种品茗方式。

武夷山市是古闽越文化的发祥地之一，有着 4 000 多年的文明史，众多的文化遗产，如武夷山市崖墓群、闽越王城遗址、摩崖石刻、书院遗址等，反映了先秦至清代不同历史时期的文化风貌。武夷山市还是三教名山，儒教、道教、佛教在此交融共存，宋代理学家朱熹在此授徒讲学，将理学发扬光大，影响深远。道教的南宗祖师白玉蟾在武夷山大王峰麓的止止庵修行多年，因此又号“武夷翁”。此外，种茶、制茶和品茶也早已成为僧人修行的一个重要载体，许多顿悟都是在茶事活动和品茗意蕴中获取的。悠久的历史、深邃的思想、杰出的人物，都与武夷山的茶融合在一起，这片土地千百年来浸润着茶香，形成了独特的武夷山文化，又沿着蜿蜒曲折的海上茶叶之路和陆上茶叶之路辐射影响全球。武夷山市文脉源远流长，万物清平昌盛，千百年的积淀似乎就静候着一个契机，厚积而发。

因此，武夷山市在“绿水青山就是金山银山”理念践行和转化的过程中获得的成果离不开茶产业。然而，在 2005 年之前，武夷山市地区生产总值只有不到 302 亿元，第一产业、第二产业、第三产业比例为 23.8∶24.0∶52.2。作为山区和自古以来重要的茶叶原产地，武夷山市的工业发展受到限制，当时武夷岩茶在全国声名尚且不显，甚至只能为其他茶叶品牌提供原料。而到 2022 年，武夷山市的 GDP 已经达到了

2 339 亿元。现如今武夷岩茶无论在品质、口感还是人文价值和经济价值上都成为全国茶叶当中的翘楚，这十几年间，武夷山市又是怎么做到全方面发力，打造出高端的品牌形象，将武夷山的岩茶推广到全国的呢？这当中必须提到武夷山市独特的文化。文化贯穿着武夷山的古往今来，塑造了武夷山独特的山水风光，也熏陶着这片土地上保护自然、爱茶种茶的人民。

一、历史沿革

武夷山市位于福建省西北部，与江西省铅山县相邻，地处武夷山脉的南麓，是一个历史悠久的县级市。早在唐朝贞观之初（约 630 年），左牛卫上将军彭迁定居于此，召集乡民垦辟荒地 90 余处，形成较大的居住点，取名新丰乡，这便是武夷山市最早的雏形。唐垂拱四年（688 年），彭迁之子彭汉奏准将新丰乡改为温岭镇，设立官署。后来彭迁裔孙彭玛呈报朝廷获准，将温岭镇改为崇安场，这是“崇安”这一地名最早的历史记载。到了宋淳化五年（994 年），又将崇安场改为崇安县。中华人民共和国成立后，崇安县先后隶属福建省第一行政督察专员公署和福建省建瓯专署、建阳专署、南平专区、建阳地区、南平地区。1989 年 8 月 21 日，经国务院批准，撤销原崇安县，设立武夷山市。1994 年 9 月，设立地级南平市，武夷山市隶属南平市。

作为中国南方开发最早的地区之一，武夷山市是福建文化的发源地之一。在历史长河中，武夷山市以不同的定位扮演了鲜明的角色，孕育了独特的文化。4 000 年前武夷山是古闽越文化的中心，这也是武夷文化发展的第一个鼎盛时期。武夷山作为汉朝闽越国的王城，百年来都是东南方最大的城市，到了秦汉时期，武夷山已经发展为道教文化重镇。而唐朝以来，武夷山则是名副其实的闽北禅都，禅茶一味在此兴起，对佛教的传播和发展产生了重要影响。直到北宋、南宋时期，武夷山市成为道教符箓派神霄宗的发祥地，也是内丹派南宗的祖庭，在中国道教史上占有特殊的地位。同时，由于南宋理学家朱熹在此创办书院并讲学，武夷山市成为朱子理学的中心，也被称为“道南理窟”。

元大德六年（1302 年）朝廷为了监制贡茶，特地在武夷山市的四曲溪畔设置“御茶园”。从此，武夷茶大量进贡，长达 255 年，这也极大地扩大了武夷茶的影响力。

我国最早的红茶生产是从福建武夷山市桐木关的小种红茶开始的，至今已有 400 多年的历史。明朝末年，时局动荡，有一支军队进入桐木关的庙湾，占驻了茶厂，士兵甚至就睡在茶青上。当地的茶农们由于害怕，早早地躲到了山里，因此待制的茶叶没有及时烘干，等这支军队走了之后才发现，茶青变软且发红发黑。为挽回损失，茶农们决定把这些茶青搓揉成条，并采用当地盛产的马尾松木加温烘干，这样一来原来红绿相伴的茶叶变得乌黑发亮，形成特有的一股浓醇的松香味，有桂圆干味，口感极好。茶农把这些茶挑到 45 km 外的星村去卖，没承想得到消费者喜爱，价格高出原来茶叶好几倍。由此，便产生了“桐木关小种”和“星村小种”红茶。清光绪元年（1875 年），安徽人余干臣从福建罢官回原籍经商，把红茶的加工工艺带到了安徽至德（今东至县），在尧渡街设立茶庄，依照“闽红”试制红茶并取得了成功。光绪二年（1876 年）在祁门扩大生产，随后江西、湖南、台湾等地也都大力发展红茶的产业。到 19 世纪 80 年代，中国红茶更是成为出口的“拳头产品”，在国际市场上占据重要地位。后来红茶传到了印度和斯里兰卡等国。由于加工炒制方法不断创新，在制茶过程中不断摸索，就出现了乌龙茶。清代是武夷岩茶全面发展时期，武夷茶区不仅生产武夷岩茶、红茶、绿茶，而且还有许多的名丛。

明清年间，茶禁松弛，朝廷允许民间进行茶叶贸易，武夷茶出口量大增。但由于当时还在实行海禁政策，海路不通畅，相较之下，其时陆路贸易十分兴盛，出现了由山西商贾组成的茶帮，专赴武夷山市茶叶市场采购茶叶运往关外销售。武夷山市作为中蒙俄茶叶之路的起点，成为重要的国际贸易中心。清康熙年间，开始远销西欧、北美和南洋诸国。在伦敦的市场上，武夷茶的价格比浙江的珠茶还要高，为中国茶之首。19 世纪 20 年代开始，武夷茶在亚洲、非洲、美洲一些国家试种，目前已在 30 多个国家安家落户。

中华人民共和国成立后到改革开放之前相当长的一段时期内，武夷山市的旅游产业长期处于停滞状态。改革开放后，随着旅游业快速发展，武夷山市逐渐成为我国知名的旅游城市。1979 年，国务院正式批准成立武夷山自然保护区，并把它列为国家重点自然保护区。1982 年，国务院把武夷山市列入全国首批重点风景名胜区。1999 年武夷山被列入世界自然与文化双重遗产地，这也标志着武夷山市不断向国际性旅游城市发展。[3]

武夷山虽然是红茶、乌龙茶的发源地，但是早期武夷山茶没有形成品牌和规模效应，尤其是乌龙茶的知名度在全国范围内并不高，长期以来高端茶叶市场大都由西湖龙井、祁门红茶、云南普洱等茶叶品种构成，很少看见武夷岩茶的身影。然而自从 2005 年起武夷山市政府颁布了一系列政策以促进茶产业发展，逐渐打响了武夷岩茶“岩骨花香”高品质的名气。而后，武夷山市又以茶产业为支柱带动文旅、互联网等其他产业蓬勃发展。如今，武夷山的岩茶已享誉中外，一斤高品质的岩茶价格可达几千元甚至上万元，上限远超西湖龙井等老牌茶种，2022 年武夷山市旅游总收入达 118.68 亿元，并获评全国“绿水青山就是金山银山”实践创新基地、浙江大学发布的“绿水青山就是金山银山”发展指数全国百强县，成为茶旅产业兴旺的生态文明标兵。

二、国内文化

在武夷山市区和景区的交界处，有一座高达 14 m 的武夷红花岗岩大型群雕——武夷魂。群雕以富有力量的轮廓刻画了彭祖带领两个儿子彭武、彭夷在武夷山拓荒治水、驱邪伏兽、披荆斩棘、艰苦奋斗的事迹。提起传说中的彭祖，人们自然首先想到的是他长达 800 年的寿命，或许很少有人知道，他还被认为是武夷山市的开发者。晚年的彭祖带领两个儿子跋山涉水来到现在的武夷山市，当时这片土地上洪水泛滥、野兽出没、荒无人烟，彭祖和他的两个儿子彭武、彭夷疏浚河道，拓宽河床，让洪水顺流而下，随之开荒造田，发展农业。由于彭祖父子三人诛草拓荒，开发武夷，立下了汗马功劳，因而备受后人的崇敬。现在的武夷山市之所以叫这个名字，也是为了纪念彭祖父子三人开山的功德，因而将他两个儿子彭武、彭夷的名字中各取一字，即武夷。如今武夷山市的人们有着和先辈一样吃苦耐劳、勇于拼搏、敢于创新的优秀品质。

作为一座文化名山，武夷山以其宽广的胸怀和海纳百川的包容而著称。它同时接受了儒、释、道三大教派，形成了“三教一山”的独特文化，彰显了博大的兼容性和浓厚的文化意蕴。武夷山道教可以追溯到汉武帝封武夷王的历史时期，以“清心寡欲”为修道之本，以“为一念无生即自由，心头无物即仙佛”为目的，以“天人合一”为理念，它蕴含了具有崇高意义的宁静之美。武夷山的环境与武夷道教所倡导的人与自然相和谐的观念不谋而合。“心静则神安，神安则百病不生”的思想，也正来源于品武夷茶时体悟到的意境。武夷山市道教中名气最大的是南宗祖师白玉蟾。自 65 岁起，他在武夷山市大望峰脚下的止止庵结庐修炼多年，留下大量诗文。“千古蓬头跣足，一生服气餐霞，笑指武夷山下，白云深处吾家。”事实上，白玉蟾因传道多次离开武夷山，但因为他太喜欢武夷山与武夷茶了，在喝不到武夷茶时念念不忘又多次转回武夷山，前后累计在武夷山居住长达十多年之久。他在《九曲棹歌十首》之一中写道："仙掌峰前仙子家，客来活火煮新茶。"仙掌峰是武夷山市最大的一块岩壁。他还专门为武夷岩茶写了长诗《茶歌》，在结尾处盛赞道："味如甘露胜醍醐，服之顿觉沉疴苏。身轻便欲登天衢，不知天上有茶无。"意思是饮武夷茶不但能消除沉疴，更能涤滤烦忧，使人飘飘欲仙。而白玉蟾即便是登仙都要担心天上有无茶可饮，足见他对武夷岩茶的热爱了。

自唐代以来，武夷山的寺庙遍布山中，清越的梵音禅语与"六六三三疑道语"遥相呼应。武夷山籍的北宋著名词人柳永曾形容武夷山为"千万峰中梵室开"，形象地展现了唐宋时武夷山佛教香火旺盛、寺庙林立的景象。武夷僧人远离尘世、归隐山中，他们在这得天独厚的环境中，伴着晨钟暮鼓与缭绕的香火，把修身养性作为生命的最高境界来推崇。在武夷佛教的历史上，几乎没有不与武夷茶结缘的寺庙，寺庙周围的茶园与寺庙一样悠久。这根源就在于武夷佛教所推崇的宗旨，与武夷茶"蕴和寓静"的禀性有异曲同工之妙。许多僧人通过品饮武夷茶，悟出生命的真谛和世间万象的玄机，最终修成正果，实现生命意蕴的飞跃。武夷山市的名僧翁藻光对武夷茶也是情有独钟，曾写下许多赞美和感悟武夷茶的著名诗文。"扣冰沐浴，以冰烹茗"是他人生的经典故事，他在荆棘荒蛮中坐禅静悟"吃茶去"的佛理，最终获取了"茶禅一味"的真谛。

南唐保大二年（944 年），"开闽宰辅"翁承赞到武夷山隐居。他在福建任盐铁副使时，不但在各府县乡广设学校，供平民百姓入学，还在武夷山积极推广茶叶种植。儒学在武夷山下植根繁衍，直到南宋，武夷山的儒教理学达到鼎盛，其中最著名的人物当属朱熹。儒家所倡导的"致广大而尽精微，极高明而道中庸"的人生处世原则，从某种意义上说正是源于武夷山。因为自从朱熹随母移居到武夷山，居住在紫阳楼，在武夷山生活、讲学、著书、立说达半个世纪之久。无论是朱熹亲手植茶的生动故事，还是朱熹吟咏武夷茶的众多诗文，抑或是朱熹品茗论道的灵感火花和茶事逸闻，均透出了浓浓的文化色泽，铺展出武夷茶独具的神奇魅力。朱熹在《咏武夷茶》中说："武夷高处是蓬莱，采取灵芽余自栽……咀罢醒心何处所，近山重叠翠成堆"。透过这和美闲淡的画面，我们可以看到朱熹心灵深处的淡定从容，感悟到朱熹精神世界的情感意蕴。这就是朱熹与武夷茶的一种心灵默契和情感沟通。[4]

朱熹之后三百年许，为了躲避太监刘瑾的迫害，王阳明逃到武夷山的道观，他在武夷山走遍名胜古迹，瞻仰朱熹当年所办的紫阳书院，蛰伏几个月后去了贵州龙场，这才有了闻名遐迩的"龙场悟道"。正德十五年（1520 年），王阳明受命为江西巡抚，后到武夷山教书。"溪流九曲初谙路，精舍千年始及门"，这是他写下的《武夷次壁间韵》，字里行间都透着喜爱之意。

茶可以说融入了武夷山人生活的方方面面，不论是社交、劳作，还是对待山水的崇敬心，豁达自在的精神风貌，都有茶塑造出独特的气质，也形成了独特的茶文化和民间习俗。

喊山、开山是武夷山特有的风俗，最早是在武夷山皇家茶园举行的仪式。每年在惊蛰主持祭祀活动时，按照规定的程序，茶农们齐声高呼"茶发芽，茶发芽"，来祈求神明保佑茶叶丰收，这就是"喊山"。"开山"一般安排在立夏前三天内，茶农早早去制茶师杨太白雕像前默拜。早餐之后，有专门的人将茶叶拿到休茶地，分散采茶。直到太阳升起，露珠开始蒸发，带山人向采茶工人分发烟卷，表示可以互相交谈，仪式才算正式结束。"喊山"与"开山"仪式蕴含着广大茶农对茶叶丰收和富足安定的美好生活的向往，也正是通过这样的仪式，武夷山人民代代传承着对这片产茶的山水土地的喜爱、亲厚、依赖和恭敬之情。

武夷山市的吴屯乡有与其他地区截然不同的饮茶习俗，这里喝茶时，男人概不介入，只有女性才有资格入席。设宴喝茶由村里农家妇女轮流做东，放在灶门炉前的三角茶壶以文火煨开茶水，热情邀请进村来的女宾客。东家都想借机表现自己的手艺，纷纷拿出自己的好菜摆上茶宴，让姐妹们品尝。手头不宽裕的时候，她们也会想各种法子“就地取材”，亲手制作如雪里蕻、腌辣椒、豆腐卤、咸笋干之类的小菜。茶宴上大家相互敬茶，以茶代酒，不仅交流女性情感，还起到了和睦邻里的作用，发挥着“妇委会”的调解功能。在上村、吴屯红园、大际、小际一带，这种独特的喝茶习俗已延续了上千年。

三、世界文化

武夷山的茶文化不仅在当地源远流长，享誉全国，甚至还影响了世界各国，尤其是欧洲，在武夷山茶文化的影响下，逐渐形成了具有自己国家特色的茶文化与习俗。

武夷茶的海上贸易是中国茶叶海上贸易的重要组成部分，宋明时期，茶禁政策十分严格。据《建炎以来朝野杂记》记载：“绍兴十三年（1143年）诏，载建茶入海者斩。”

明初还规定：“铢两茶不得出关。”由此可见，当时武夷茶的地域传播十分受限。郑和下西洋时，打开了海上贸易之门，武夷茶的海上贸易之路初见曙光。明万历三十五年（1607年），荷兰东印度公司开始从澳门收购武夷茶，经爪哇输往欧洲试销，武夷茶销量明显上升。1689年，荷兰战败后，英国东印度公司商船首次靠泊厦门港，收购武夷红茶，摆脱荷兰的限制并垄断了欧洲的红茶贸易。因此，正山小种红茶风靡欧洲。[5]《崇安县新志》记载：“1666年，华茶由荷兰东印度公司输入欧洲，1680年，欧人已以茶为日常饮料，且以武夷茶为华茶之总称，此为武夷茶之新世纪。”

雍正五年（1727 年）中俄签订《恰克图界约》，武夷茶由武夷山的下梅、赤石、星村启航经分水岭，抵江西铅山河口，入鄱阳湖，溯长江到达汉口。后穿越河南省、山西省、河北省、内蒙古自治区，从伊林（今二连浩特）进入蒙古国境内。再穿越沙漠戈壁，经库伦（今乌兰巴托）到达中俄边境的通商口岸恰克图。[6] 一路上武夷茶由人工挑运转为船运，再到马运，之后改用骆驼运输，历尽千辛万苦。从通商口岸恰克图再往俄罗斯境内延伸，到中亚和欧洲其他国家。陆路、海路对外贸易“万里茶道”的开辟，扩大了武夷茶的对外影响力。

17 世纪武夷山茶叶销往英国以来，茶叶价格在英国一直居高不下，比当时最好的咖啡还要贵 10 倍，在鸦片战争以前中国输出的商品中，武夷茶的输出价值达 1 000 多万银两，占中国输出英国货物总价值的一半以上。

茶叶最开始基本被欧洲人当作提神的药品使用，直到葡萄牙公主凯瑟琳嫁给英王查理二世，她带到英国的昂贵陪嫁品中就有 221 磅红茶和精致的中国茶具。因新王后习惯每日饮茶，贵族们纷纷效仿，品茗迅速形成风尚并成为高贵的象征。久而久之，茶叶便不再被视为药品，而发展成为社交饮品，开始在英国盛行。

在英国文化里，有这么一句谚语：“当时钟敲响四下时，世上的一切瞬间为茶而停。”饮茶一直被英国人看作一种悠闲的享受。无论什么国家大事来临，下午茶都不能停。哪怕是在战争期间，英国人对茶的热爱也从未减弱。20 世纪初，丘吉尔担任自由党商务大臣时，曾把“准许职工享有工间饮茶的权利”作为一项社会改革的内容。这个传统在英国延续至今，各行各业的人每天都能享有 15 分钟法定的饮茶时间。300 多年过去了，茶文化对英国影响深远，也在世界各地掀起热潮，这便是武夷山的茶给世界带来的文化影响。

19 世纪中叶，武夷红茶出口量达到顶峰，年销售量最高达到 1.5 万 t。1879 年后，红茶市场被印度、斯里兰卡及印度尼西亚占据，武夷茶销量锐减。第一次世界大战结束后，茶叶输出急速下降，武夷茶也受到重大影响。之后因战争影响，茶叶外销受阻。1941 年，整个武夷茶的对外出口量下滑到 0.5 t。此后的数十年里，海上贸易的茶叶之路基本中断，直到改革开放后逐渐复兴。

四、本节小结

从武夷山市的城市地位和区域职能进行分析，可以看出不同历史阶段城市有不同的演变动因。这些不同的历史因素造成了城市从起源、兴盛，再到衰落、复兴的螺旋式上升发展之路。

历史的长风吹动书页，人们看到在漫长的岁月中，儒、释、道三教在武夷山的碰撞与融合。其中蕴含的天人合一、人与自然和谐共生的思想，以及依托茶展现出的对于精神满足的追求，都与如今提倡的“绿水青山就是金山银山”理念不谋而合。

武夷山市的茶文化不仅有助于儒、释、道三教的交流与融合，还为世界各国的文化交流和贸易往来作出了巨大的贡献，极具世界影响力。武夷山除了是晋商开辟的穿越中蒙俄三国、长达 1.3 万 km 的陆上茶叶之路的起点，还连接着自清朝口岸开放以来的海上茶叶之路。一棵棵茶树吸收了日月之精华，山水之清气。一片片茶叶贮藏着武夷山独有的味道，通过蜿蜒的水路和“万里茶道”输往世界各地。在滚水激发出的茶香中，天下人都能品味到武夷山的绿水青山和文化气质。

世界各地不同文化背景的人们在饮武夷茶时都能体会到相同的舒畅

和欣喜，小小的一片茶叶成为世界文化交流的纽带，在构建人类命运共同体的历史进程中留下一抹异彩与馨香。以武夷山为源头的茶文化长河，在不断漫流的过程中结合了各地各国的文化，形成了姿态各异的支流，而武夷山作为茶文化的源头，在“绿水青山就是金山银山”理念倡导的可持续发展下，保障着茶文化长河越流越长远，永不枯涸。

第二节　造化神秀，天地独钟

武夷山的山水孕育出武夷山的文化，同时武夷山的文化塑造了武夷山的山水。闽越王城遗址、各大宗教留下的历史人文景观等名胜古迹点缀在武夷山山水之间，让本就得天独厚的自然风光更添一份悠远深长的神韵。属于丹霞地貌的武夷山具有独特、罕见、绝妙的自然景观，可谓“造化钟神秀”。1982 年 11 月，国务院批准设立的武夷山国家重点风景名胜区，总面积 79 km^2。景区内有九曲溪、三十六峰、七十二洞、九十九岩等 108 个景点，每个景点都有独特的风格和悠久的历史。原世界旅游组织执委会主席巴尔科夫人在游览武夷山后欣然题词:“未受污染的武夷山风景区是世界环境保护的典范”。

一、自然本底

武夷山东、西、北部群山环抱，峰峦叠嶂，中南部较平坦，为山地丘陵区。市区海拔 210 m。地貌层次分明，呈梯状分布。地势由西北向东南倾斜，最高处黄岗山海拔 2 158 m，在中国称为“华东屋脊”，最低处兴田镇，海拔 165 m。最高与最低点高差 1 893 m，地势高低相差之大，为福建省之最。闻名中外的武夷山风景名胜区及武夷山自然保护区主体位于武夷山市，地域自然条件具备诸多特性。

武夷山市属中亚热带季风湿润气候区。其特点是四季分明，光照充足，雨量丰沛。武夷山属亚热带常绿阔叶林区，中亚热带常绿阔叶林地带，浙闽山丘甜槠、木荷林区。林地面积 356.23 万亩，森林面积达 338.36 万亩，2021 年森林覆盖率 80.52%，森林蓄积量 1 994 万 m^3。全市有生态公益林 155.76 万亩，省级以上重点生态公益林面积 135.56 万亩，县级生态公益林 20.20 万亩，生态公益林面积占比达 43.4%，是全省平均值 31% 的 1.4 倍。武夷山保存了世界同纬度带最完整、最典型、面积最大的中亚热带原生性森林生态系统。

良好的生态环境和特殊的地理位置，使武夷山成为地理演变过程中许多动植物的“天然避难所”，物种资源极其丰富。已知植物种类有 3 728 种，几乎囊括了中国中亚热带所有的植被类型。已知动物种类有 5 110 种，是珍稀、特有野生动物的基因库。因此，武夷山被中外生物学家誉为“研究两栖、爬行动物的钥匙”“鸟的天堂”“蛇的王国”“昆虫的世界”“世界生物之窗”。在天游峰、九曲溪和御茶园周边，还有一个武夷山最大的种质资源库，占地 5 亩，收集了武夷山代表性名丛近 200 种，现今武夷山市大面积繁衍的名枞，如肉桂，大多来源于此。1979 年 7 月，国务院批准设立武夷山国家级自然保护区，现有总面积 565 km^2。1987 年武夷山自然保护区被联合国教科文组织列为“人与生物圈”世界自然保护网成员，1992 年武夷山又被联合国列为全球生物多样性 A 级自然保护区。[7]

正是这样优秀的自然生态本底，才使武夷山成为可以不断转化的“金山银山”。林馥泉在《武夷茶叶之生产及制造与运销》中这样赞道：“臻山川精英秀气之神，品具岩骨花香之胜。”可见岩骨花香的武夷岩茶是山水天地各方面优秀条件共同培养出来的。养出一树好茶，具体需要哪些方面得天独厚的先决条件？

首先是土壤。武夷山的土壤由火山砾岩、红砂岩和页岩构成，其层次丰富，富含有机质和矿物质，为茶树提供了肥沃的生长基础。这种土壤的疏松性和良好的排水性，以及其微酸性特质，为茶树的茁壮成长创造了有利条件。陆羽在《茶经》中提及，茶叶的品质与其生长的土壤密切相关，而武夷岩茶的土壤条件，恰好介于上等和中等之间，有利于茶树的健康成长，促进了茶叶中氨基酸、茶多酚等有效成分的积累，同时加强了酶的活性，特别是氨基酶，这有助于提升茶叶的鲜爽口感。

其次是光照。作为耐阴作物，茶树偏爱在漫射光下生长，这种光照条件有助于茶树合成更多的叶绿素 B 和氨基酸，从而提高茶叶的香气。武夷山的茶园小环境，如竹林和云雾，为茶树提供了理想的光照条件，同时荫蔽的环境也有助于延长茶叶的持嫩期，提升茶叶品质。

第三是气候。武夷山的地理位置赋予了该地区温和的气候和适宜茶树生长的温度条件。茶树新梢在 20～30℃的温度范围内生长最为迅速，光合作用最为活跃，制成的茶叶品质最佳。春季的低温有利于茶树氮代谢的进行，促进了含氮化合物的形成，能为茶叶的香气和口感打下基础。武夷山的茶园环境，特别是其“盆景型”布局，有助于调节温度和湿度，为茶树提供了一个适宜的生长环境。丹霞地貌在夜间释放的热量有助于维持茶树生长所需的温度，而茶园内的空气湿度和云雾，为茶树的光合作用提供了有利条件，使新梢持嫩性更佳。此外，武夷山的丰富降水和高空气湿度，以及岩壁和植被的水土保持作用，为茶树的生长提供了充足的水分，促进了茶叶中咖啡碱和含氮芳香物质的积累，使岩茶香气浓郁，口感醇厚。

第四是空气。众所周知，空气中的负离子具有净化空气和促进健康的作用，其浓度是衡量空气质量的重要指标。武夷山的空气负离子含量普遍较高，特别是在瀑布和跌水的周围，负离子含量极高，这得益于勒纳德（Lemard）效应，而森林环境中的负离子主要由植物的芬多精作用形成。茶叶的吸附性强，在生长过程中会吸收周围空气的气味，优质的空气环境有利于茶叶品质的形成。武夷山的天然氧吧为岩茶的天然真味提供了理想的条件。

二、古迹景观

武夷山具有丰富的历史文化遗存，在武夷山人民千百年来自觉地保护下，成为当地宝贵的旅游资源。

夏商时期，武夷山先民古闽越人为武夷山留下了最具传奇色彩的古代文化遗产——架壑船棺。他们把棺木做成船形，并命名为船棺、仙舟。1973 年 9 月，由山北观音岩顶取下的船棺，经文物考古部门鉴定，确定其材质为楠木，并把它定为“武夷山市船棺 1 号”。据鉴定，武夷山的悬棺，已有 4 000 年的历史。悬棺葬俗在中国流传很广，但武夷山的“架壑船棺”历史最悠久，形制最古朴，最具代表性，因而武夷山被学术界认定为中外悬棺葬俗的发祥地。

武夷山风景区南面有面积约 48 万 m^2 的闽越王城遗址，这是江南一带保存最为完整、规模最大、出土文物最多的汉代古城。2013 年 12 月 20 日，武夷山汉城遗址被列入国家考古遗址公园。

武夷山是道教三十六洞天中的“升真元化十六洞天”。史书上有记载的书院、寺庙、宫观就达 187 处、亭台楼阁 117 座。天主教、基督教、斋教等在此并存，呈现宗教多元化特色。现留存下来的典型宗教遗址有彭祖墓、汉祀坛、止止庵遗址、三清殿等。[9] 历代以来，道侣、香客、游人络绎不绝。

武夷山国家公园是全国首批 10 个国家公园体制试点之一，是我国唯一一处既是世界人与生物圈保护区，又是世界文化与自然双遗产的保护地。武夷山国家公园深入践行“绿水青山就是金山银山”理念，实行最为严格的生态保护措施，探索建立了统一、规范、高效的国家公园体制，形成了共商、共管、共建、共享的自然生态系统保护新模式。为了提升保护力度，除了利用“巡检平台”远程视频系统巡护山林，武夷山国家公园还创新了管护机制，将部分区域的生态资源管护委托第三方，引进社会服务，充实巡护队伍，并且在重点保护区域增设了无人机巡护系统，形成“天罗地网”，全天候、无死角地保护生态资源。如今的武夷山国家公园森林覆盖率达 96.72%，空气、土壤、水、负氧离子等指数都达到国家一类水平。

武夷山国家公园内拥有保存完好的宗教寺庙、遗址遗迹、摩崖石刻，因此园内格外注重文化遗产资源的保护和修复。不但多次对武夷精舍等古迹遗存进行修缮修复。工作人员还会定期在其周边除藓、开凿边沟，导流雨水，用各种各样的手段加以保护，让摩崖石刻作为重要的历史文化印记，能长远地保存下去。[10]

在武夷山市九龙窠的高岩峭壁上，生长着 6 棵树龄已经有 300 多年的大红袍母树。大红袍作为武夷四大茶树名丛之一，素有“茶中状元”之美誉，乃岩茶之王。茶树早春茶芽萌发时，远望通树艳红似火，若红袍披树，因此得名。也有传说，明朝洪武十八年（1385 年），举子丁显上京赴考，路过武夷山时突然得病，巧遇天心永乐禅寺和尚取所藏茶叶泡与他喝，病痛即止。丁显考中状元之后，前来报恩，得知原委后脱下大红袍绕茶丛三圈，将其披在茶树上，故得“大红袍”之名。1998 年在首届中国武夷山大红袍茶文化节上，20 g 母树“大红袍”被拍卖出 15.68 万元的高价。2000 年，武夷山市“大红袍”母树被《福建省武夷山市世界文化和自然遗产保护条例》列为重点保护对象。2005 年 5 月 3 日，武夷山市人民政府将最后一次采摘制得的 20 g 母树“大红袍”茶叶赠送给中国国家博物馆珍藏。2006 年起武夷山市决定对“大红袍”母树实行特别管护：一是停止采摘“大红袍”母树茶叶，确保其良好生长；二是茶叶专业技术人员对“大红袍”母树实行科学管理，并建立详细的管护档案；三是严格保护“大红袍”茶叶母树周边的生态环境。

除了极高的经济价值，“大红袍”茶叶还在中美两国交往中起到了纽带作用。1972 年中美建交，美国总统尼克松访问中国时，毛泽东主席送给尼克松四两产自母树的“大红袍”茶叶，尼克松觉得送得量少。周恩来笑着将其中的典故告诉他：“这种茶极为珍贵，每年所产不及 500 g，我们的主席已将他珍爱的一半家当奉送您了。”尼克松总统听了肃然起敬，并深感荣幸。从此，借由“大红袍”母树的珍贵，武夷山茶的知名度也在世界上打响了。[11]

三、生态茶园

武夷山市的生态茶园别具一格，不是我们通常认为的连成片的茶园，而是一小片一小片地参差错落地分布在山坡上，因而被称为盆景式茶园。这种有别于平地式茶园和梯田式茶园的独特茶园模式的形成与武夷山的自然环境有关。武夷山属于丹霞地貌，沟壑纵横，茶农常利用谷地、沟隙、岩凹开园种茶。这样的盆景式茶园通常会以一面山坡或者岩石壁做屏障，山坡或者岩石壁形成天然的护坡，保护茶树不受大风吹，利于茶树生长；另一侧则用结实的石头等环绕砌就，以防水土流失。虽然茶园面积都不大，多是长条形分布，却是相当齐整。垒砌的石砖，在岁月的侵蚀下，布满斑驳苔痕，有的甚至裂开了，显出沧桑的痕迹。长年冲积，使得沟谷土地富含有机质。茶园周边常常是悬崖绝壁，绝壁之上竹木葱郁，缝隙之中泉水叮咚，形成特有的岩茶小环境，也造就了独特的景观。

盆景式茶园的建设离不开武夷山茶农机智地对“园、林、水、路”的合理规划，根据不同坡度，充分利用地形地势，最优化利用土地，做到“既养茶，又育林”，这也是“绿水青山就是金山银山”理念被民间智慧自发印证与实践的体现。

除了小而精的“盆景式茶园”，还有许多著名的生态茶园都被打造成了武夷山市的新景点，比如，最具盛名的燕子窠生态茶园。燕子窠生态茶园是武夷岩茶的主产区之一，在习近平总书记考察后，知名度大大提升，吸引了众多游客前来观赏拍照。尤其是春天的燕子窠，远处的青山连绵起伏，一畦畦茶田满目葱翠，茶树丛中穿插着盛开的油菜花，芳香四溢。近年来，武夷山市以茶园为载体，以“茶旅”为主题，以“茶创”为动力，持续开展“茶区变景区、茶园变公园、茶山变金山”行动。

建设盆景式的生态茶园不但合理利用了土地，增强了茶园观赏度，其中的诸多举措更是蕴含了不少提高茶叶的品质、促使茶产业可持续发展的“奥秘”。这“奥秘”用一句话概括：“头戴帽”“腰系带”“脚穿鞋”。在茶园中，以茶树为主要物种，按照社会、经济和生态效益协调发展的要求，因地制宜配置不同物种，配备相关设施，通过立体复合栽培，人为创造多物种并存的良好生态环境，科学施肥、绿色防控，从而使茶树生长与茶园生态系统和谐、统一，实现茶叶生产可持续发展。

“头戴帽”指的是在茶园高处、外围四周及有害性风口种植防护林，这样可调节园内温度、空气湿度。在主林带种植2～3行高大常绿乔木，如合欢、马尾松、杉木、青钱柳、杨梅、塔松等，两侧配以2～3行灌木，如四季桂、山茶花等。

“腰系带”是指在茶园中套种遮荫树、行道树。其目的是调节园内光线，减少直射光。在树种选择上，遮荫树可种植香椿、银杏、杨梅、油茶树、凤凰木、桂花树、山茶花、紫玉兰等。行道树可种植合欢、深山含笑、凤凰木、任豆树、桂花树、山茶花等。

“脚穿鞋”是指在茶园采用“有机肥+绿肥”方式，套种花生、大豆、紫花扁豆、印度红豆、油菜花等。武夷山燕子窠生态茶园就在茶园中夏种大豆固氮，冬种油菜活化磷、钾，就地回田转化成“绿肥”供给茶树，提高了茶园土壤中的氮、磷和钾等有机质含量，在套种量不足时施用适量茶树专用有机肥。即在 5—6 月春茶采收后，套种养分高效大豆；9—10 月，大豆压青还田；10—11 月，茶园配施茶树专用有机肥后，套种养分高的油菜；次年 3—4 月，油菜压青还田。这种模式不仅解决了过量施用化肥导致的土壤退化问题，有效提高茶园养分、改善茶叶品质、稳定茶叶产量，还能减少茶树病虫害发生，最大限度地保留了茶园生物多样性和完整的生态链。为了防止水土流失，茶园的梯壁还会留草或种植匍匐性作物（如爬地兰等）。

这样优秀的案例越来越多，生态茶园的经验和模式被不断推广和验证。截至 2022 年 6 月底，武夷山市全域 14.8 万亩茶园，已经完成绿色生态茶园推广 9.35 万亩，占茶园总面积的 63.18%。

四、本节小结

武夷山文化中蕴含的“天人合一”“吃茶去”的内涵也有利于这片山水免遭急功近利者的破坏。可以说，武夷山的文化脱胎于武夷山山水之中。而武夷文化超凡脱俗的气质，又为武夷山的山水增添景致和雅韵，两者相辅相成。山水与文化的呼应既体现在武夷山数量众多、年代悠久的历史文物古迹中，体现在历朝历代文人墨客、官员僧道的诗文题字中，也体现在盆景式茶园的独特风光和每一片岩骨花香的武夷岩茶中。

喜欢岩茶的人都会对“三坑两涧”耳熟能详，并以能喝到这 5 个地方的岩茶而骄傲。“三坑两涧”是对正岩茶传统产区的统称，包括牛栏坑、慧苑坑、倒水坑、流香涧和悟源涧。这 5 个地方峭峰林立，深壑陡崖、幽涧流泉、迷雾沛雨，夏日阴凉，冬少寒风，温差较小。武夷山市素有“九十九岩”之说，“岩岩有茶，非岩不茶”，这“九十九岩”遍布 70 km^2 的风景区，这些地方土壤通透性能好，钾、锰含量高，酸度适中，茶品岩韵明显。所以现在国家统一标准，将武夷山风景保护区所产的岩茶都称作“正岩茶”。

桐木村的红墩、庙湾、麻粟等自然村则是小种红茶的主要产区。4 000 多亩茶山分布在海拔 700～1 200 m 的山体或峡谷的下部，这些地区的气温较低，夏天不炎热，冬天不寒冷，降水量充足。高山区日出晚，日落早，终日云雾弥漫，昼夜温差比平地小，紫外线较强，有利于芳香物质的形成。因此，该地区出产的茶叶肉质肥厚，香气浓郁，滋味甘甜。桐木村独特的地理环境正是“正山小种”与“外山小种”品质不同的根本原因。其他地区的茶叶尽管可以模仿“正山小种”的制作工艺，但永远无法做出正山小种特有的“桂圆香气”“王者之香”。几百年来，“正山小种”红茶一直被周边、本省和其他省份模仿，却永远无法做出它的精华。

正是这片得天独厚的“绿水青山”赋予了它们不可替代的品质，而这种独特的自然生长环境十分珍贵，一旦被破坏将很难恢复。因此必须加以保护，建设生态茶园是大势所趋，只有维护好绿水青山，才能实现茶产业的可持续发展。

通过最具优势的世界文化遗产与自然遗产“双遗”和国家公园品牌立足，依托优美生态环境和丰富的历史文化，以及极具特色的盆景式生态茶园和茶文化，武夷山市成功打造了茶旅融合的产业。例如，武夷山市星村镇立足乡村自然环境、田园景观、农耕文化、农家生活等资源，依托 2020 年成立的“茶生态银行”，积极推进智慧茶项目。星村镇通过实施茶叶有机肥替代化肥、茶园绿肥等措施，打造优质高效生态茶园示范点；以夜景星村、九曲花街、景区西路口、九曲度假酒店等为资源，打造旅游形象窗口；并通过开展评星活动，打造星村镇精品民宿、餐饮、茶叶销售等旅游示范产品。如今，星村镇已形成茶园、茶乡、茶体验、休闲品茗、农耕文化、茶文化相结合的茶旅产业链，走上了“以旅促茶、以茶兴旅”的茶旅融合发展道路。

第三节　一叶千金，文旅共济

据统计，2021 年武夷山市干毛茶产量为 2.1 万 t，产值 22.85 亿元，全年茶行业主业务税收预计突破 1.2 亿元，真可谓是一叶千金。其中最主要的就是武夷岩茶，它为武夷山市的经济作出了巨大贡献。武夷岩茶是中国传统名茶，是具有岩韵（岩骨花香）品质特征的乌龙茶。所谓“岩骨花香”，是指武夷岩茶由独特的生长环境、适宜的茶树品种、优良的栽培方法和传统的制作工艺等综合因素形成的香气和滋味，主要表现为香气芬芳馥郁、幽雅、持久、有力度，滋味啜之有骨，后而醇、润滑甘爽，饮后有齿颊留香的感觉。武夷岩茶叶端扭曲，似蜻蜓头，色泽铁青带褐油润，内质活、甘、清、香。岩茶主要品种有大红袍、肉桂、铁罗汉、水金龟、白鸡冠、半天腰、奇兰等。优质的岩茶一斤市场价可达上万元，有时一泡茶叶（5～8 g）甚至能被卖到上千元。武夷岩茶是如何在众多茶叶当中独树一帜，成为高品质、高价值的高端茶叶的？武夷山的人民又是如何在生态和文化优势的基础上，不断革新制茶技术，打造并推广岩茶高端的品牌形象，从而发展茶产业、带动文旅等其他产业的呢？我们从以下几个方面分析。

一、技术品质

武夷山茶叶的品质离不开科学的管理模式、茶农辛勤的栽培和不断传承与精进的制茶技术。武夷岩茶的传统制作技艺历史悠久，源远流长，如今在政府的扶持和市场的认可下，又焕发出蓬勃生机。武夷岩茶的制茶“绝技”主要体现在“两晒两晾”的“萎凋”、“死去活来”的“做青”、“双炒双揉”的“杀青”与“成型”和“低温久烘”的“烘焙”。

早在康熙五十六年（1717年），王复礼就在《茶说》一文中记载：“茶采后以竹筐匀铺，架于风日中，名曰晒青。俟其色渐收，然后再加炒焙。阳羡岕片只蒸不炒，火焙以成。松萝、龙井皆炒而不焙，故其色纯。独武夷炒焙兼施，烹出之时半青半红，青者乃炒色，红者乃焙色。茶采而摊，摊而摝，香气发越即炒，过时不及皆不可。既炒既焙，复拣去其中老叶枝蒂，使之一色。”当时在武夷山担任县令的陆廷灿将此篇收录进了《续茶经》的“茶之造”篇章中，而《续茶经》又被编撰进《四库全书》之中。这也成为武夷岩茶制作工艺最早记录的确凿史料，无可辩驳地证明了出类拔萃的乌龙茶制作工艺早在300多年前的武夷山就已形成。

“岩茶有一套传统的采制方法，从15岁开始，我就跟着父亲学习种茶制茶。”年逾半百的武夷山茶农肖荣贵表示，制茶工艺从采青、萎凋再到做青、烘焙，每个环节互相影响、互相促进，一环都错不得。曾经能够通宵达旦守着烘焙炭火的肖荣贵现如今身体已有些吃不消，好在他22岁的儿子担起了这一重任。父子俩交替换班看顾炭火，守护着自家的茶叶，也传承着武夷岩茶的未来。

如今，“中国传统制茶技艺及其相关习俗”被列入联合国教科文组织人类非物质文化遗产代表作名录，其中就包含福建省的武夷岩茶（大红袍）制作技艺。这项古老的技艺正在走向世界，走向代代相传的未来。

在传承古老技艺的同时，武夷山茶产业的发展也离不开科技的力量。武夷山市成立了武夷山市茶产业研究院，并通过与湖南农业大学、福建农林大学、武夷学院等院校合作，全面推广绿色防控、生物防治技术。[12]同时武夷山市开展了现有武夷名丛的栽培、推广、应用，以及茶叶生产、加工、仓储等关键技术研究，促进科技成果转化和推广运用。

为了确保科技成果和先进的技术能够惠及更多茶农，武夷山市还建立了“科技特派员”制度，科技特派员在当地被亲切地称为“科特派”。这一制度始于 1999 年。当时的南平市针对基层科技力量不足、科技服务缺位等问题，派出首批 225 名科技特派员到农村帮助发展农业。“科特派”们带领茶农在茶园中运用物理方式和生物防治技术捕杀、诱杀害虫，让茶园逐渐形成天敌与害虫平衡的生态系统，有效地减少害虫虫口数量，控制茶园害虫为害次数和程度，减少农药施用量和施用次数，达到农药减施增效的目的。

2018 年至今，福建农林大学的廖红教授“科特派”团队参与建设的燕子窠生态茶园，减肥减药超过 30%、减少水体磷污染超过 60%，产出的茶叶品质大幅提高，带动了茶农增收。武夷山市星村镇黄村茶农范德兴介绍：“廖红教授‘科特派’团队亲临指导我们这些茶农，手把手地教种大豆技术。我们这里 3 000 多亩的茶园，大概在 7 月就可以全部种完，种完后可以防虫，茶叶的品质也会大大提升。”

为了促进茶产业优化升级，武夷山市还研究制定生态茶园建设与茶园管理技术标准，对现有茶山进行生态改造，建设了生态标准茶园、绿色有机、无公害茶基地。建立起从种植、生产、加工、流通全产业链质量监管体系和“一品一码”农产品质量溯源体系，并筹建国家武夷岩茶产品质量检验中心，实现“从茶园到茶杯”的全程质量管控。

二、宣传品牌

“酒香也怕巷子深”。过去武夷茶由于缺乏品牌影响力，大多数产品面临“好产品”卖不出“好价钱”的困境。为此，武夷山市成立了“武夷品牌”建设工程领导小组，通过支持龙头企业打造生态品牌。一方面，建立实体机构与品牌公司的联动对接，健全“武夷山水”品控体系。另一方面，及时修订武夷岩茶和红茶的制作标准体系，规范化、标准化茶叶的制作和仓储，保障提升武夷山茶业品牌价值和公信力。同时，武夷山市气象“科特派”团队还通过创建“智慧茶山”气象服务品牌，帮助茶农获得“特优级”农产品气候品质认证，有效提升了茶叶自主品牌价值。

多年来，武夷山茶不断推出新的武夷茶品种，形成不同品质和价值的层级，满足不同的市场和客户群。例如，早期唯有桐木关红茶最为正统，被称为“正山小种”。到了 2000 年前后，当时的市茶叶局专门请老茶人制作了一款高端红茶，用桐木关武夷茶的芽头，精制出了“金骏眉”，在高端红茶市场中一炮而红。“金骏眉”刚开发不久，由于成本高，产量少，难以供应市场需求，于是“银骏眉”应运而生。“金骏眉”是纯芽头，而“银骏眉”是一芽一叶，最终做出来的成品，风味相近，但价格上却比“金骏眉”低出一大截。后来还出现了一芽两叶“铜骏眉”，如今通常将“铜骏眉”拆分开来，按叶片开面的大小，分小赤甘和大赤甘。由此，红茶便形成了不同的品牌和价格梯度，能够满足不同的目标人群，扩大市场需求。

武夷山市在提升茶叶本身的品质的同时，也积极对外宣传，加强品牌建设，不断拓展茶产品市场。武夷山市通过细分区域市场、消费群体、消费特点，有针对性地制定市场营销策略。一方面，武夷山市大力推广优质茶，规范打造精品茶，带动发展平价茶。另一方面，武夷山市加强与电商平台合作，打造“武夷山大红袍天下第一”展销平台，拓宽武夷茶销售渠道。同时，武夷山全力建设茶叶采销集散中心、仓储服务中心、商家服务中心，将县域打造成立足闽东北、面向国内外的茶叶贸易服务中心。

武夷山市将文旅业与茶园山水、茶文化、与茶相关的特色民俗等紧密结合起来，着力打造中国茶文化之乡。一方面，武夷山市加快推进国家级首批非物质文化遗产代表性项目——武夷岩茶（大红袍）制作技艺、省级非物质文化遗产代表性项目——正山小种红茶制作技艺的传承保护工作，进一步传承武夷山市龙须茶制作技艺、祭茶、喊山习俗、茶百戏等非物质文化遗产。另一方面，武夷山市积极举办民间斗茶赛、海峡两岸茶业博览会、武夷山市国际禅茶文化节、海峡两岸祭茶祈福大典等重大茶事活动，打造武夷山市茶文化研学、传播、体验基地。同时，武夷山市还发展茶旅体验模式，挖掘茶园的旅游潜力，建设茶旅小镇、茶人小镇、茶历史博物馆、八马茶文化研学体验园等。

2021 年以来，南平市、武夷山市纷纷创新营销方式，推出系列活动，不断推动茶旅融合活动，比如，将武夷山种茶、采茶、制茶、品茶等元素，与舞蹈相融合，精心编排成“武夷茶舞”，让游客在欣赏舞蹈的同时，充分领略武夷山茶文化的独特魅力。武夷山市还通过全面梳理朱子、茶、建盏等优秀传统文化相关资料，在宣传频道上对外展播 2 300 余集特色故事，并主办“武夷山水 有你有我”全国短视频征集大赛，共征集短视频千余条，点击量超 1.2 亿次，多角度向大众展示了南平大武夷茶旅文化；围绕茶文化等主题，武夷山市还推出世界茶乡体验之旅主题线路等特色精品线路，吸引了众多游客到武夷山市旅游，成功开行“武夷山大红袍号”高铁专列；同时武夷山市还推出了大武夷职工康养卡，带动全市职工体验茶旅线路，推动文旅经济发展，并赴南京市、上海市等地进行文旅推介，宣传推广茶文化。此外，武夷山市还举办了茶膳大赛，选出茶香熏鹅、茶芽烩笋、红茶汤圆等菜品作为武夷茶膳的官方统一推广菜谱，从饮食角度向游客进一步推广武夷山茶文化。

三、以茶兴业

武夷山市不断探索武夷岩茶的可能性，通过推进“三茶”（茶文化、茶产业、茶科技）统筹，深入挖掘武夷茶文化等传统文化的时代价值，不断丰富“茶园+摄影”“茶园+休闲”“茶园+康养”等茶旅新业态。推出“世界茶香”“茶旅圣地”“茶道论坛”等茶文化体验活动，打造当代成年人生活的“仪式感”。以茶香为引，为生活在钢筋水泥城市中的现代人，寻求一方宁静恬淡的天地来安顿身心。2020 年武夷山市实施“民宿新工程”，在 3 年内创建 8 个旅游产业发展示范乡镇，培育约 30 个旅游风情景区、约 100 家乡村旅游点和特色民宿。白墙红瓦、花草藤蔓、小亭别院掩映在青山绿水与特色茶园之间，别具特色。民宿成了武夷山市的一块金字招牌，带动了当地经济发展，也成就了农民增收致富、保护生态的综合性产业。

“借茶说山、说文化、说生活”，正如由张艺谋、王潮歌、樊跃组成的“印象铁三角”领衔导演的《印象大红袍》，以独特视角向来自世界各地的观众展示不同的武夷“山水茶”文化。《印象大红袍》山水实景演出打破了固有的“白天登山观景、九曲泛舟漂流”的传统旅游方式与审美方式，不仅向观众展示了夜色中的武夷山之美，还被誉为“世界上第一座山水环景剧场”“世界上最长的舞台”。

《印象大红袍》极大促进了茶文化和茶产业的发展。《印象大红袍》演出所聘请的演员 95%为本地群众，为当地群众创造了就业岗位；同时印象大红袍公司全面改造提升了茶博园 4A 级景区，将茶博园打造成涵盖 1 座园、1 台戏、1 个馆、1 条街、1 场宴的大红袍文化体验中心，建设了全国一流的茶叶博物馆，以及近 15 000 m^2 的餐饮文创休闲购物街区——印象天街。[13] 这不仅拉动了当地经济的快速发展，还把武夷山自然与文化双遗产地的品牌提升到了新高度，丰富了武夷山旅游产业内涵。

武夷山市牢记习近平总书记“强化品牌意识，优化营销流通环境，打牢乡村振兴的产业基础”的殷切嘱托，积极抢抓直播电商红利窗口，立足乡村，深入乡村，提升农村电商应用水平，培育壮大网商规模，促进全市直播经济产业发展。自 2021 年以来，武夷山市积极开展直播电商、跨境电商等业务，配套优势产业、平台资源，通过举办武夷山市首届电商直播大赛，落地武夷山市公共直播基地及农产品展销中心。武夷山市还开办了电商工作团队和直播公益培训班，帮助新茶人掌握直播和短视频制作技能。仅 2022 年第一季度，武夷山市新增以武夷岩茶为销售主体的直播电商法人企业 86 家、新增注册个体工商户企业 170 家，新增注册资本近 2 亿元，互联网直播产业蓬勃发展。

武夷山市在保护好“绿水青山”的同时，以茶产业为支柱，做大、做强文旅经济，积极发展民宿、文旅、演出、电商等各大产业，拓宽了“绿水青山”向“金山银山”转化的路径。

四、本节小结

茶产业是武夷山市的支柱产业，也是其实现“绿水青山”向“金山银山”转化最主要的产品。全市有茶园 14.8 万亩，大多集中在武夷、星村、兴田等乡镇和街道，从事茶叶生产人员近 8 万人，有大、小茶叶加工厂 710 多家；2020 年，“武夷山大红袍”“正山小种”“武夷岩茶”被列入中欧地理标志协定保护名录；“武夷岩茶”“武夷红茶”入选中国农产品地域品牌价值 2020 年标杆品牌。“武夷岩茶”作为农产品地理标志公共标识被农业农村部准予登记使用，该标识还荣获“2020 年中国区域农业品牌影响力”指数茶业产业第 1 名。武夷山市还取得了“2020 中国茶业百强”“2020 年中国茶业品牌建设十强县”等荣誉称号。

这些成就都离不开武夷山市的努力。武夷山市通过培育、种植、采摘、炒制等各方面技术保障武夷茶的品质，利用宣传扩大“武夷岩茶”的品牌效应，推动茶产业全产业链发展。武夷山市建设了集茶叶种植、加工、物流、销售等于一体的茶产业专业园区，充分发挥海峡两岸茶叶包装总部的统筹作用，全面开发茶饮料、茶食品、茶保健品、茶日化用品等精深加工产品，推进武夷山市茶全产业链式发展。武夷山市鼓励龙头企业增资扩产、做大做强，打造农业（茶业）产业化联合体，鼓励以村或乡镇（街道）为单位组建合作社，探索建立“茶生态银行”发展模式。

目前星村镇、兴田镇、武夷街道、新丰街道、崇安街道、洋庄乡等多地有规模地开展了生态茶山标准化种植，积极推进绿色茶园建设、种质资源保护与开发。同时，武夷山市积极研发先进的茶叶加工技术，加快茶衍生品开发、提升茶叶包装水平、提高物流效率。武夷山市通过提升品质、打造品牌、融合产业等多方面举措推进茶产业蓬勃发展。

八马茶产业基地

2020 年，南平市委、市政府主要领导曾两度赴深圳市招商引资。得益于市政府高度重视和强有力推进，武夷山市“植梧引凤”，成功引来中国茶连锁知名品牌八马茶业这只“金凤凰”。不到半年时间，茶基地就顺利签约、建厂、开工。八马茶业在武夷山市投资建厂，使武夷山成为重要的茶叶原料供应基地，提高了茶产业效益，也使武夷山市成为集种植、生产、研发、文旅于一体，高规格、现代化、标准化、智能化的茶文化研学体验园，是第一产业、第二产业、第三产业融合的茶产业基地代表。

八马茶业作为中国茶的龙头企业，为武夷山市带来崭新的经营管理理念，进一步拓宽了武夷茶销售渠道，同武夷山市当地的茶农、茶企一起助力武夷山市茶产业转型升级。

第四节　远瞻之政，岩韵长存

武夷山的文化是符合“绿水青山就是金山银山”理念的文化，武夷文化从独特的山水构建、茶产业发展推动、民众生态自觉意识培养等方面推进了“绿水青山就是金山银山”理念的发展。本章通过梳理武夷山茶产业发展过程和相关政策，揭示武夷文化对于茶产业发展的积极作用，同时分析这样的文化是如何培养出人民的生态自觉意识的，从而总结出武夷山“绿水青山就是金山银山”理念践行的经验。希望这套基于文化推动的“绿水青山就是金山银山”绿色发展机制对于其他具有文化优势的县域具有借鉴意义。

一、发展历程

自 2005 年起，武夷山市的茶产业随着政策的导向而不断发展，可以划分为 4 个阶段。从小乱散、缺乏品牌的市场开拓期到无序开垦、水土流失的迅猛发展期，从整治茶山整治整改期到全面禁垦期。对这 4 个阶段进行仔细地梳理，就会发现这18年来武夷山的茶产业在曲折中走通了一条“绿水青山就是金山银山”的绿色发展道路。

第一阶段：市场开拓期（2005—2008年）。

该阶段武夷山茶产业处于市场开拓期，茶农和茶企品牌意识不强、茶企呈现典型的“小、乱、散”特点，发展较为艰难。为鼓励做大、做强茶产业，2005年武夷山市委、市政府出台《关于加快茶产业发展的若干意见》（武委〔2005〕64号）。按照文件中“中部武夷、星村带头发展，南部兴田、华侨农场不断壮大，东、西、北部快速跟进”的思路，稳步扩大茶园种植面积。同时武夷山市设立茶产业发展基金，对开发茶山给予补助，扶持茶产业发展。

随着在哥德堡号沉船中发现武夷茶和武夷山母树大红袍被国家博物馆收藏，武夷茶的知名度进一步扩大，武夷茶在北京市、上海市、广东省等地的营销效果也十分显著，茶叶价格普遍上涨。2008年武夷山市加大市场营销力度，出台《关于进一步加强茶叶品牌营销推广的实施意见》（武委〔2008〕76号），提出了商标创建目标，并安排专项工作经费，用于茶叶品牌创建、营销、推广工作。

第二阶段：迅猛发展期（2008—2012年）。

由于武夷山茶产业效益显著，茶企和茶农一再扩大茶山开垦面积，甚至一度扩张到重点生态保护区域九曲溪上游等地区，水土流失现象严重。为保护生态环境，推进茶产业健康、可持续发展，2008年12月，武夷山市委、市政府发布《关于科学开垦茶园保护生态资源的通告》（武政告〔2008〕10号），明确了七大禁止开垦区，严格实行审批管理制度。

武夷山市鼓励茶企、茶农在禁止开垦范围以外科学合理地开垦茶园，审批后方可适度增加茶园面积。同时，武夷山市还对破坏九曲溪上游生态、侵占国有林地开垦茶山行为开展集中整治。2009年，武夷山市水土保持委员会、武夷山市林业局、武夷山市茶业局联合出台《关于开垦茶园（山）的实施意见》（武水保委〔2009〕01 号），明确划分禁止开垦区、限制开垦区、适度开垦区等区域，实行茶园（山）审批制度。2010 年，武夷山市针对部分茶企和茶农生态保护意识差、无序开发茶山、质量安全意识不够、商标使用不规范等问题，出台了《关于规范武夷山市茶产业发展若干意见》（武委〔2010〕24 号），提出相应整改措施。值得一提的是，该文件中对武委〔2005〕64 号文件中提出的“力争至 2020 年新发展茶叶种植 10 万亩，使全市茶叶面积达 20 万亩”进行修正，将茶山控制面积下调至 15 万亩以内。这也充分表现出武夷山逐步意识到不能盲目扩张茶山，要有序发展，合理控制茶叶种植面积。2012 年武夷山市委、市政府出台《关于进一步加强违规开垦茶山综合整治的通知》（武委〔2012〕7 号），扩大禁止开垦区范围，并对违规开垦行为予以规范。[14]同时，武夷山市规范简化审批程序，面积在 20 亩以上的，由市茶山整治领导小组进行审批。

第三阶段：整治整改期（2013—2017 年）。

2013 年，武夷山市出台了《关于做好 2013 年违规开垦茶山综合整治工作的通知》（武委〔2013〕5 号）和《关于下达 2013 年整治违规开垦茶山行动责任书的通知》（武委〔2013〕10 号），明确自 2013 年起，5 年内均取消适开区，持续开展整治违规开垦茶山专项行动，重点打击毁林种茶、侵占国有林地等破坏生态环境的行为。

随着 2014 年武夷山市出台《武夷山市违规开垦茶山顶部裸露植被恢复专项整治方案》（武委〔2014〕51 号）、《茶山综合整治网格化责任监管方案》（武委〔2014〕65 号）、《关于规范挖掘机上山开垦林地行为的通告》（武政告〔2014〕30 号），对违规开垦茶山进行全面监管。同时福建省出台了《关于提升现代茶产业发展水平六条措施的通知》（闽政〔2014〕45

号），福建省以转型升级、延伸产业链条、做响品牌、提质增效为目标，在建设生态茶园、推广茶叶机械、拓展精深加工、构建监管平台、创新经营模式、强化服务保障等方面制定了相应的支持措施。

为进一步促进武夷山市茶产业的可持续发展，2016 年武夷山市出台了《关于进一步加快茶产业转型升级的实施意见》，提出茶产业转型升级发展目标，着重实现“三个”转变：由茶业传统生产为主向传统与现代生产兼容转变；由单一茶叶营销向茶文化、茶旅游观光综合营销转变；由单一茶叶产品加工向多元产品精细深加工、提高附加值转变。

第四阶段：全面禁垦期（2018 年至今）。

武夷山市委、市政府先后印发了《武夷山市开展违规违法开垦茶山专项整治行动方案》（武委〔2018〕2 号）、《武夷山市关于全面实施茶山整治复绿工作方案》（武委办〔2018〕27 号）、《武夷山市实施茶山整治综合行动方案》（武委办〔2018〕25 号）、《武夷山市进一步依法从严从重打击违法毁林开垦茶山犯罪工作方案》（武委办〔2018〕28 号）等文件，全域禁止开垦茶山，建设生态茶园。同时，武夷山市印发《武夷山市茶产业高质量发展行动方案》，实施龙头培育、质量提升、标准管控、品牌建设、市场营销、融合发展“六大专项行动”，落实有机肥替代化肥等项目。

2020 年武夷山市完成项目资金拨付 974.7 万元，全面推行生态茶园农药化肥零增长减量化行动，“无化学农药无化肥”茶园示范项目在全省率先启动。截至 2022 年 6 月，全域 14.8 万亩茶园，绿色生态茶园达 9.35 万亩。累计整治违规茶山 4.2 万亩，复绿造林面积 8 432.8 亩。武夷山市按照“治好存量，禁止增量”的总体要求，确保已整治的山场不出现复种，需要造林的山场，全面完成造林恢复植被工作。

早在 2020 年，全市茶山总面积就达到了 14.8 万亩，以茶产业为生计的人员数量高达 12 万。如今武夷山市茶产业蓬勃发展，2022 年武夷山市干毛茶产量 2.38 万 t，产值超 26 亿元。茶业产值、税收年均分别增长 11.91%、14.33%。同时，武夷茶品牌竞争力和影响力持续增强。在 2023 年中国品牌价值评价信息发布中，武夷岩茶位居区域品牌（地理标志产品区）前 100 榜单第 3 位，“武夷岩茶”品牌价值从 2016 年的 627.13 亿元上升至 2023 年的 730.13 亿元。武夷岩茶（大红袍）制作技艺入选人类非物质文化遗产代表作名录。

二、文化支撑

武夷山市作为县级市，地域面积有限，茶园面积约为 72 km^2，茶叶产量有限。但依靠这有限的茶叶资源，武夷山市却创造了巨大的经济价值，支撑了一地经济的崛起，这背后依靠的是武夷山文化的力量。

武夷山市深入践行“绿水青山就是金山银山”理念，借助生态优势和品牌优势为武夷岩茶等农产品赋能。同时武夷山市全力打造覆盖全区域、全品类、全产业链的“武夷山水”区域公用品牌，把生态资源优势转化成质量品牌优势。在武夷山市政府的不懈努力下，武夷山市国家风景名胜区品牌影响力和品牌价值在全国位列前茅，武夷岩茶品牌价值连续多年在全国茶叶类榜单中占据第 2 位的好成绩，这些都极大促进了武夷山茶产业的发展。

一方面，武夷山优越的自然环境和悠久的制茶工艺造就了武夷岩茶的高品质。武夷岩茶因山而异，因术而精。不同的山场有不同的环境条件，影响着茶叶的品质和风味。武夷岩茶制作的工艺技术也十分讲究，它要求制茶师根据每种茶的特性，采用合适的方法，展现出茶叶的魅力。有的茶有山间花香，有的茶有天然蜜香，这些都源自制茶师的功力。制茶师高超的工艺技能和对茶叶特性的敏锐感知，使得茶叶的生产工艺更加精湛，进一步提升了武夷岩茶的品质和市场竞争力。好山场和好工艺是相辅相成的，缺一不可。武夷高端茶的稀有性和独特性也正是由此而来。而正是稀有性和独特性使武夷岩茶具有超出一般饮品的功能价值，成为社交、彰显品味和身份的佳品。而在武夷山世界自然遗产和文化遗产的双重加持下，越来越多的茶客也慕名前来，一品武夷茶香，这些都极大地增加了茶叶的经济价值。

另一方面，武夷山的人文底蕴丰富。这使得武夷山建立“茶+”产业时具有多种可能性，实现了“以茶兴业”的发展。而茶文化节、茶文化旅游等“茶+”活动不仅为茶产业带来了更多的市场曝光和销售机会，带动当地旅游消费的增长。千百年来，儒教、释教（佛教）、道教三教与茶文化在武夷山相辅相成。这种文化价值的注入使武夷山茶叶拥有了更高的文化溢价和吸引力，从而形成武夷山茶叶品牌独特的核心竞争力。武夷茶不仅是高品质的产品，也蕴含着深厚的文化内涵。这样的文化形象放大了武夷茶品牌宣传效果，提升了武夷茶在国内外的知名度和影响力，拓宽了武夷茶产业发展道路。

在文化加持下，武夷山市成功打造出高端岩茶品牌。2022 年武夷山市荣获 2022 年度茶业助力乡村振兴示范县域、茶业百强县称号，其茶产业税收 1.16 亿元。武夷山农民人均收入中近五成来自茶叶，实现了小茶叶托起乡村振兴“大产业”。

三、生态自觉

通过武夷山市茶产业的发展历程可以看出，武夷山也曾经历过无序开垦茶山的阶段。为什么武夷山市政府能够及时出台政策扭转这一乱局，将茶产业的发展引导回符合“绿水青山就是金山银山”理念的正确路径上来？这是由于武夷山人在武夷文化熏陶下产生的生态自觉意识贯穿了产业的发展过程。

武夷山市多数茶农代代依靠岩茶生活，而岩茶的价值在很大程度上是由其品质决定的，茶叶的品质又受到茶山环境的影响，土壤、空气等各要素稍有改变，茶叶的口感和香味就会大打折扣，为了自身的利益和子孙后代的长远利益，武夷山市势必不能走破坏茶山生态环境的发展道路。基于根植在他们骨血中的文化，无论是道教的“天人合一”，还是儒家的“斧斤以时入山林，材木不可胜用也”，都教导着武夷山的人民不能竭泽而渔，不能为了一时的利益大肆开垦茶山，造成水土流失、破坏生物多样性的恶果，而是要自发地保护这片赖以生存的家园，走可持续发展的道路。这也是“大红袍”母树能够在武夷山市扎根 300 多年未遭破坏，如今依旧受到良好保护的一大原因。尊重自然、尊重传统、尊重科学，这是武夷岩茶发展的基础。

武夷山茶业同业公会一直积极引导广大茶农走可持续发展的道路，倡导建设生态茶园，规范市场行为，保护原产地和本地品牌。2020 年，武夷茶因被炒到天价而招来非议，损害了茶行业整体的声誉，武夷山茶业同业公会立即提出了 3 条举措，一是反对价格虚高。坚决抵制虚标和哄抬武夷茶价格的行为，做到诚实守信、明码标价、依法经营。对每斤定价超过 10 万元的茶叶，主动向市场监管局和税务局报备，照章纳税。二是反对过度包装。坚决摒弃过度包装、噱头炒作等行为，不炒作山场茶、大师茶，严格按照标准，统一规范武夷岩茶产品包装、标贴标识，共同维护良好的茶叶市场秩序。三是反对恶俗花名。坚决抵制庸俗化、媚俗化、恶俗化茶品名称，共同使用好、维护好 “武夷山大红袍”“正山小种”等武夷茶品牌，积极构建健康良好的茶叶消费风气，提升武夷茶品牌的信誉度、美誉度。

武夷山市市场监管局、税务局、茶产业发展中心等涉茶部门全面启动茶叶生产、加工、销售各环节的监察管理和市场引导工作，凡因虚假炒作价格、过度包装、滥用恶俗花名、逃税漏税等行为受到行政处罚的茶叶生产经营主体，将予以曝光，并纳入企业信用信息不良记录，不予金融贷款、品牌建设等方面的项目扶持。[15] 在多方努力下，武夷山市平稳化解了岩茶产业发展中的一次次危机。

武夷山市茶农和茶企很好地遵循这些政策，他们还自愿签订《生态茶园建设管理承诺书》，自发维护茶山的生态，自觉减少农药和化肥的用量，建立绿色生态茶园。绿色生态茶园是以茶树为生态系统中的主要物种，按照社会、经济和生态效益协调发展的要求，因地制宜配栽不同物种，并通过科学施肥、绿色防控等方式建设而成的生态系统稳定、可持续利用的茶园。一方面，以茶树为主体的各种物种的合理配栽能增强茶园的生物多样性，从而实现茶园的生态化；另一方面，应用绿肥套种、有机肥替代化肥、病虫害绿色防控等绿色技术能降低对生态环境的污染，实现茶园管理绿色化。在全市茶农茶企的共同努力下，2021 年武夷山市 11 601 户茶农、1 683 户茶企已自觉作出禁用除草剂、生产无公害茶叶的承诺，并新建生态茶园试点 4.5 万亩，整治违法违规茶山 611.69 亩，复绿造林 451.3 万亩。武夷山市全年农药、化肥施用量分别减少 6 t、195 t。同时，武夷山茶叶产茶量还得到提升，由原来的每亩 250 kg 上升到每亩 350～400 kg。

这些努力使得武夷山市不但能长久保有适宜岩茶生长的“绿水青山”，而且提升了岩茶的品质和价值，也使茶农能获得更高的收入，增强幸福感和对家乡的认同感，因而他们也会更加努力保护武夷山市的“绿水青山”。这便在发展过程中形成了基于生态自觉的良性循环。

此外，武夷山市也依托自然保护地、国有林场和动植物园等场所，展开了自然教育、生态体验等活动，并通过建设宣教场馆、搭建解说系统、提供便民服务等方式，加强科普宣教队伍建设，维护并提高民众的生态自觉意识。

四、本节小结

要总结出武夷山市“绿水青山就是金山银山”实践取得成果的机制，就必须明确武夷山市的文化在其中发挥的巨大作用。

武夷山市的文化中包含茶文化、儒释道［儒学、释教（佛教）、道教］三教文化，三教文化又与茶文化相互融合，呈现出天人合一，人与自然和谐共生的思想，这些与“绿水青山就是金山银山”理念的内涵十分契合。

从保护自然的层面来看，儒学、佛教、道教文化中向善的部分和天人合一的思想培养了武夷山人的生态自觉性，使人们不会只顾一己私利做出肆无忌惮伐树毁林等破坏环境的行为，而是会自发地保护环境，维护生态平衡。因而武夷山才能保持千年来的“绿水青山”，才有了转化为“金山银山”的生态本底。从利用自然的层面来看，茶文化熏陶下的武夷山人民生产和生活都离不开茶叶，这种与茶的相伴代代相传，使得武夷山人民在种植茶叶的时候学会了顺势而为和可持续发展，依照山势建设“盆景式”茶园，塑造出了独特的武夷山茶园风貌。所以说，武夷山水孕育了武夷文化，使人与自然和谐共生的理念融入武夷人的生活。武夷山的人民又带着这种理念，保护自然、利用自然，保护武夷山的山山水水。

茶产业是武夷山市的特色产业和支柱产业。武夷山的文化对于茶产业发展起到了支撑作用，文化塑造下的好山好水产出了好茶叶，同时文化丰富了武夷山高端茶品牌的底蕴，使武夷山茶叶在宣传的时候有故事可讲，有情怀可抒，助力了品牌的宣传推广。文化打造出的高端品牌使茶叶不仅是一种饮品，更是将茶叶与美学、文学联系在一起，从社交、身份象征等多方面放大茶叶的效用，为生态产品赋予更高的价值。同时，文化也是茶产业和文旅产业联手的重要纽带，武夷山作为世界文化与自然双重遗产、全国重点文物保护单位（武夷山崖墓群）、国家重点风景名胜区、国家5A级旅游景区，还推出以《印象大红袍》为代表的一系列文娱演出活动，武夷山通过文化民俗与名胜古迹吸引大量游客，增加旅游收入，拓宽了“绿水青山”向“金山银山”的转化路径。茶产业在文化的推动下蓬勃发展，这既提高了茶农的收入，改善了茶农的生活水平，也使茶农的思想境界得到了提升，为武夷山市深入践行“绿水青山就是金山银山”理念打好了精神基础。

由此可见，武夷山独特的文化对其践行“绿水青山就是金山银山”理念有强大的支撑作用。武夷山市从自身的文化出发，塑造别具一格的山水风貌，打造具有高附加值的特色产业，武夷山市“绿水青山就是金山银山”理念的践行经验也为其他地区践行“绿水青山就是金山银山”理念提供了借鉴。

参考文献

[1] 刘乙潼．习近平察看武夷山市春茶长势：把茶文化、茶产业、茶科技这篇文章做好[N]．中国茶叶加工，2021（1）：43.

[2] 王俊禄，冯源，段菁菁．习近平总书记妙论“中国茶”[J]．中国民族，2022（12）：4.

[3] 李昊．文化是城市发展的软实力[N]．新华网，2016-09-13.

[4] 叶欣，熊婧．碧水绕丹山 千古儒释道武夷山的历史文化[EB/OL]. [2020-06-12]. https://www.ccdi.gov.cn/lswhn/shijian/202006/t20200612_29686.html.

[5] 邹全荣．复兴万里茶道，乘一带一路东风[J]．茶博览，2015（2）.

[6] 叶国盛．论赤石在武夷茶史中的角色[J]．福建茶叶，2015，37（2）：54-55.

[7] 武夷山综合治理频道流动人口管理图片旅游频道．武夷山[EB/OL]，[2010-03-22].

https://baike.baidu.com/item/%E6%AD%A6%E5%A4%B7%E5%B1%B1/917.

[8] 岩儒御．图解武夷山市岩茶的生长环境[EB/OL]. [2019-09-18]. https://zhuanlan.zhihu.com/p/83063458.

[9] 沈露欣．基于情感化设计的武夷山风景区民宿优化设计策略研究[D/OL]．华侨大学，2021（01）. https://cdmd.cnki.com.cn/Article/CDMD-10385-1020324815.htm.

[10] 卢燕．中国世界自然遗产向世界展示别样精彩[J]．绿色中国，2022（13）：8-19.

[11] 冰凌．中美茶缘悠远见证中美两国交流与发展[EB/OL]．新华网，2020-07-20.

[12] 李婧，刘杰．武夷山市："三茶" 统筹绿色发展[N]．农民日报，2023-07-15.

[13] 杨加兵．武夷山市印象大红袍调研报告[EB/OL]. [2015-03-30]. https://www.doc88.com/p-11487245781278.html.

[14] 中共武夷山市委、武夷山市人民政府．关于规范武夷山市茶产业发展若干意见[EB/OL]. [2010-09-16]. https://www.wuyishantea.com/Html/charenchashi/1091690452046.htm.

[15] 洪伟．武夷山市茶业同业公会公开反对"天价茶" [N]．中华合作时报，2021-01-12.

第八章

景东彝族自治县篇

紫金普洱醇，景东县气象新

入选理由

景东彝族自治县（以下简称景东县）是本书中唯一选取的中国西部县域案例。作为历史贫困县，景东县的脱贫攻坚过程就是“绿水青山就是金山银山”的发展历程，在“绿水青山就是金山银山”理念的转化路径方面有其独特性和典型性。

景东县地处云南省西南部普洱市，是一个多民族聚居区。全县总人口 30.31 万人，其中少数民族人口达到 15.06 万人，占总人口的 49.7%，涵盖了彝族、哈尼族、瑶族、傣族、回族等 20 余个民族，生活方式和文化都具有强烈的民族色彩。同时景东县群众的发展意识相对落后，经济市场缺乏有效的产业支撑和市场机制，这些因素都导致该地区与中国西部大多数地域一样，长期处于贫困状态，经济发展水平低于全国平均水平。

景东县生态资源的丰厚程度远高于其他地区，“绿水青山”属性明显。县内无量山和哀牢山两座山脉孕育了全国 1/3 的物种，是名副其实的“天然绿色宝库”、不折不扣的“人类望向自然的眼睛”。这些珍贵的生态资源使该地区具有巨大的潜在价值和发展机遇。2015 年 1 月，景东县被列入中国和挪威国际项目“生物多样性价值评估与主流化项目”示范县和中国 TEEB（生态系统与生物多样性经济学）项目示范县名单。2016 年 12 月，景东县作为中国唯一受邀出席的国际项目示范县代表，参加了《生物多样性公约》第十三次缔约方大会。在“中国 TEEB 行动与地方实践”边会上，中国环境科学研究院和联合国环境规划署共同发布了景东县的生态系统服务价值，景东县的生态系统服务价值每年高达 545.06 亿元。

为了充分发挥县域的生态价值，景东县利用高校力量深入践行“绿水青山就是金山银山”理念。2013 年，浙江大学结对定点帮扶地处深山的景东县特困区，利用高校特派员援助的方式，充分发挥专业优势，有效支撑景东县发展需求。浙江大学充分发挥教育优势，转变人群观念，凝聚科技优势，赋能地方特色产业，助力景东县脱贫致富。同时，浙江大学与景东县政府建立了良好的合作机制，在教育、科技、医疗、产业发展、生态保护等领域开展全方位、多层次、深度化的帮扶工作，组织了一支由专家教授、青年学者、志愿者等组成的帮扶队伍，深入基层一线，与景东县人民同甘共苦，共同奋斗。浙江大学与景东县共同谱写了一曲脱贫致富的赞歌。

浙江大学帮扶景东脱贫致富的行为不但彰显了高校的责任担当和社会价值，也为全国其他高校和科研机构提供了一条产学研结合、科技赋能地方发展的成功范例。通过这种模式，高校的科研力量可以更好地转化为产业优势和社会效益，实现科研成果落地生根和惠民利民。景东县工业化程度低，在浙江大学的帮助下，“绿水青山就是金山银山”理念得以深入践行。这也使景东县发展避免了先污染后治理的老路，体现了先进理念对于地区发展的重要性，也给其他未开发地区提供了发展思路。

2020 年 5 月 16 日，景东县正式退出贫困县序列。2022 年，景东县正式被命名为第六批“绿水青山就是金山银山”实践创新基地。这是国家对景东县在生态文明建设方面取得成绩的高度肯定，也是景东县成功探索“绿水青山”向“金山银山”转化路径的有力证明。短短 10 余年，景东县实现了从贫困县到“绿水青山就是金山银山”实践创新基地的嬗变。景东县顺利打赢脱贫攻坚战，证明了“绿水青山就是金山银山”理念的科学性和先进性，也为中国西部的其他地区实现脱贫致富、深入践行“绿水青山就是金山银山”理念提供了更多视角和可能。

第一节　师从远方，搭脉问诊

一、贫困之境

脱贫攻坚战是人类历史上最大规模、最成功、最具影响力的减贫行动，是全球治理体系变革的重要推动力。SDGs（联合国可持续发展目标）的第一个目标便是消除一切形式的贫困。我国自 2015 年 10 月正式提出脱贫攻坚战的目标任务和目标要求，并在 2020 年 11 月顺利完成全国脱贫攻坚目标任务。1981—2017 年，按照世界银行每人每天 1.9 美元的全球绝对贫困标准衡量，全世界平均每年减少近 3 400 万贫困人口，其中有 2 400 万人来自中国，中国减贫人口占全球摆脱极端贫困总人口的 3/4。中国对减贫事业的贡献不仅是帮助世界实现了千年发展目标，还提前 10 年实现了联合国第一个可持续发展目标——目标 1.1 消除极端贫困。[1]

因此，我国脱贫攻坚战的胜利，为全球减贫事业树立了榜样和标杆，为应对世界各国面临的共同挑战提供了借鉴，也为推动构建公平合理的国际秩序作出了努力和贡献。同时，我国脱贫攻坚战的胜利也切实提高了人民群众的生活水平和幸福感，促进了社会公平正义和民族团结，也进一步推动了生态文明建设。

世界各国均为推动减贫事业作出了重要的努力，其中互助减贫是促进减贫事业发展的关键措施。如孟加拉国实施国家减贫策略时，充分发挥孟加拉国乡村促进委员会、孟加拉国乡村银行、孟加拉国人民健康中心和孟加拉国社会发展联合会等民间组织的作用，为贫困地区提供重要援助。在援助过程中，民间组织以互助为基础，更新、传播知识，提升个人和组织的能力，推动项目的高质量实施。在民间组织的帮助下，落后地区也能够实现脱贫。[2]对于脱贫主体来说，互助减贫树立了自强意识，激发了内生动力，有助于脱贫事业稳步推进。对于扶贫主体来说，参与能够产生效益的项目可以提高扶贫的积极性，促进扶贫工作形成良性循环。通过互助，孟加拉国民间组织为脱贫地区提供了更多资源，建立了共同的目标。这种互助合作不仅促进了经济和社会发展，也培养了人们相互的依赖和信任，为实现可持续的脱贫奠定了坚实基础。

贫穷不能保障绿水青山，脱贫攻坚战与“绿水青山就是金山银山”理念的发展是互相促进的关系。一方面，脱贫攻坚战的开展为生态环境和资源保护提供了经济基础，激发了脱贫攻坚战群众主体的主动意识。另一方面，“绿水青山就是金山银山”理念的践行也为脱贫攻坚战的实施开拓了发展思路，并指明了前进方向。而在发展的前期通过科学理念引领发展方向，能有效实现生态资源的合理利用，避免走先污染后治理的老路。

二、调研先行

由于自然条件和历史原因，景东县长期处于贫困状态。2001 年，景东县被国务院扶贫开发领导小组确定为国家扶贫开发重点县之一。截至 2012 年年底，该县仍有 7 个乡镇、110 个村、18 808 户 98 370 人未脱贫“摘帽”，贫困发生率高达 22.34%，全县近 1/4 人口处于贫困线以下，远高于全国平均水平。[4]

为了帮助景东县实现脱贫攻坚目标，浙江大学作为全国知名高校，在教育部的指导安排下，2013 年全面启动了定点帮扶景东县的工作。

2013 年 5 月，浙江大学派出了由 8 位教授组成的第一批帮扶工作队。团队从杭州出发，经过 2 630 km 的长途跋涉，历经 12 小时的飞机大巴倒换，终于抵达了这座位于大山深处的县城。尽管舟车劳顿，但团队没有休息，而是立即与景东县委、县政府和相关部门进行了会谈，了解当地的基本情况和帮扶需求。

在接下来的几天时间里，浙江大学的教授们没有选择坐在办公室里进行座谈会式的调研，而是用更加接地气的方式深入扶贫一线。他们充分发扬了实践出真知的科研精神，深入田间地头、大棚鸡窝、村民家庭，与当地的干部群众进行了深入的沟通与交流，实地考察了当地的自然资源、生态环境、产业发展、民族文化等方面的情况，收集了大量的第一手数据和资料。他们深入践行浙江大学校训精神，以“求是”务实的态度，敬业奉献的精神，收集数据、分析研究，根据当地的实际情况和需求，最终形成了 4 份万字以上内容详实、数据充分、意见专业的调研报告，并在此基础上提出了一些具有针对性和可行性的帮扶建议和措施。

景东县位于云南省西南部普洱市，总面积为 2 366 km^2，其中耕地面积为 13.5 万亩。由于该县地处云贵高原与滇西南山地过渡带，地形复杂多样，气候温暖湿润，这也造就了景东县富饶丰富的生态资源。景东县是一个多民族聚居的地区，县域内有汉族、彝族、傣族、哈尼族、佤族等 24 个民族。根据 2020 年第七次全国人口普查数据，该县常住人口为 30.31 万人，其中汉族人口为 15.25 万人，占总人口的 50.30%；各少数民族人口为 15.06 万人，占总人口的 49.70%。县内设有 13 个乡镇，166 个村民委员会。[3]

由于景东县多为山地丘陵，常年自然灾害频发，对人民群众的生产生活造成了极大的影响。而县域经济的制约使得交通、电力、通信、饮水等基础设施建设相对落后，产业经济与教育、医疗等民生发展陷入恶性循环，彼此掣肘，极大制约了景东县的发展。再加上景东县作为多民族聚居的区域，各民族间历史、文化差异较大，语言差异明显，沟通不便，群众受教育意识薄弱，县域的人口素质普遍较低，文盲率高，劳动技能缺乏，创业意识和能力不强。而人才的匮乏进一步造成了县域的产业结构单一，特色优势产业不突出，产品附加值低的情况。因此，景东县长期处于贫困状态。

三、因势利导

（一）生态基底

为了帮助景东县摆脱贫困尽快找到解决办法，浙江大学的教授团队深入调研，寻找景东县的发展优势。景东县是我国生态资源最为丰富的地区之一，这里的森林覆盖率为77.01%，拥有无量山、哀牢山两个国家级自然保护区。无量山和哀牢山是我国重要的物种基因库，蕴藏着丰富多样的动植物资源，可以说是一片“琅嬛福地”，孕育了景东县独特而美丽的自然风光和人文风情。

“分得点苍绵亘势，周百余里皆层峦。”无量山与哀牢山层峦叠嶂，也是地球同纬度带上生物资源最为丰富的自然综合体之一。作为国家级自然保护区，无量山和哀牢山总面积高达 35 167 hm^2。“高耸入云不可跻，面大雄奇不可量”，无量山发端于南涧县和巍山县的交会处，自北向南纵贯滇西，数百公里间，峰脉连绵，一气呵成。无量山因其雄浑的气魄而得名，其山体支脉向东西两翼扩展，是太平洋气候和印度洋气候最显著的地理分界线。无量山无愧无量之名，正是这“东成西就”的优势，呈现了动植物的多样性和独特性，山上仅高等植物就超过了 1 500 种，森林覆盖率更是高达 91%。而哀牢山得名于古代哀牢部落，山体地势陡峭，相对高差大，山脉连绵起伏，其中有 9 座山峰的高度超过了 3 000 m，有“西南险山一绝”之称，林木遮天蔽日，藤蔓交织纵横，是全国最大的原始中山湿性常绿阔叶林区。

得益于无量山与哀牢山的生态基底，景东县域内植物丰富多样，暖湿性干热河谷半干旱稀树灌丛、暖热性思茅松林、暖湿性针阔叶混交林、湿性常绿阔叶林立体分布。截至 2021 年，景东县林地面积达到 36.94 万 hm^2，占总土地面积的 82.74%，县域森林覆盖率高达 73.49%。哀牢山有 2 242 种高等植物和 446 种蕨类植物，而无量山有 2 574 种高等植物，其中有 60 多种是景东县独有的，栎类树种和松类植物在这里广泛分布。景东县还有云南红豆杉、篦齿苏铁、野银杏、长蕊木兰和中华桫椤 5 种国家一级保护植物，水青树、红花木莲、多花含笑、大果马蹄木等多种国家保护珍稀树种。景东县还保留着原始状态的云南铁杉林 414 hm^2 和野生古茶园 5 333 hm^2，山茶、杜鹃、兰花等各种花草数不胜数。

据记录，景东县域的两个保护区内共有 238 科 788 属 1 813 种维管束植物，215 种大型真菌，分布有 820 多种经济植物和 20 种国家级保护野生植物。在动物方面，记录显示有 9 目 30 科 78 属 123 种哺乳动物，4 目 17 科 61 属 103 种两栖爬行类动物，以及 9 目 107 科 644 种昆虫。景东县有 54 种国家级保护野生动物和约 14 种野生动物被认为是“极小种群物种”的动物。全球极度濒危物种西黑冠长臂猿有 104 个群体，数量超过 600 只；而灰叶猴则有 43 个群体，总数超过 2 000 只。因此，景东县是不折不扣的“人类望向自然的眼睛”。[5]

（二）当地特色

产业发展是地方致富的根本方式。浙江大学的教授们深入景东县进行调研，因地制宜，从景东县本身的资源禀赋出发，寻求有发展前景的产业。

1．普洱茶

景东县饮茶历史悠久，唐代《蛮书》中记载："茶出银生城界诸山"，此中的"银生城"指的便是景东县，这是关于景东县茶文化最早的记载。景东县茶园多处于海拔较高的地区，特殊的地理位置孕育出山野气韵丰富、花香淡雅持久的普洱茶。早在 2006 年普洱市古茶树（园）资源普查时就发现，景东县的野生型茶树群落多达 28.6 万亩，栽培型古茶树 3.72 万亩，现代茶园 22.78 万亩。浙江大学的教授们在对景东县茶叶进行品鉴、分析后，认为景东县的普洱茶具有独特的风味和品质，有望打造成国内外知名的茶叶品牌，因此，景东县的茶产业具有坚实的基础，发展前景十分广阔。

2．乌骨鸡

景东县乌骨鸡作为稀有的家禽种群，具有毛脚、绿耳、体大的特点。因其肉质细嫩、营养价值高，备受当地消费者青睐。2010 年，无量山乌骨鸡还被列入《国家禽畜遗传资源品种名录》。景东县的乌骨鸡品种丰富、纯净，浙江大学的教授们敏锐地发现，乌骨鸡养殖业具备产业发展的基础条件。

3．菌菇产业：灵芝种植和孢子粉、小香蕈等

云南历来以菌菇丰富而闻名，景东县也不例外，但景东县小香蕈产业的形成却不仅基于本身的生态资源，更是天时、地利、人和的结合。每年的 5 月正是菌菇大量繁殖的时节，适逢雨天，景东县食用菌产业首

席专家、浙江大学农业技术推广中心副教授陈再鸣在景东县一家餐馆前面的树桩上，发现很多小小的菌类。凭着自己的专业知识，他准确地判断出这是附生菌，是可以人工驯化之后实现人工种植的。陈教授如获至宝，分离出纯小香蕈菌种，带回浙江大学实验室开展研究、驯化、培养，攻克技术难关，为小香蕈产业发展打下了基础。为了充分挖掘景东县的生物优势，充分利用景东县自然环境和地理优势，陈教授团队还在景东县不同海拔的山地种灵芝，发展灵芝种植产业。灵芝不仅是一种珍贵的药用菌，还可以从中提取出灵芝孢子粉等高端产品，具有很高的经济价值和市场需求。

根据浙江大学教授们的调研结果来看，景东县具备发展优势特色产业的基础，但守着这片“绿水青山”，景东县却没收获“金山银山”。究其原因，可以从以下几个方面看出问题的症结：

1．教育水平低下。主要表现在：①教育覆盖率低。2013 年，景东县九年义务教育巩固率仅为 88.23%，低于全国水平的 92.3%。而 2013 年我国高中阶段入学率有 86%，景东县却只有 63.1%。2013 年，景东县劳动力平均受教育年限仅为 8.9 年，多数贫困群体为小学学历或甚至从未上过学。②受教育意愿低。由于景东县经济落后，少数民族文化传统和生活方式与汉族差异大，缺乏对教育的认知和信心，大多数家庭和学生对接受教育缺乏兴趣和动力，认为读书无用或者无法改变现状，更愿意从事农业或者早早结婚生子。因而当地教育生源少、生源差、辍学率高，自主受教育意识低。③教育资源匮乏。2013 年，景东县图书馆书籍数量为 39.82 万册，人均拥有图书仅为 1.06 册，且图书内容质量低下、出版年份久远。全县 166 个行政村仅有 38 个村配有文化活动室，教育文化资源匮乏。[4]

2．医疗基础薄弱。主要表现为：①医疗资源匮乏。2013 年，景东全县共有医疗机构和卫生单位 23 个，其中县直医疗卫生单位 6 个，乡镇中心卫生院 4 个、普通卫生院 9 个、中心卫生院下设分院 4 个；卫生机构床位数 906 张，每千人口拥有卫生技术人员仅为 1.51 人。村级卫生所 161 个，聘用乡村医生 300 人，民营医院 2 所、个体诊所 26 个。②医疗保障体系不健全。2013 年，城乡居民养老保险参保 18.34 万人，参保率仅为 50.0%；新农合医保参保 30.54 万人，参保率为 83.30%。

3．产业发展落后。主要表现：①产业发展条件不成熟。景东县位于滇西边境山区，地理环境复杂，自然灾害风险高。而景东县的基础设施建设相对滞后，特别是交通物流体系不健全。许多村镇道路仍然是泥路或山路，道路硬化率较低，这极大制约了资源交换和人员流动，阻碍了产业的形成。②产业结构单一。2013 年，景东县地方生产总值为 50.4 亿元，其中农业总产值为 34.59 亿元，产业结构单一，多依靠农业发展。当地居民多依赖山地等自然资源，在小范围内进行物资交换，产业经营方式相对滞后。

四、本节小结

浙江大学积极响应教育部高校定点帮扶工作安排，从调研工作开始，深入了解景东县的基本情况，及时发现和解决在帮扶过程中遇到的问题和困难。同时，浙江大学加强了与景东县政府和当地群众的沟通和交流，旨在增进相互了解和信任，形成共识和合力，从而提升帮扶工作的广泛性和持续性。

浙江大学在帮扶工作中体现了科学创新精神和务实求真思维。他们没有简单地照搬东部发达地区的发展模式，而是根据景东县自身的特点和实际情况，制定了符合当地需求的帮扶方案。他们通过实地走访调研，深入了解景东县的发展基础和优势。同时，他们还详细地分析了景东县贫困的原因，从教育水平、医疗水平、产业发展水平等方面进行了全面的分析。

浙江大学充分发挥了学科领域的专业优势，采用综合性研究方法，结合了定量和定性的数据分析，以科学的眼光更准确地理解景东县贫困的本质和深层次原因，为景东县提供更加精准和有效的扶贫方案。他们对景东县的社会经济状况、人口结构、民族文化、自然环境等方面进行了全面的调查和评估，尊重当地的文化和习惯，利用本地的资源和条件，避免了“一刀切”或者强行推行外来模式所带来的问题，注重培养景东县自身的发展能力和潜力，不仅解决了眼前的困难，而且为长远发展打下坚实基础。

第二节　对症开方，精准帮扶

一、产业扶贫

（一）茶产业

景东县茶园面积广，面积高达20余万亩，其中不乏数百年树龄的古茶树。茶叶品质优良，产量丰富，为茶产业的发展提供了良好的基础。然而景东县的茶叶却因为地处偏远，鲜有人知，多数茶叶滞销在本地，售价也十分低廉，这也进一步导致了景东县的茶产业集中度低，经营主体规模小、实力弱、产业化水平低、产业链条短。

浙江大学定点帮扶景东县后，派出专业对口的专家，对景东县茶产业进行全方面的调研。在了解到景东县的茶产业发展困境后，专家和教授纷纷出谋划策。帮扶团队将景东茶叶打造为联结浙江大学与景东县情谊的载体，以茶叙情，讲述浙江大学援助景东县故事，借此扩大景东县普洱茶知名度，于是，“紫金普洱”品牌应运而生。

2017 年浙江大学 120 周年校庆前夕，学校的帮扶团队全程严格把控质量关，赶制景东县普洱茶，利用浙江大学校庆的机会售卖茶饼。浙江大学以每饼 120 元的价格让利给消费者，这不但让景东县农民能卖出更多茶叶，也让消费者买到了性价比高的好茶。同时将“紫金普洱”的价格与校庆相关联，更是浙江大学与景东县深厚情谊的具象化表达。浙江大学与景东县用品牌效应打开了茶叶市场，持续扩大茶叶影响力，实现了销售的可持续。果然，2017 年 5 月 1 日，景东县“紫金普洱”茶一经上市就被浙江大学校友抢购一空，这也标志着景东县茶产业发展通过浙江大学的品牌效应走出了关键一步。

此外，浙江大学对茶叶产业的全流程进行回溯，针对茶农采茶和制茶品控不一、品牌意识薄弱等问题，持续开出“新药方”。浙江大学为茶农开展技术培训，指导制茶工艺，打破茶农原有按经验种茶、制茶的老旧方式，引进先进的理念、前沿的科技，提升当地成品茶品质，为景东县茶产业注入新的活力。浙江大学帮助当地茶农树立了品质立业的理念，培养了品牌意识，促进了茶产业的良性发展。此外，浙江大学协助景东县干部前往浙江实地调研学习，开拓了他们的眼界，增强了他们发展茶产业的信心。“紫金普洱”品牌的成功为景东县的茶农创造了实实在在的经济价值，为景东县产业脱贫贡献了重要力量。

浙江大学还建立了高等学校、地方政府、龙头企业等多主体相协调，科技创新与产业发展相融合，品牌建设与场景式推广相促进的高校助力地方精准扶贫新模式。多主体的产业发展模式扩大了产业规模，提高了产业抗风险能力，政策引导、科技赋能、品牌加持，这些都为景东县茶产业的健康发展提供了保障。

茶叶教授王岳飞

王岳飞教授是浙江大学茶叶研究所所长，主要从事茶叶生物化学、茶资源综合利用等方面的教学与研究，对茶叶有深厚的认识和独到的见解。2017 年，王教授被评为“全国科技助力精准扶贫工作先进个人”，这是对王岳飞教授为景东县茶产业发展付出的充分肯定。

王岳飞教授到景东县后惊喜发现，景东县独特的地理位置使茶树植株异常高大，制得的茶叶条索匀整，茶汤金黄透亮，茶香淡雅清幽，有其独到之处。但是这样高品质的茶叶却被埋没在深山之中，鲜为人知，王岳飞教授深觉可惜。他和他的团队明白，要打造景东县特色优质茶产业，首要的问题就是如何提升景东县优质茶叶的知名度。

“为何不让普洱茶讲述浙江大学和景东县之间的故事，通过浙江大学校庆将两地情缘发扬光大呢？”浙江大学与景东县帮扶凝聚了深厚的感情，将景东县茶叶与浙江大学的品牌相结合，通过浙江大学校庆来弘扬两地的情谊。这样一来，不仅可以解决景东县茶产业发展的当务之急，也能让更多人了解这段扶贫故事，向学生和校友们展示浙江大学所肩负的时代使命，起到引领、榜样的作用。

于是，一款名为“紫金普洱”的茶叶应运而生。同时为了深化品牌价值，扩大品牌影响力，“紫金普洱”以浙江大学校庆周年数 120 为价格，非常有纪念意义。这款茶叶不但让消费者得到实惠，也为景东县茶农赢得了口碑。自“紫金普洱”品牌创立以来，累计生产“紫金普洱”136 000 多个茶饼，产值高达 1 500 多万元，并带来间接销售、定制，累计销售近 3 000 万元，为景东县脱贫致富作出了实实在在的贡献。

（二）乌骨鸡

景东县无量山的乌骨鸡是云南省有名的特产，为了深入发展乌骨鸡养殖产业，景东县成立了专门的乌骨鸡产业发展办公室，制定了相关的政策和规划，支持农民参与乌骨鸡养殖。但由于乌骨鸡多由当地农户自发养殖，散养的规模难以满足产业发展需求，尽管景东县拥有乌骨鸡这一宝贵资源，但却未能通过乌骨鸡养殖实现脱贫致富目标。

在浙江大学对点帮扶景东县的过程中，养殖专家前往景东县实地调研，收集当地村民养殖乌骨鸡的实际情况，了解景东县乌骨鸡产业发展的现状、成效以及制约因素，为后续产业发展提供数据支持。通过调研，团队发现景东县乌骨鸡养殖存在诸多问题。由于养殖行为多为农民自发形成，缺乏科学的养殖技术和管理方法，养殖设施简陋，甚至有些家庭仅利用柴火堆、羊圈进行养殖，忽视了乌骨鸡所需的适宜生存环境。这种养殖条件导致乌骨鸡产量低、品质差，进而影响种鸡的产蛋率和苗鸡的成活率，严重制约了乌骨鸡产业的发展。

因此，要想提高乌骨鸡的品质，不仅要注重遗传改良和选育技术，还要改善养殖环境和基础设施。浙江大学从养殖龙头企业和大户入手，教授养殖技术，对种鸡选育、人工授精、机器孵化、育雏脱温、商品鸡养殖和销售等方面全程指导。这些措施有效提升了全县的养殖技术水平和产业层次，提高了种鸡繁殖性能和鸡只饲养成活率。随着科学养殖理念逐渐从龙头企业和大户过渡至普通农户，群众的科学养殖意识逐步提升，也为下一步产业发展奠定了基础。

景东县乌骨鸡养殖业从源头出发，提高优质种苗覆盖度，结合市场需求，将种鸡不同羽色整理分群，进行性能测定和持续选育，开展机械化、立体化的笼养模式，提升养殖规模和效益，用科学方法推进乌骨鸡产业发展。

经过几年的努力，景东县共建成乌骨鸡种鸡场 3 个，每年可提供优质无量山乌骨鸡苗 600 万只以上，建成乌骨鸡良种繁育示范场 6 个，存栏种鸡 2 万只以上，年供优质苗鸡 180 万羽以上。同时，景东县通过采用“专业合作社+规模户+农户”的运行模式，组建无量山乌骨鸡养殖专业合作社 13 个，由合作社统一供种、统一饲养管理标准、统一防疫、统一销售，并培育养殖示范户 124 户。2021 年，景东县无量山乌骨鸡存栏 262 万羽，出栏 431 万羽，产值达 3.4 亿元，无量山乌骨鸡已成为景东县农民增收的一大支柱产业。[8]

“养鸡司令”尹兆正

尹兆正是浙江大学新农村发展研究院和动物科学学院的研究员，他在家禽遗传育种与繁殖领域有着丰富的教学、科研和推广经验。他曾主持或参与多项国家级和省级项目，发表论文 60 余篇，出版专著 6 部，还荣获浙江省科学技术二等奖等省部级奖 4 项。由于长期致力于地方鸡品种的选育和技术服务，他在业界享有“鸡司令”的美誉。

2013 年以来，尹兆正作为浙江大学支援景东县的科技特派员，积极开展乌骨鸡产业的扶贫工作。他每次到景东县，都会深入养鸡场，逐户逐舍地查看鸡的品种、健康、生产等情况。在调研中，他发现景东县的种鸡产蛋率低、苗鸡成活率低，产蛋量也比同类型鸡种少，甚至有的只有四成左右的产蛋量。这些问题严重影响了当地养殖户的收入。尹兆正博士对此十分着急，他决心帮助当地养殖户改变现状，提高养殖效益。

为此，尹兆正博士及其团队与当地龙头企业合作，先试先行改良养鸡方式，打造景东县乌骨鸡产业。他们引进优质乌骨鸡种苗，建立良种繁育基地，提供技术指导和服务，促进乌骨鸡的规模化、标准化生产。他们还利用浙江大学的科研优势，对景东县无量山乌骨鸡进行遗传评估和选育利用，提高其品质和特色。通过这些措施，景东县乌骨鸡的产蛋率、成活率等指标都有了显著提升。这些成果让当地农民看到了希望和信心，也让他们愿意接受科学养殖理念，改变传统的养殖方式。

尹兆正博士不仅为景东县带来了先进的养殖技术和理念，还展示了务实奉献的精神品质。为了普及科学养殖理念，他不畏艰辛，直接将培训开到养鸡场、开到农贸市场里。他亲自上阵，现场培训，教授养殖户如何规范管理、防病治病、提高效益等。他还编写了《景东县无量山乌骨鸡养殖综合技术规范》，让当地村民可以照着规范饲养乌骨鸡，提高科学养殖水平。他“一头扎进鸡窝里，一心扑在鸡身上”，致力于打造具有景东县地方特色的乌骨鸡产业，带动景东县百姓精准脱贫奔小康。[9]

（三）菌菇产业

景东县的生态环境优越，孕育了丰富多样的野生菌资源。在景东县产业帮扶过程中，浙江大学充分抓住了这一特色，并以此为基础，着力打造优质品牌产业。

产业发展是经济发展体系的支柱，也是脱贫致富的关键。为了提升景东县的产业发展，浙江大学通过实地走访调研，因地制宜寻求适合景东县发展的绿色产业。经过深入走访和科学评估，浙江大学发现景东县具有悠久的野生菌食用史，具备发展食用菌产业的巨大潜力。

为了合理利用景东县丰富的生态资源，充分发挥其独特的生态优势，浙江大学与景东县共同制定了《景东县野生菌资源开发与产业化培育决策咨询报告》，对野生菌产业的可行性进行充分论证，并深入分析了国内外行业发展情况和市场趋势，为产业发展提供了可行的操作方案。同时，景东县还编制了《云景天芝乡村振兴田园综合体之“云景谷”灵芝生态产业园规划方案》等发展规划，科学合理地划定产业界线，统筹考虑资源利用和生态保护的关系，制定了资源利用边界、产业发展边界和模式扩张边界，深入践行“绿水青山就是金山银山”理念，从生态保护和可持续发展的视角促进产业形成。[6]

浙江大学充分利用自身作为高校的人才和技术优势，在景东县设立了“浙江大学景东县野生菌研究联合实验室”和“景东县野生菌资源研发中心”，利用科技力量支撑野生菌产业的发展。浙江大学开展了从菌株的驯化培养到种植生产，再到加工、销售的各个环节的工作，实现了“野生菌驯化—生态栽培—原料深加工—品牌销售”的全产业链绿色科技模式。浙江大学成功培育出栽培性状优良的野生菌品种，克服了野生菌无法人工繁育的技术难题。此外，浙江大学还为景东县提供先进的管理理念，制定了《景东县小香菌栽培技术规程》和《景东县小香菌标准化栽培模式图》，推动菌菇产业标准化发展，为产业的现代化、高质量发展奠定了基础。

为了深化食用菌产业链，提升产业价值，景东县形成了“大学+政府部门+基地+龙头企业+村民委员会+N”的合作模式，实现了第一产业、第二产业、第三产业的融合发展。通过政府主导，浙江大学提供人才和技术支持，龙头企业带动，合作社培训指导，基地负责规模化供应菌丝、菌棒，农户全程参与种植和销售的方式发展食用菌产业。这种合作模式充分发挥了食用菌产业中各方利益相关者的优势，从政策、技术、资金、人力和销售等多个环节共同推动野生菌产业的发展。同时，景东县与企业合作打造野生菌区域品牌，如“无量姑嫂”和“云景天芝”，并结合景东彝族文化和中华灵芝文化，以“品牌+文化”的方式进行产品销售和推广。

菌菇专家陈再鸣

陈再鸣是浙江省食用菌领域声名显赫的专家。初次踏足景东县时，他就立下了技术扶贫的豪情壮志，毅然深入山区腹地。经过实地走访和科学评估，陈再鸣决定培育出滇西地区独有且受当地人喜爱的菌类，以此发展林下经济。

陈再鸣与当地农民一同组建团队，教授种植技术，寻找产业市场。从最初的两个示范点开始，逐渐扩展到十多个，组建了百余人的团队，种植团队逐渐扩大，为形成稳定的产业提供了技术和人才支持。

从实践到理论，再从理论到实践，陈再鸣不断努力，终于攻克人工栽培食用菌的难关。他根据个性化需求进行配方调整，实现了“一个配方一朵菇”的成果，并持续进行改良，将复杂的过程简单化，最终研制出了一种“万能配方”，将真正的“致富经”交给百姓。他还驯化了珍稀的野生菌——小香蕈。由于种小香蕈投资周期短、见效快、发展潜力较大，病、弱、缺少劳力的贫困户都可参与。同时，小香蕈产业发展，需要大量劳动力，也为当地妇女和远走他乡打工的年轻人创造了就业岗位和机会。这些都为景东县脱贫致富提供了实实在在的办法。

鉴于景东县拥有丰富的自然资源，陈再鸣再次萌生了一个大胆的想法——建立一个实验室，深入探究景东县的野生菌资源。于是，在海拔2 300多m的哀牢山国家级自然保护区，浙江大学与景东县首次建立了一个食用菌资源保护实验室。几年的时间里，陈再鸣在实验室里检测了

1 500 个珍贵的大型真菌样本，对它们进行了整理分类和鉴定，其中还包括灰树花、金顶侧耳、红平菇等这些原本只能在山里寻觅到的珍稀菌类。在陈再鸣教授团队的努力下，如今很多珍贵的菌菇通过栽培技术已经被端上了普通百姓家庭的餐桌。

小小的蘑菇，引领着景东县的农户脱离贫困。到 2018 年，全县食用菌的栽培总面积已经达到 100 多亩，带动了周边 200 多户农户，平均每户增收超过 4 200 元。陈再鸣教授也实现了他 “将论文写在崇山峻岭之间，不达小康不还乡”的誓言。[10]

景东县哀牢山自然保护区野生菌监测站

为了更好地保护和利用景东县的野生菌资源，浙江大学与景东县自然保护区管理局成立了景东县哀牢山自然保护区野生菌监测站，致力于野生菌资源的调查和保护利用工作。

通过多年的努力，景东县哀牢山自然保护区野生菌监测站已经收集了 1 200 多种珍贵大型真菌样本。这些样本来自不同的地理位置和生境条件，涵盖了丰富的野生菌物种。监测站的专业团队进行了详细的分类鉴定工作，成功鉴定出 700 多个野生菌的种类。更令人振奋的是，监测站还发现了近 130 多种可食用的野生菌。这些野生菌品种丰富多样，包含许多珍稀和美味的物种，具有极高的食用价值和经济价值。这一发现为当地的食品产业和生态旅游提供了重要的资源基础，同时也为景东县的可持续发展带来了新的机遇。

景东县哀牢山自然保护区野生菌监测站的成立，不仅加强了对野生菌资源的保护，也促进了当地的生态环境保护和资源的可持续利用。监测站的工作人员通过开展野生菌资源的调查和监测，为当地政府和决策者制定合理的保护政策和管理措施提供了科学依据。

同时浙江大学依托监测站建立了野生菌森林功能促进实验区和名贵野生菌监测样地，驯化野生菌，促进了菌菇产业发展。从过去进山捡菌子，到如今让野生菌走出深山。菌菇产业化种植提高了群众收入，打破靠山吃山的限制，降低了群众对自然保护区的资源依赖，走出一条生态保护和资源开发共赢的扶贫新路子，为当地的产业发展和生态保护提供了支持。这一工作的持续开展将为景东县的可持续发展和生态脱贫的实施作出更大的贡献。

（四）生态脱贫

景东县受浙江大学生态为先理念的影响，采取了一系列措施，不断加大生态保护的力度。景东县对需要进行生态保护的地区实施生态移民，同时还创建公益性岗位帮助贫困群众，利用这些生态保护项目创造就业岗位，提高群众收入。生态移民是指将居住在生态条件较差的居民（如居住在陡坡地或植被薄弱地区的人们），搬迁到生态条件更好的地区。这样一方面可以减轻对原本脆弱的生态环境的破坏，使生态系统得以恢复和重建。另一方面，异地搬迁还能逐步改善贫困人口的生活状况，使他们能够享受到更好的公共服务，实现经济发展与生态保护的“双赢”。

创建公益性岗位为贫困群众直接提供了就业岗位，增加了群众收入来源，提高了群众生活质量。为了全面覆盖林地森林管护工作，提高对生态资源的保护，景东县林业部门从建档立卡的贫困人口中选聘生态护林员和森林管护员，既帮助贫困户增加了收入，也实现了对生态资源的保护。2016—2019 年，景东县实施了一系列补偿措施，其中生态公益林补偿面积达到95.98万亩，补助资金共计3 332.1万元，建档立卡贫困户受益资金超过469万余元；天然林停伐补助面积达到203.24万亩，补助资金达到7 246.8万元，涉及建档立卡贫困户14 063户，受益资金达到954万余元；新一轮退耕还林工程项目面积为3.07万亩，补助资金为3 455万元，建档立卡贫困户受益资金超过837万余元；新一轮退耕还草工程项目面积达到5.5万亩，补助资金为5 500万元，涉及建档立卡贫困户1 755户。景东县这一模式实现了生态保护和群众脱贫的“双赢”。

此外，景东县还积极挖掘生态资源潜力，通过将产业发展与生态保护相结合，开展了一系列产业发展计划。他们引进了浙江大学的技术力量，研发了景东县特色产品——破壁灵芝孢子粉。为了实现对生态资源的科学利用，他们对野生灵芝、茯苓等具有较高经济价值的野生食用菌资源进行了鉴定、分离和人工培养。他们还加大了林下药草的种植力度，在哀牢山和无量山周边建设了草果、重楼、滇黄精等药材试验示范种植基地。景东县还作为全国首个生物多样性与生态统计经济学（TEEB）示范县，摸清了“绿水青山”的家底和潜在的经济价值，也算清了每年因保护生态环境减少的工业产值和每年为保护生物多样性支出的经费这两笔“经济账”，为生物多样性相关政策的制定提供理论依据和技术支持，通过经济手段推动生物多样性的进程，提高生物多样性保护的效果。

因此，景东县的生态脱贫并不是单纯依靠生态资源换取经济价值的过程，而是通过践行“绿水青山就是金山银山”理念，充分挖掘可持续生态价值的历程。景东县在坚持保护红线不动摇、加强监管不放松、完善机制不懈怠的基础上，更加重视生态保护理念，利用科技力量提高生态资源价值，用发展本身说明“绿水青山就是金山银山”理念的科学性和可行性。

二、教育扶智

“教育是阻断贫困代际传递的治本之策”。浙江大学作为国内一流高校，深刻认识到自身在脱贫攻坚中的责任和使命，自2013年以来，开展定点帮扶景东县，全力参与景东县脱贫“摘帽”和乡村振兴进程。在帮扶过程中，浙江大学充分发挥教育的力量，多向发力，提高景东县教育质量，为培养少数民族人才、服务县域经济社会发展、阻断贫困代际传递作出了积极贡献。

（一）援助教育。浙江大学积极协调社会资源，捐赠500万元建设职业技术教育园区教学综合楼“浙大楼”项目，为景东县职业高级中学（以下简称景东县职高）提供了现代化的教学设施。同时，每年组织优秀研究生支教，截至2020年，浙江大学已有7批38名研究生到景东县开展支教扶贫活动，主要担任英语和数学等薄弱学科的课堂教学，并开展通识教育、校园文化活动、职业规划指导等工作，为景东县职高的学生提供了优质的教育服务。此外，浙江大学还先后派出22支队伍300余名大学生到景东县开展社会实践活动，与当地学生开展互动交流，传递知识、技能和文化，拓宽视野、增进友谊。

（二）助学奖教。浙江大学牵头组织设立“求是助学金”和“求是奖教金”，累计捐赠300多万元用于资助贫困大学生和表彰优秀教师。其中，“求是助学金”主要用于帮助景东县的贫困大学生完成学业，每年资助100名左右的在校大学生，每人每年2 000元；“求是奖教金”主要用于奖励景东县的优秀教师，每年评选出10名左右的教师，每人每年奖励5 000元。这些资金的设立，既体现了浙江大学对景东县教育事业的关心和支持，也激励了当地的学生和教师努力进取、追求卓越。

（三）培育人才。浙江大学选派近600人次的专家、教授和知名学者赴景东县进行调研交流，为政府和企业提供智力支持和技术咨询，为产业发展和经济转型提供科技创新和方案设计。同时，浙江大学每年组织校内外专家、教授为景东县农村基层劳动力、各级党政干部、专业技术人员提供教育培训，累计覆盖超过 15 000 人次。培训涉及乌骨鸡养殖、野生菌栽培、普洱茶加工等多个领域，基于本地产业，提高了人才的专业素养和综合能力。

（四）援建滇西高校。浙江大学积极落实支援滇西应用技术大学普洱茶学院行动。浙江大学为普洱茶学院提供了一系列的援建项目，包括规划建设、师资培养、课程设置、实验室建设、科研合作等方面。通过援建普洱茶学院，浙江大学为滇西地区培养了一批具有专业知识和实践能力的普洱茶人才，为滇西茶叶产业的发展和升级作出了贡献。目前，普洱茶学院已成为云南省首批组建的 3 所特色学院之首。浙江大学还成功帮助景东县引进海亮集团托管景东县无量中学初中部，促成合作创办非营利性民办无量中学高中部（景东县海亮高级中学），并挂牌“景东县浙大求是中学”。

浙江大学在援助景东县过程中，充分发挥了教育的力量，多向发力，提高了景东县的教育质量。这些工作不仅对景东县退出贫困县序列、开启乡村振兴新征程发挥了重要作用，更引发了广泛深远的社会影响。

三、医疗扶困

医疗帮扶可以促进景东县的经济发展和社会稳定，通过改善人民的健康状况，增加人民的收入，减少因病致贫或返贫的风险。浙江大学不仅为景东县捐赠了医疗物资，还为景东县的医疗人才培养和医学技术提升作出了重要贡献。

自 2013 年起，浙江大学与景东县人民医院建立了长期的对口支援合作，派遣多批医疗专家团队前往景东县，开展远程医疗会诊、专题讲座、义诊等活动，为当地危重病例提供及时有效的救治方案，为医务人员提供专业培训和指导，为群众提供优质的医疗服务。在这一过程中，浙江大学医学院附属第二医院（以下简称浙大二院）发挥了重要的作用。

浙大二院自 2013 年开始与景东县人民医院建立了紧密的合作关系，每年派出由各级专家组成的医疗队伍前往景东县，开展定点帮扶工作。浙大二院还协调附属医院捐赠了价值数百万元的远程医疗会诊平台、心电图机、彩超机、心脏起搏器等先进的医疗设备，利用“互联网+”技术为景东县人民医院进行多次远程会诊和手术指导，提升了当地的医疗水平。此外，浙大二院还组织了多个专业领域的医疗专家前往景东县，开展专题讲座和义诊活动，涵盖了心血管、消化、妇产、儿科、骨科、眼科等多个科室，有效缓解了当地群众看病难、看病贵的压力。尤其值得一提的是，浙大二院还与景东县人民医院共同组织了多次先天性心脏病筛查和手术救治活动，为 20 余名先天性心脏病患者实施了康复手术，让他们重获新生。

此外，2019 年，浙江大学还向景东县捐赠了 600 万元，设立农村临时困难家庭医疗救助基金，并再次捐赠了 121 余万元的医疗设备，为当地贫困群众提供了更加坚实的医疗保障。浙江大学对景东县医疗方面的援助体现了其社会责任感和人文关怀，为景东县的脱贫攻坚和乡村振兴提供了有力的支持。

四、本节小结

联合国制定的《2030 年可持续发展议程》中设置了 17 个可持续发展目标，旨在消除贫困、保护地球和实现人人享有和平与繁荣。SDGs（联合国可持续发展目标）的第一目标是消除一切形式的贫困，而经济发展是摆脱贫困的重要途径。景东县作为山区贫困县，发展当地特色产业对景东县来说至关重要。

由于景东县基础设施薄弱，产业单一落后，传统农业往往难以提供持续的收入。因此，浙江大学利用科研力量发展当地特色产业，帮助景东县实现经济多元化，增加就业机会和收入来源，从而推动脱贫工作的深入。景东县的地理环境和自然资源为发展特色产业提供了机遇，通过挖掘和开发当地的特色产业，实现可持续的经济增长。

教育是消除贫困、促进可持续发展的重要驱动力之一，是阻断贫困代际传递的有效手段。浙江大学与景东县当地学校合作，提供教育资源，派遣教师志愿者到景东县支教，改善当地学校教学条件和教学质量。此外，浙江大学还提供了奖学金和助学金，帮助贫困学生获得更好的教育机会。教育水平的提升也有助于转变一些贫困人群的“等、靠、要”观念，引导贫困群众发挥主观能动性，实现脱贫致富。

景东县作为山区贫困县，面临医疗资源匮乏、基础医疗条件落后等问题，当地民众难以享受到高质量的医疗服务。浙江大学通过医疗帮扶，加强医疗教育，提高了当地医疗人才的素质和专业水平，增加了医疗资源供给和医疗服务的可及性，并通过培养医生、护士等医疗专业人才提高了当地的医疗服务能力。这些都有助于提高景东县居民的健康素养和医疗保障水平，减少因看病导致贫困加剧的风险，推动贫困人口脱贫致富。

浙江大学通过发展当地特色产业、提升医疗水平和教育水平进行定点帮扶，推动景东县实现可持续发展目标，改善居民的生活状况，逐步摆脱贫困。这不仅符合 SDGs（联合国可持续发展目标）的要求，也为景东县打造一个可持续繁荣的未来奠定了基础。

第三节　高校担当，互助互进

一、物质文明建设

景东县在浙江大学的精准帮扶下，利用科技力量，搭载先进的管理理念，培育了一批具有地方特色的生态产业。如“紫金普洱”就是利用当地的紫金茶树资源，结合浙江大学的茶叶加工技术，打造出的一种高品质的普洱茶产品。此品牌不仅提高了茶叶的附加值，也提升了景东县的知名度和美誉度。除此之外，景东县还发展了菌菇、乌骨鸡等特色农业，利用生物技术和循环经济模式，实现了生态效益、经济效益和社会效益的统一。这些都是景东县以“绿水青山就是金山银山”理念为指导，坚持绿色发展、创新发展的成果。

（一）合理规划，有序发展

浙江大学在帮扶景东县发展的过程中注重规划，对景东县的产业现状实地调研，全面了解景东县的产业发展潜力，结合市场趋势和竞争状况，为其制定科学合理的发展策略。此外，浙江大学在帮扶景东县发展的过程中秉持生态优先、保护优先的理念，合理规划产业发展，为景东县划定发展区域、发展边界及保护范围，避免了对景东县生态敏感区域和重要生态功能区域的干扰和破坏。同时制定严格的环境保护措施和政策，确保产业发展与生态环境的协调。

（二）科技赋能，提质增效

浙江大学为景东县的发展输入了大量的人才。科技创新是产业发展的动力和源泉，是推动产业从低端向高端转型、从传统向现代升级的重要方法。浙江大学在农业、医学、教育等多领域有着丰富的经验和成果，为景东县产业发展提供了专业的技术支持和人才服务，深入推进产业落地，产品质量和效率提升，降低了产业发展的成本和风险。浙江大学注重科技与产业的良性互动，促进科技成果的转化和应用，激发产业的创新活力和潜力，为景东县培育了新的经济增长点和竞争优势。

浙江大学对景东县产业的帮扶，也始终遵循生态平衡原则，不仅关注产业的经济效益，也关注产业对环境和社会的影响。浙江大学致力于实现科技与产业、经济与环境、发展与可持续性的协调统一，避免短视和盲目的行为，构建长远和健康的发展模式。

（三）品牌建设，产业推广

农产品的品质和销售渠道是农业发展的重要因素。然而，由于地理位置和信息传播的限制，偏远地区的优质农产品往往难以打入市场，造成了资源的浪费和经济的损失。为了解决这一问题，景东县的茶产业借助浙江大学的力量，创建了“紫金普洱”品牌，通过浙江大学 120 周年校庆活动等平台，向全国乃至全世界展示了景东县茶叶的特色和优势，提升了品牌知名度和影响力，为茶叶销售开辟了新的渠道，推动了产业发展。同时，景东县也持续加强茶叶的质量管理和创新，保证了“紫金普洱”品牌与产品的高度契合，实现了品牌与产品的共赢。这也使景东县得到启示，在其他产业发展过程中，应注重品牌的建立与深化，促进产业的扩大发展。

二、精神文明建设

贫困不仅体现在物质的匮乏，更体现在精神的荒芜。一方面，由于原有扶贫方式的落后性，景东县部分贫困群众的脱贫思想仍停留在“吃救济饭”上，产生了懒贫现象。另一方面，由于缺乏产业发展经验，景东人民不了解 “靠天吃饭”的发展局限性和产业致富的重要性。景东县在初步建立产业后，绿色循环发展意识薄弱，产业发展一度进展缓慢。因此，提升精神品质内涵尤为重要。正如习近平同志 2016 年在东西部扶贫协作座谈会的讲话：“摆脱贫困首要并不是摆脱物质的贫困，而是摆脱意识和思路的贫困。扶贫必扶智，治贫先治愚。贫穷并不可怕，怕的是智力不足、头脑空空，怕的是知识匮乏、精神不振。脱贫致富不仅要注意‘富口袋’，更要注意‘富脑袋’。”为此，浙江大学在定点扶贫时尤其注重精神文明建设，防止意识和思路返贫。

（一）提升当地党政人员管理意识。党政人员是脱贫攻坚战中的先锋，是传递科学理念、先进知识的重要力量。党政人员自身思想认识不到位，忧患意识的缺乏直接降低了当地农民脱贫攻坚的积极性。因此，浙江大学每年组织近百名专家、干部前往景东县调研考察，建立督查机制，先后选派 5 位中层干部担任景东县副县长，3 位科级干部担任驻村第一书记。浙江大学通过专家教授挂职常驻，与景东县党委、政府协同加大督促检查力度，重视在党建、政策学习、意识形态、工作作风等方面的培训，推进政策理解，充分发挥关键少数作用，为脱贫攻坚保障先锋力量。[11]

（二）规范当地农民产业发展方式。原先当地农民开展养殖、种植活动多依靠生活经验，由于经济水平有限，景东县产业发展基础大多落后。因此，浙江大学与龙头企业、种植大户等效益明显的主体合作，用实际效益说服农民开展规范化产业发展，提升科学规范意识，加强产业发展。同时浙江大学积极开办各类专业培训班，深入田间地头、农场菜市，用浅显易懂的方式推进专业知识讲解工作，进一步提升农民科学推进产业发展的水平。

（三）加强生态文明宣传教育。景东县生态基底丰厚，特色产业的发展多依靠当地特殊的地理位置与生态环境。因此，在发展之初树立正确的发展观，避免走先污染后治理的老路，实现人与自然的和谐共存十分重要。浙江大学通过建立示范基地和科研工作站示范宣传，同时帮扶专家通过积极开展政策宣讲、文艺创作、榜样宣传、文化教育等方式，提升当地群众的生态文明意识，形成生态自觉。

由此，浙江大学通过发挥高校教育力量和科技力量，以精神文明提升为切入点，积极推动贫困地区的整体发展。通过人才培养、宣传教育等多种方式，为贫困地区提供全面支持，促进全社会的共同进步和繁荣。

三、助力科研

浙江大学与景东县之间的情谊不仅表现在浙江大学对景东县的帮扶上，也体现在景东县对浙江大学科研的支持上。

景东县为浙江大学的科学研究提供了宝贵的素材。景东县自然资源丰富，为科学研究提供了实地调研和数据采集的机会。10 年来，浙江大学与景东县先后一同建立了“浙江大学景东野生菌研发中心”“浙江大学景东野生菌资源开发首席专家工作室”“浙江大学景东哀牢山自然保护区野生菌监测站”等多个研究中心，便于科研团队在景东县进行实地考察和试验，丰富了浙江大学学科研究的基础数据。

在帮助景东县脱贫致富的过程中，浙江大学还深入了解基层的产业发展潜力和市场需求，进一步促进高校科研成果的转化，将学科优势转化为产业发展优势，实现科研创新价值。景东县作为科研一手资料的提供者，为浙江大学科研成果的应用和推广提供了重要依据，推动了产学研一体化进程。

2016 年教育部启动了精准扶贫、精准脱贫十大典型项目评选，浙江大学的项目在 2016 年、2017 年和 2018 年连续三届获选教育部精准扶贫、精准脱贫十大典型项目，并在历年定点扶贫考核中取得了优异的名次。2022 年，浙江大学报送的以景东县为帮扶主体的《着力科教支撑、提升内源发展：中国高校定点长效帮扶山区特困县的“浙大—景东”模式》成功入选全球最佳减贫案例。浙江大学与景东县的合作成为双方共同成长的纽带，形成了科技进步和地方发展的良性循环。

四、本节小结

浙江大学与景东县立足县域资源优势，合理规划产业发展方向，为景东县注入先进的科学技术和管理理念，提高农业和其他产业的生产力，提升产业效益，为当地创造了更多的就业机会和收入来源。同时，浙江大学与景东县还通过品牌建设和推广，提高了县域产业的知名度和竞争力，为产业的可持续发展打下了坚实的基础。

浙江大学与景东县重视精神文明建设，通过加强党政人员的管理，提高他们的责任感和主动脱贫意识，发挥党政人员示范带头作用，确保政府工作落实的规范化和高效性。同时，浙江大学与景东县还从人民群众入手，规范其种植、养殖方式，践行“绿水青山就是金山银山”的理念，从生产者角度提升农业生产效益。

对浙江大学来说，帮扶景东县的过程不仅是促进科研成果落地、为景东县实现脱贫致富的过程，也是加强师生道德建设和担当精神的过程。通过参与扶贫工作，学校培养了学生的社会责任感，为贫困地区的建设贡献力量。

综上所述，在浙江大学的帮扶下，景东县实现了物质文明和精神文明的双重脱贫。浙江大学与景东县的合作也为双方带来了“共赢”的局面，通过互助实现自我发展，推动科技成果落地并服务于人民，加强学生的道德建设和担当精神，实现社会的全面进步。

第四节　齐头并进，脱贫致富

一、致富成果

2020 年 5 月 16 日，对于景东县来说是个激动人心的日子。经云南省人民政府批准，景东县正式退出贫困县序列，贫困发生率由 22.34%降至 1.31%，成功实现脱贫摘帽。景东县 110 个贫困村全部脱贫，累计脱贫 17 433 户 62 404 人。每一个数字都代表景东县人民获得了实实在在的幸福生活。对景东县这个曾经的国家级贫困县来说，其取得的成就是令人振奋的。

在浙江大学的帮扶下，景东县消除了绝对贫困，实现了经济的飞速发展。景东县的 GDP 从 2012 年的 49.1 亿元增加到 2022 年的 122.3 亿元；城镇、农村居民人均可支配收入分别从 2012 年的 16 858 元、5 022 元增加到 2022 年的 36 048 元、15 061 元。第一产业增加值从 2012 年的 18.3 亿元增加到 2022 年的 39.7 亿元，第二产业增加值从 2012 年的 8.4 亿元增加到 2022 年的 18.2 亿元，第三产业增加值从 2012 年的 22.4 亿元增加到 2022 年的 64.4 亿元，发展势头强劲。[12, 13]

景东县在基础设施建设方面也取得了历史性突破。为满足群众基本生活需求，景东县修建了水网和电网，兴建了青龙水库、撇罗水库等水利工程。为促进产业发展，改善交通基础设施，景东县建成了景文高速、南景高速、墨临高速等公路，总里程达到 103 km，农村公路新增里程达 4 481 km，硬化道路新增里程 2 082 km，实现了所有行政村的硬化路通达。此外，景东县还建立了 1 297 座 4G、5G 基站，并推进智慧停车、新能源汽车充电桩等新型基础设施项目。

景东县全县建有各级各类学校 165 所（教育部本办学校 140 所，民办学校 25 所）。年末共有各级、各类在校生 47 111 人，其中少数民族学生 30 879 人，占在校生总数的 65.54%。2022 年参加全国普通高等院校招生统一考试的考生 1 563 人，本专科上线率 99.62%，其中一本、二本上线率皆居于全市第 3 名，教育成效大大提升。[13]

景东县全县建有医疗机构和卫生单位 23 个，共有卫生机构职工人数 1 636 人，其中卫生技术人员 1 464 人［其中执业（助理）医师 550 人，注册护士 617 人］，占全部职工人数的 89.5%，年末卫生机构床位数 2 022 张（含急救站 810 张），每千人拥有病床 6.79 张。有村卫生室 154 个，乡村医生 357 人。[13]

除此之外，在生态环境资源保护上，景东县持续植树造林，森林面积增加了 4.55 万 hm^2，森林覆盖率从 2012 年的 66.82%提高到 2021 年的 77.01%。全县地表水监测断面的水质优良比例达到 100%，饮用水水质合格率也达到 100%。县城空气质量优良率一直保持在 99.4%以上。景东县先后荣获了“中国黑冠长臂猿之乡”“中国灰叶猴之乡”“中国天然氧吧”等荣誉称号，并入选了全国“最美县域”榜单。

二、齐头并进

从景东县致富的成果可以看出，景东县脱贫攻坚战的胜利实现了多重共赢。

一是取得了物质提升和精神建设的“双赢”。景东县成功摘掉了贫困县“帽子”，消除了绝对贫困，实现了经济的快速发展。在基础建设、教育资源和医疗保障方面取得了丰硕的成果。此外，景东县在产业发展过程中注重科学、先进理念的落实，以生态保护为先、绿色发展为要，为产业的可持续发展奠定了基础。景东县深入贯彻主动脱贫、造血式脱贫理念，以精神文明建设防止意识返贫现象的产生。

二是景东县与浙江大学作为扶贫、脱贫主体实现了“共赢”。浙江大学派出了数百名专家、教师、学生前往景东县开展各种形式的扶贫活动，包括教育支援、医疗援助、技术指导和产业合作等。这些帮扶团队为景东县的脱贫攻坚战提供了强有力的智力支持和物质帮助。同时，浙江大学也从与景东县的结对帮扶中获得了宝贵的基础数据和科研经验，增强了高校的社会责任感和使命感，展现了高校的风采和担当。

在浙江大学的协助下，景东县不仅在经济上取得了长足的发展，在生态保护理念的实践上也取得了有效的进展，以实际行动描绘出了“绿水青山就是金山银山”的生动画卷。景东县的成功经验表明，绿色发展和经济繁荣是可以相辅相成的。景东县将生态保护融入经济发展，实现了生态与经济的良性互动，成就了可持续发展的长远目标。这种绿色发展的理念也为其他地区提供了宝贵的借鉴和启示，促进了全社会对生态文明建设的关注和参与，体现了“绿水青山”与“金山银山”的有机统一。

景东县与浙江大学的成功合作，打造出扶贫工作共赢机制的范例，体现了合作与互助的重要性，强调了政府、高校、社会各界的共同责任和作用，推动了贫困地区的全面发展和社会进步。这样的成功经验可以在其他贫困地区的脱贫攻坚中进行推广，为全国的扶贫事业作出贡献。

三、本节小结

脱贫是一个多维度的概念，不仅包括经济收入的提高，还涉及教育、医疗、文化、环境等方面的改善。脱贫的目标是让贫困人口摆脱物质和精神上的匮乏，实现全面发展。脱贫的过程是一个互动和共赢的过程，不仅需要政府和社会的支持，还需要贫困地区人口积极发挥主动性与创新性。

景东县是普洱市的北大门，是云南省 6 个单一彝族自治县之一。作为云南省最贫困的地区之一，景东县面临着自然灾害严重、基础设施落后、产业发展滞后等诸多挑战。在国家和省市的扶贫政策指导下，景东县与浙江大学建立了合作关系，开展了一系列的产业扶贫、教育扶贫、医疗扶贫等项目合作。

通过产业扶贫，景东县开发乌骨鸡、食用菌、茶叶等经济价值高且具有带动作用的产业品牌项目，建设 10 余个产业示范基地，形成村村有产业、户户有收入的产业脱贫格局。浙江大学从科学技术和管理理念入手，打造新型、优质产业链，提升产业质量，为景东县人民创造就业机会、增加收入，这也为其他落后地区提供了可持续、可复制的产业“致富经”。

“治贫先治愚，扶贫先扶智”。浙江大学对景东县的教育扶贫项目为贫困地区的学生提供了优质的教育资源和培训机会，这也使景东县与浙江大学的教师团队资源互通，使县域教师水平得到了提升，进一步加强了景东县“扶智”成果的巩固。同时教育“扶智”实现了将知识传授转化为脱贫能力的闭环过程，从而使贫困地区群众具有提升生产生活方式，重塑地方经济结构的动能。

浙江大学还为景东人民培养了一支带不走的医疗团队。浙江大学开展医疗扶贫项目改善了当地医疗设施，提高了运行服务水平，改善了居民的健康状况，提升了贫困人口抵御健康风险的能力，进一步防范因病致贫、返贫的情况。景东县如今常见病和部分危急重症的诊治能力均得到显著提升，县域内住院就诊率连续多年保持在 90%以上，基本实现了“小病不出村、常见病不出乡、大病不出县”的医疗目标。

景东县与浙江大学的合作是精准扶贫和对口支援的成功案例。双方并肩奋斗 8 年，取得了近 7 万人脱贫、县域全面小康的成就，也完善了长效帮扶机制，推动巩固了脱贫攻坚成果同乡村振兴的有效衔接。

景东县摆脱了物质和精神的贫困，实现了经济发展和生态保护的可持续发展。景东县打赢脱贫攻坚战不仅是实现民族团结、社会稳定、经济发展和文化繁荣的基础和保障，也是提升当地综合实力和竞争力的必然要求。景东县生态资源的利用和生态理念的贯彻直接体现了践行“绿水青山就是金山银山”理念的成功。

参考文献

[1] 国务院发展研究中心，世界银行．中国减贫四十年：驱动力量、借鉴意义和未来政策方向[R/OL]．2022. https://www.cikd.org/ms/file/getimage/1516697201483554817.

[2] Ahmed S．孟加拉国的减贫策略及发展历程[R/OL]．北京：中国国际扶贫中心（IPRCC），2010. https://rscn.iprcc.org.cn/dp/api/images/Uploads/2015/0810/55c82e1207d78.pdf.

[3] 景东彝族自治县统计局，景东彝族自治县第七次全国人口普查领导小组办公室．景东彝族自治县第七次全国人口普查[R]．2021.

[4] 杨华昕．知识转移如何提升贫困群体可行能力？——基于浙江大学定点帮扶景东县案例的研究[D/OL]．杭州：浙江大学，2022. https://kns.cnki.net/kcms2/article/abstract?v=zLXkCTFmbAEBpZ_CxaOcdFcj5aTtVYOTROE0cG44xPDjgAO7gjR1

CSN-Rdd7JDzrBuEYLTIkOIdMN1su5JrSjx-pAmOKMX4dob_VO2EuVBNv1_1DHry3NYw-LbAZ-fcHG38Aofay_6bO3htSGyKd3QRUvHNRA0iOGJmhXP1lXCyVXKxLmxGyXU2wz39029R_AwLZvU95KV_MynT7qM8nIw==&uniplatform=NZKPT&language=CHS.

[5] 中共景东彝族自治县委，景东彝族自治县人民政府．践行“绿水青山就是金山银山”理论，建设“无量”景东县[R]．2022.

[6] 中华人民共和国国家发展和改革委员会发展规划司．浙江大学精准扶贫精准脱贫典型项目——景东县无量山乌骨鸡良种繁育及产业化技术示范推广[EB/OL]. [2023-07-17]. http://www.moe.gov.cn/jyb_xwfb/xw_zt/moe_357/jyzt_2018n/2018_zt20/fpr_jdxm/201810/t20181015_351439.html.

[7] 浙江大学．跨越千里缘分 浙大为景东县产业发展开出三个“锦囊”[EB/OL]. [2023-07-17]. http://www.moe.gov.cn/jyb_xwfb/xw_zt/moe_357/jyzt_2019n/2019_zt27/zsgx/zjdx/201910/t20191015_403599.html.

[8] 中华人民共和国国家发展和改革委员会发展规划司．浙江大学：科技引领 助推产业扶贫——科技引领，助推产业扶贫[EB/OL]. [2023-04-17]. http://www.moe.gov.cn/jyb_xwfb/xw_zt/moe_357/jyzt_2016nztzl/2016_zt19/16zt19_zsgxxm/16zt19_zsgxxm_sddxxm/ 201610/t20161013_284652.html.

[9] 浙江大学．2630 公里因爱相连——那些浙大与景东县的故事[EB/OL]. [2023-02-07]. http://zdpx. zju.edu.cn/news1_4025_301.html.

[10] 中华人民共和国 国家发展和改革委员会发展规划司．青春向无量山告白——浙大研究生支教团精准帮扶景东县纪实[EB/OL]. [2023-07-17]. http://www.moe.gov.cn/jyb_xwfb/xw_zt/moe_357/jjyzt_2022/2022_zt04/dianxing/xiangmu/gaoxiao/zhishu6th/202204/ t20220413_616350.html.

[11] 王高合．从教育扶贫到经济脱贫——教育部直属高校参与滇西脱贫攻坚战的实践与思考[J/OL]．北京：民族教育研究，2020，（6）：19-22. https://kns.cnki.net/kcms2/article/abstract?v=zLXkCTFmbAH4CA1TU2ZAlohghooUTRpMjvN6DhYf6YWlcvJClupWZTczvZr2Jg7iUWpTOepOX41E7G5jkcocQzDVhTVIJf3IlUYIYSkJhljUfjZVs72f2fxHwOE5uA5tBTqJpQvWxC4eWCjqoMCzscDCElewUcJASB_ty1Ki_EiBVm7nOe09lSn125yV-Teum5S0eh4P_VRLFzOK73T_qQ==&uniplatform=NZ

KPT&language=CHS.

[12] 景东彝族自治县统计局．景东彝族自治县 2012 年国民经济和社会发展统计公报[R]．2013.

[13] 景东彝族自治县统计局．景东彝族自治县 2022 年国民经济和社会发展统计公报[R]．2023.

第九章

总结与建议

第一节 总 结

自2005年习近平同志在浙江省安吉县提出“绿水青山就是金山银山”理念至今已过去整整18年。整整一十八载，各县域在“绿水青山就是金山银山”实践道路上，立足本地特色禀赋，主动思考，勇于作为，在“绿水青山就是金山银山”理念发展上已颇有建树。

为了深入贯彻落实习近平生态文明思想，科学评价县域“绿水青山就是金山银山”理念践行情况，2018年，浙江大学研究编制了“绿水青山就是金山银山”发展指数，指数从我国国情和城市县域基本情况出发，以可持续发展理论、生态文明思想、“绿水青山就是金山银山”理念等为理论依据，建立特色经济指数、生态环境指数、民生发展指数和保障体系指数、碳中和指数5个维度的指标体系，科学分析各地“绿水青山就是金山银山”理念实践情况，收集各县域历年的基础数据进行测算排序，发布“绿水青山就是金山银山”发展百强县。

我国各县域在资源禀赋、发展阶段、区位条件、功能定位等方面都存在巨大差异，这也使各地在探索“绿水青山就是金山银山”理念转化路径时各有特色，不同县域有不同的“绿水青山就是金山银山”理念践行经验。本书选择安吉县、宁海县、嵊泗县、淳安县、高州市、武夷山市、景东县等7个县域，从县域实际入手，分析其发展“瓶颈”，总结“绿水青山就是金山银山”理念践行经验，为相关县域的“绿水青山就是金山银山”绿色发展提供参考。

安吉县作为“绿水青山就是金山银山”理念的发源地，一直保持“绿水青山就是金山银山”绿色发展第一县的地位，其“绿水青山就是金山银山”绿色发展优势是全面和均衡的。多年来，安吉县通过体制机制创新，发挥先试先行优势，破解了由于生态破坏带来的发展困境，弥补了环境恶化造成的民生缺位，并以生态环境为基础，发展以白茶、竹林经济、椅业等为代表的典型性产业，形成生态、经济、民生全面发展的大好局面。安吉县充分证明了“绿水青山就是金山银山”理念的科学性与先进性，为其他地区践行“绿水青山就是金山银山”理念起到引领作用。

宁海县的突出特色是在工业发展取得突出成绩的同时，生态环境不仅没有退化，反而得到了很好的提升。宁海县以溪水为载体，充分发挥空间规划的总体谋划、科学统筹，深入推进“千万工程”，以提升水环境为主线，促进生态环境全面优化，倒逼产业“蝶变”转型。并以此为基础，大力发展枇杷、桃子等种植业和全域旅游经济，形成产业多面化，经济多元化发展。宁海县深度诠释了生态建设与经济发展的辩证关系，实现了产业发展和生态环境保护的优质循环，以优质产业支撑了“绿水青山就是金山银山”理念的实践。

嵊泗县作为全域海岛县，陆域发展面积有限、环境承载力弱，且面临人口流失严重，老龄化、“空心化”等问题。为了解决这些问题，嵊泗县以打造特色岛屿为契机，结合海岛渔业文化发展旅游经济，并通过大数据技术，控制旅游客流量，发展优质旅游业。同时嵊泗县通过科学技术减小贻贝等海洋养殖业对生态环境的破坏，实现绿色可持续发展。在民生上，嵊泗县利用科技力量提升教育、医疗等民生发展水平，吸引人才回流，解决了“空心化”、老龄化问题，推动了海岛共同富裕；现在全国的县域大多面临人口流失的问题，嵊泗县无疑给出了一个很好的破题示范。

淳安县绿水资源禀赋突出，是县域发展的重要生态基底。但由于千岛湖地处新安江下游，早年受到黄山工业污染影响，千岛湖水质较差，极大制约了千岛湖的发展。为此，浙江省与安徽省协同发力建立了跨区域生态补偿机制，从生态补偿到环境治理，再到平台构建、人才交流，直接深化绿水青山价值，促进了“绿水青山就是金山银山”理念的实践。在此基础上，两地形成了全面协作，双向共赢的发展局面。

虽然高州市地处传统意义上贫困的粤西地区，但其充分利用了当地地理气候条件和百万人口的禀赋，发挥“土特产”优势，形成荔枝、龙眼等特色水果种植业，因地制宜赋能传统农业，放大本土产业价值，延长产业链，打造了高州市从食品业到医疗健康业欣欣向荣的局面。同时高州市注重提升民生福祉，从百姓最关注的民生大事入手，以人为本，大力发展医疗和教育，促进人才回流，保障地区发展，实现乡村振兴。

武夷山市以科技特派员制度支撑产业发展，深耕茶产业，将科技和文化贯穿于产业发展的各个阶段，把文化、科技和产业发展统筹起来，打造“茶+”模式，打造地域品牌形象，发挥品牌效应，实现茶产业全链条发展，实现“茶香文韵，点绿成金”。

处于西部地区的景东县是历史贫困县，生态资源远远丰厚于其他地区，生态产业发展潜力巨大。景东县虽然守着“金饭碗”，但仅凭自身力量难以脱离贫困泥淖。在浙江大学先进理念和科技力量的双重扶助下，景东县得以在资源优势转化为产业优势的同时，避免重蹈先污染后治理的覆辙。同时浙江大学为景东县直接引入教育和医疗资源，从保障民生、防止思想返贫等多角度助力景东县发展，使其成为脱贫致富的典型，实现“绿水青山就是金山银山”理念的贯彻落实。

这些县域“绿水青山就是金山银山”理念的实践方式是典型独特的。本书总结了各县域在践行“绿水青山就是金山银山”理念过程中的经验教训，从体制机制、产业发展、民生福祉、文化价值、资源优势转化、科技帮扶等多方面为其他县域“绿水青山就是金山银山”的实践提供借鉴和启示。

第二节　建　议

本书以 7 个具有代表性和典型性的县域为案例分析对象，在深入调查研究的基础上，探讨了它们在贯彻落实“绿水青山就是金山银山”理念方面的实践与创新，并总结了它们在推动生态文明建设和绿色发展方面所取得的成效和经验。本书旨在为全国各地县域在“绿水青山就是金山银山”理念指导下开辟适合自身特点和条件的发展道路提供有益的参考和借鉴。

第一，补短板。各县域应该以问题为导向，突破自身发展困境。由于各县域在自然条件、资源禀赋、社会文化等方面存在差异，因此面临的困境也不尽相同。如安吉县“炸山开矿”竭泽而渔式的发展带来了生态破坏，从而造成民生缺位。海岛嵊泗县由于自身地理环境制约，面临人口流失现象严重等问题。各地县域应梳理造成自身困境的原因，以破除自身困境为目标，有重点、有目标地进行改革和创新。安吉县制定“生态立县”战略，从解决生态环境问题为起点，以“绿水青山就是金山银山”理念为引领，实现绿色发展。嵊泗县充分挖掘花鸟岛、后头湾村的绿水青山价值，大力发展旅游业，采用科学手段减少海洋污染，提高贻贝养殖技术，延伸海洋产业链，以经济与民生的发展促使人口回流。

第二，扬长处。各县域应该厘清本地资源禀赋，找出本地比较优势，因地制宜发展经济。如工业基础扎实的宁海县，以提升工业产业，促进绿色转型“蝶变”为目标，打造高端制造业、智能制造示范区，发展壮大经济。在此基础上，宁海县充分利用水系发达、生境多样的特点，多元化发展旅游业、生态种植业等产业；而以生态资源丰富著称的景东县，在脱贫攻坚道路上，发展当地特有菌菇业、普洱茶和乌骨鸡养殖业，并打造景东县亚热带植物园，用生态文化为旅游赋能，大力发展旅游经济。两地差异显著，发展模式也各不相同，但都是在充分认清自身条件和资源禀赋的基础上，发挥各地优势，形成“绿水青山就是金山银山”优势发展局面。

第三，创新招。践行“绿水青山就是金山银山”理念之路，本身不是一种消极的保守主义，而是一种积极的进取主义或者超前主义。它重新界定了生态环境与经济发展两者的关系，重新诠释了两者辩证统一的关系，因此，“绿水青山就是金山银山”理念的实践过程本身也是一种创新过程。“绿水青山就是金山银山”理念实践道路上的创新一方面反映在理念上。淳安县的跨区域生态补偿制度弥补了行政区域制约，使水环境治理系统化、全局化，改变了原先千岛湖“脚痛医脚”的局部治理现状，改善了水环境，保障了优质水资源供给，为当地发展旅游业、渔业提供了坚实的基础，实现区域发展。另一方面，创新还应体现在发展方式上。武夷山市针对基层科技力量不足、科技服务缺位等问题，派出 200 余名科技特派员帮助发展农业，以科技手段助力农业发展。同时创新宣传方式，开展电商直播、跨境电商等业务打开茶产业销路，形成了“绿水青山就是金山银山”理念实践创新道路。其实无论是嵊泗县贻贝的创新养殖技术，还是武夷山市实现产业深度发展，都得益于“创新”这一强大的驱动力。

第四，重合作。“绿水青山就是金山银山”理念的成功实践往往需要多主体的协作。优质的合作能促进资源的共享和协同利用，实现资源的互补。同时合作可以促进知识的传递和技术的转移，并实现资金的优势分配。浙江大学定点帮扶景东县，助力发展优质特色产业，为当地提供专业知识，帮助培养当地居民的创富技能，提高他们的就业竞争力。同时景东县也为浙江大学进行科学研究搭建了科研平台，并提供第一手科研资料，在帮助景东县脱贫致富的同时，浙江大学的科研力量也得到提升。淳安县的跨区域生态补偿制度在治理水生态环境的同时，加强了两地联动，使科技、产业、人才得以充分交流，促进了区域间合作，实现了生态与经济的“共赢”。

在贯彻落实“绿水青山就是金山银山”理念的道路上，各县域具有巨大的潜力和灵活性，避短突困，创新前行，合作共赢，不断挖掘本地优势，解决自身困境，才能实现经济发展和生态文明建设的良性循环。